AF137051

Alexandra Horowitz

HUND-NASE-MENSCH

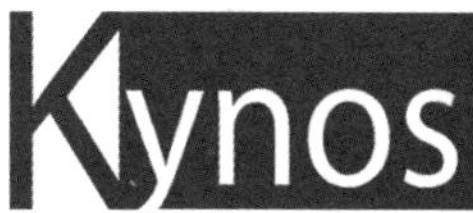

Titel der englischen Originalausgabe: Being a Dog. Following the Dog into a World of Smell.

Erschienen Oktober 2016 bei Scribner, An Imprint of Simon & Schuster, Inc.

New York, USA

KYNOS VERLAG Dr. Dieter Fleig GmbH, Nerdlen

www.kynos-verlag.de

Übersetzt ins Deutsche von Gisela Rau

Titelfoto: Nicole Hilgers

Bildnachweis: Alle Illustrationen: Alexandra Horowitz

Layout und Grafik: Kynos Verlag

Gedruckt in Lettland

ISBN 978-3-95464-151-2

Mit dem Kauf dieses Buches unterstützen Sie die
Kynos Stiftung Hunde helfen Menschen
www.kynos-stiftung.de

Inhalt

Für meinen Vater

Kapitel 1

Die Nase eines Hundes

Die von Finnegan ist ebenholzschwarz, feucht und gesprenkelt, vorn zieren sie zwei bassschlüsselförmige Vertiefungen. Die von Upton ist durch ein deutliches Tal gespalten und das ganze Ding wird von aufmerksam stehenden, kurzen Tasthaaren bewacht.

Das sind meine Hunde, und das sind ihre Nasen.

Bevor ich Wissenschaftlerin wurde und die Kognitionsleistungen von Hunden untersuchte, hatte ich nicht besonders viel über die Hundenase nachgedacht. Sie mag gelegentlich Stirnrunzeln hervorgerufen haben, wenn sie unhöflich in intime Regionen meiner Gäste stach oder sie mag mit Erdnussbutter beschmiert worden sein in dem Versuch, das Herunterschlucken einer Tablette zu fördern. Aber selbst dann hatte ich kaum auf die Nase als solche geachtet – auf ihre Form, ihre Bewegung, auf das unglaublich gewundene und komplexe Gewölbe, in das hinein sie sich öffnet.

Dieses Übersehen beschränkt sich nicht nur auf Hundenasen. Auch die Nasen unserer menschlichen Gegenüber betrachten wir selten ausführlich. Dabei nimmt die Nase eine recht prominente Stellung ein – sie ragt aus dem Gesicht hervor und weist dem Rest des Körpers den Weg. Versuchen Sie einmal, die Nase Ihres Partners oder Ihrer Mutter zu beschreiben, ohne hinzusehen. Falls Sie nicht gerade eine ausgeprägte Haken – oder Knollenform hat, ist sie, na ja, einfach nur eine Nase. Zwei Nasenöffnungen, die an einem gequetschten, fleischigen Tetraeder baumeln.

Ich betrachte die Nase meines Sohnes, aber vor allem ihre Oberfläche – da, wo sich die Sommersprossen auf seiner hellen Haut zu sammeln begonnen haben. Aber die Nase des Hundes erhält meine volle Aufmerksamkeit. Ab jetzt schaue ich bei Hunden immer zuerst auf die Nase. Denn ich bin vernarrt in Hunde, und wenn man etwas über sie wissen möchte, muss man sich dafür interessieren, wie es ist, ein Hund zu sein. Und das beginnt immer mit der Nase.

Was der Hund sieht und weiß, kommt durch seine Nase, und die Information, die jeder Hund – der Spürhund natürlich besonders, aber auch der Hund, der einfach schnarchend neben Ihnen auf der Couch liegt – mittels Geruch über die Welt erfährt, ist unglaublich reich. Reich auf eine Weise, von der auch wir Menschen einst wussten und nach der wir handelten, aber die wir seitdem sehr vernachlässigt haben.

Was das Riechen angeht, das Ansprechen dieser Ressource an Sinneswahrnehmung, die wir zwar besitzen, aber größtenteils ignorieren, ist der Hund für uns zum Informant geworden. Spürhunde, die darauf trainiert wurden, uns mitzuteilen, was sie von Natur aus wissen, decken für uns die Präsenz illegaler Stoffe oder unerwünschter Schädlinge auf. Aber der Hund weiß auch, wie das Wetter wird, wie der Nachmittag riecht und ob Sie krank oder aufgeregt sind. Jeder eingeatmete Schluck Luft steckt voller Informationen. Er enthält die Gerüche von Menschen, die kürzlich vorbeigekommen sind und die Duftspuren hinter sich hergezogen haben. Er fängt Blütenpollen und Pflanzennoten ein, die von einer Brise davongetragen wurden. Jede Nase voll fängt die Spuren von Lebewesen ein, die in der Nähe gegangen oder gerannt sind, die sich versteckt haben, die gefressen haben oder die gestorben sind. Sie fängt die elektrische Ladung und die runden, feuchten Moleküle weit entfernter Gewitter ein.

Dieses Buch ist eine Entdeckungsreise in das Wissen der Hundenase, wie sie noch nie zuvor stattgefunden hat. Was riecht der Hund an Ihnen, auf dem Boden, oder wenn er seine Nase tief im Fell eines anderen Hundes vergräbt? Was weiß er über Sie – das Sie vielleicht selbst nicht wissen? Wie ist es, die Welt mit dieser aufregenden Nase zu riechen, die den Hund durch seine Tage führt?

Um das herauszufinden, habe ich mich auf die Fährte der Fährtenhunde gesetzt. In den letzten Jahren habe ich Spürhunde beim Aufwachsen, in der Ausbildung und beim Finden ihrer „Beute" beobachtet, seien das Drogen, Lebensmittel oder Menschen. In meinem Labor „Dog Cognition Lab" am Barnard College habe ich untersucht, wie der Haushund sich selbst, andere Hunde und die Gerüche der Menschenwelt wahrnimmt, in der er lebt. Ich habe mit Wissenschaftlern gesprochen, die die Hundenase erforschen und nachbauen und mit Hundetrainern und Hundebesitzern, die ihr nachfolgen. Es ist eine Untersuchung aller Aspekte der olfaktorischen Welt des Hundes und des fantastischen Organs, das in sie hineinführt.

Aber es ist auch eine Entdeckung der Nasen in *unseren* Gesichtern. Wir Menschen haben uns das Riechen abtrainiert und über Jahrtausende verlernt, wie man das macht. Wir sind außer Übung im Riechen. Vielleicht haben Sie noch nicht einmal dieses Buch gerochen, obwohl es sich nur wenige Zentimeter vor Ihrer Nase befindet. Ich habe für das Buch Menschen gefunden, die sehr wohl riechen und die ihre Methode trainieren.

Von lebenslangem Nicht-Riechen geprägt, ließ ich mich vom Verhalten meiner Hunde beraten und habe versucht, selbst ein bisschen mehr wie ein Hund zu werden. In meinem Buch *Was denkt der Hund?* habe ich einen Sprung in die Vorstellung gewagt, wie es wohl sein mag, ein Hund zu sein – und hier führe ich das mit einem noch größeren Sprung fort. Ich versuche, meine Nase an Orte zu halten, zu denen es die Hundenase hinzieht. Und ich schnuppere.

Ich beginne diesen Prozess, indem ich mehr über unseren eigenen Geruchssinn lerne. Und dann trainiere ich meine Nase, um mir besser vorstellen zu können, wie es wohl sein mag, den Verstand und die Nase eines Hundes zu besitzen.

Inspiration und Anleitung sind dabei für mich unsere eigenen Familienhunde Finnegan und Upton. Beide sind höchst charismatische Mischlinge. Mein Mann und ich begegneten Finnegans Nase durch die Zwingerstäbe eines Tierheims, das unerwünschte Straßenhunde aus dem Süden importiert. Er war vier Monate alt, hatte Pilzflechte und Parvovirose und war, obwohl er sich auf dem Weg der Erholung befand, mager und ein wenig kränklich. Ich sollte dazusagen, dass ich nicht oft in Tierheime gehe, denn wenn ich es tue, komme ich unweigerlich mit einem Tier wieder heraus. Als ich ihn zum ersten Mal sah, in diesem Zwinger und auf Augenhöhe, wedelte er mächtig, akzeptierte einen durch die Stäbe gestreckten Finger, steckte zur Revanche seine Nase hindurch und setzte sich dann, als wir weitergingen, geduldig hin. Ich schaute immer wieder zu ihm zurück: Er saß ... und wartete. Als wir ihn aus dem Zwinger ließen, um ihn besser kennenzulernen, bewegte er sich zwischen meinen Mann und mich und schaute uns abwechselnd in die Gesichter. Dann lehnte er sich, ganz vorsichtig, gegen mich. Das war's. Wir nahmen ihn mit nach Hause.

Heute ist Finn acht Jahre älter. Er hat immer noch den Ausdruck des Welpen, der sich damals an mich angelehnt hat. Obwohl sein Fell von einem so glänzenden Schwarz ist, als ob wir es täglich polieren würden, ist es vor allem seine Art, einen anzusehen, die einen für ihn einnimmt. Man wird das Gefühl nicht los, dass er immer genau weiß, was vor sich geht. Seine Augen durchdringen uns. Sie verfolgen uns, sie suchen bei uns nach Rückbestätigung, wenn sich ein anderes Tier falsch benimmt und sie blicken uns wehmutsvoll nach, wenn wir zur Tür hinausgehen. Wenn er so mit großen Augen die Ohren anlegt, fällt es schwer, ihn zurückzulassen. Aber er schaut nicht nur mit seinen Augen: Wenn wir wieder nach Hause kommen, beschnüffelt er uns von so Nahem, wie wir ihn heranlassen und erkundet, wo wir waren, was wir gegessen haben und wen wir berührt oder gestreichelt haben. Wenn mir unterwegs auf der Straße ein Hund begegnet ist, ist es mir noch nie gelungen, nach Hause zu kommen, ohne dass Finn Notiz davon genommen hätte.

Ich neige dazu, mir Finn als „professionellen Hund“ vorzustellen. Er ist hervorragend zivilisiert: ohne, dass wir es ihm besonders beigebracht hätten, erfüllt er das, was man von einem Hund im Haus erwartet. Er hat das bisschen Kultur in unserer Familie im Ganzen aufgesaugt. Upton dagegen, den wir kennenlernten, als er drei war, ist im Vergleich dazu ein Wildtier. Er war dem Tierheim zurückgegeben worden, aus dem er ursprünglich drei Jahre zuvor adoptiert worden war. Wir haben seine ersten Fotos gesehen: ein kleiner Hund mit Ohren, die zu groß für seinen Kopf waren. Die Nase ein Klecks. Sein Kopf und sein Körper waren gewachsen: Heute ist er ein großer, gestromter Windhundmix mit großen Augen und einer Korkenzieherrute. Seine Schnauze ist von Tasthaaren punktiert, aus seinen Lefzen tropft es ständig. Er ist ein Hundehund – unbeirrbar freundlich zu jedem anderen Hund, und er hat einen schlaksigen, albernen Gang. Es gibt kein einziges Foto von Upton, auf dem er stromlinienförmig, athletisch oder anmutig aussehen würde. Wenn er rennt, flattern seine Lefzen, er schwankt von einer Seite zur anderen und seine Ohren fliegen in alle Richtungen. Er ist reichlich albern. Gut, auch er war kein Stadthund, als wir ihn kennenlernten und er lässt sich leicht von allen nur möglichen Geräuschen erschrecken – Autotüren, Müllwagen, sich öffnende Garagentore, ein im Wind schaukelndes Straßenschild, Presslufthämmer, flatternde Plastiktüten oder eine plötzlich um die Ecke biegende Person...was auch immer. Aus diesem Grund ist es immer nur Finn, den ich herausbringe, wenn es darum geht, neue Riechuntersuchungen zu absolvieren. Er hätte mindestens die Hälfte dieses Buchs selbst schreiben können.

Holen Sie einmal tief Luft (durch die Nase, bitte). Wir begeben uns auf eine Reise durch Gerüche und das Riechen und unternehmen eine Tour durch die unwahrscheinliche Wissenschaft der olfaktorischen Fähigkeiten von Hunden – und der unserer eigenen Nasen, die darauf warten, dass wir sie endlich entdecken. Indem wir dem Hund folgen, können wir von ihm etwas lernen, das uns fehlt – etwas, das außerhalb unserer Wahrnehmungsfähigkeit liegt und manchmal etwas, für das wir einfach eine Anleitung brauchen, um es zu sehen. Die Welt quillt nur so über von Düften, aber uns fehlt die Brille dafür. Der Hund kann diese Brille für uns sein.

Wenn wir dies tun, erkennen wir vielleicht, wie wir zu diesem ursprünglicheren, sogenannten animalischen Bewusstseinszustand von uns selbst und von der Welt zurückfinden, den wir in einer von Technologie und Labortests geprägten Welt vergessen haben. Tieren nachzufolgen bedeutet, sich stärker an unsere eigene Existenz anzunähern. *Hunden* nachzufolgen bedeutet, die Erfahrungen unserer stillen, loyalen Partner in unserem Alltag begreifen zu lernen.

Kapitel 2

Der Riecher

Der Duft dieses gebutterten Toastes redete zu Kröterich, und nicht mit unsicherer Stimme. Er erzählte von warmen Küchen, von Frühstück an hellen Frostmorgen, von behaglichen Ofenplätzen, wenn man nach Hause kam und die Füße in Pantoffeln gegen den Kamin stellte; vom Schnurren zufriedener Katzen und dem Zwitschern schläfriger Kanarienvögel.

Kenneth Grahame, Der Wind in den Weiden

In meinem Haus steckt die Bibliothek voller Erinnerungen daran, wie wenig wir wahrscheinlich darüber wissen, was ein Tier riecht. Nicht meine Bibliothek, sondern die meines sechsjährigen Sohnes. Einige der berühmtesten Kinderbuchautoren hatten ein großes Faible für Gerüche. Roald Dahls kinderriechendes Monster oder seine duftenden Schokoladenpaläste treffen auf die tierischen Helden aus William Steigs Vorstellungswelt. Seine Figur Dominic, eine abenteuerlustige, nomadische Hundeseele, die ihre tierischen Stall- und Hofgefährten zurücklässt, um die Welt zu entdecken, verabschiedet sich gebührend von ihnen: „Ich umarme Euch alle und beschnüffle Euch in Liebe." Dominics „allwissende" Nase leitet ihn auf seinen Reisen. Er schnüffelt einen bösartigen Fuchs aus, den er „auch dann noch am Geruch erkannt hätte, wenn er nur an etwas geschnüffelt hätte, was dieser vor einem Jahr leicht berührt hätte." Er erschnüffelt Tee, Zucker und Milch für einen Snack. Seine Nase entdeckt ein krankes Schwein, ein Zauberkrokodil und die Bewohner einer unbekannten Stadt. „Dominic nahm Gerüche immer als erstes wahr", schrieb Steig. Auch all die tierischen Bewohner von Kenneth Grahams *Weiden* bemerken die „warmen, kräftigen und mannigfaltigen Gerüche – die sich drehten und wandten und umeinanderschlangen und schließlich zu einem vollkommenen üppigen Duft zusammenflossen, als hätte die Seele der Natur selbst Form angenommen und würde ihren Kindern erscheinen."

Und das ist noch nicht einmal die Hälfte.

Ich lebe mit zwei vierbeinigen ständigen Anmahnungen an die Schärfe der Hundenase in meinem Haus zusammen. Wir sind fasziniert, wenn sie winzige Essenskrümelchen finden, die vor langer Zeit einmal von einem Kinderteller gefallen sind. Aber das ist ganz klar nicht das Ausmaß ihrer olfaktorischen Genauigkeit, sondern nur das Ausmaß dessen, was ich im Alltag wahrnehme.

Wissenschaftliche Messungen zur Empfindlichkeit der Hundenase sind eher durch die Empfindlichkeit der Messinstrumente beschränkt – und durch das Interesse der Hunde, sich denselben unterzuordnen – als durch die Nasen selbst. Man hat sowohl Familien- als auch Spürhunde durch verschiedene Geruchserkennungsaufgaben geschickt, um herauszufinden, wie stark verdünnt ein Geruch sein kann, bevor ein Hund ihn nicht mehr wahrnehmen kann. Suchen wir zum Beispiel einmal einen Behälter, der Bananenduft wie etwa Amylacetat enthält, unter mehreren geruchsneutralen Behältern heraus. Hunde finden den Bananenduft so lange, bis er auf 1-2 Teilchen pro *Billion* verdünnt ist – zwei Tropfen Amylacetat, eine Billion Tropfen Wasser. Frühe Versuche mit einer ausgesprochen kooperativen Foxterrierhündin hatten bereits ergeben, dass sie ein Milligramm Buttersäure – riecht wie alte Socken – in 100 Millionen Kubikmetern Luft riechen konnte. Sie riechen die müffelnden Socken Ihres lieben Ehegatten in dem Moment, in dem er sie im Schlafzimmer auszieht – das wären etwa vierzig Kubikmeter nach alten Socken riechende Luft. Der Hund weiß aber auch in einem Raum, der größer ist als die riesige Werkshalle im Kennedy Space Center der NASA in Florida, in dem die Space Shuttles montiert werden, wenn jemand seine Socken ausgezogen hat. Jeder Hund in dem fast vier Millionen Kubikmeter Luft fassenden Space Center wüsste über schwitzende Astronauten Bescheid.

Sprengstoffspürhunde riechen die unvorstellbar winzige Menge eines Pikogramms – ein Billionstel Gramm – TNT oder anderen Sprengstoff. Wie es wohl sein mag, wenn man ein Pikogramm eines Geruchs wahrnehmen kann? Da Sprengstoffspürhunde gelernt haben, sehr angenehme Assoziationen zu ihren Suchgerüchen zu haben, lassen Sie uns einmal einen Duft vorstellen, der unseren Nasen schmeichelt: Sagen wir frisch gebackene Zimtrollen zuhause in der Küche. Die durchschnittliche Zimtrolle enthält etwa ein Gramm Zimt. Natürlich bemerkt die menschliche Nase das in dem Moment, in dem wir die Haustür öffnen. Jetzt stellen Sie sich den Geruch von einer Billion Zimtrollen vor. Das ist, was der Hund riecht, wenn er mit uns zusammen zur Tür hineinkommt.

Die Empfindlichkeit der Hundenase kann man auch einschätzen, wenn man einfach das Hundeverhalten anschaut. Jagdhunde und Mantrailer folgen von Natur aus den Geruchsspuren von Beutetieren oder Menschen, die zuvor – in manchen Fällen einige Tage zuvor – in schwierigem Gelände vorangegangen sind. Schauen Sie nur einmal das Video einer Sendungsaufzeichnung an, wie ein Showmoderator des Discovery Channel einen Bloodhound auszutricksen versucht. Er durchquert einen Fluss, sprüht sich mit Deodorant ein, legt Würstchen zur Ablenkung aus und geht dann ein Stück auf dem gleichen Weg zurück, um dann eine andere Richtung einzuschlagen. Der Hund folgt der Strecke, die er gelaufen ist, durchquert den Fluss, bemerkt (aber ignoriert) die Würstchen, geht die doppelt gelaufene Strecke zurück und stellt dann mit Leichtigkeit den Moderator.

Wenn ein Mantrailer irgendwo in der Mitte auf eine Geruchsspur stößt, muss er nur *fünf* Fußabdrücke abschnüffeln (die in weniger als zwei Sekunden hinterlassen wurden), um zu wissen, in welche Richtung diese Person gegangen ist. Jeder Fußabdruck enthält eine gewisse Menge Geruch dieser Person, und wenn dessen Intensität sich zwischen Schritt eins und Schritt fünf steigert, hat der Hund seine Antwort. Auch wenn andere Menschen den gleichen Weg entlanglaufen oder andere Spuren die Spur kreuzen, kann der Hund immer noch seine Zielperson finden.

Hunde sind so gut darin, ihre Zielperson zu finden, dass Gerichte in den Niederlanden, in Deutschland, Polen und ein paar anderen Ländern die Hinweise von Hunden aus Gegenüberstellungen mit Geruchsidentifikation als Beweis zulassen. Solche Gegenüberstellungen bestehen aber nicht etwa darin, wie man vielleicht denken könnte, dass der Hund eine Reihe von Verdächtigen und unschuldigen Vergleichspersonen abläuft und bei jedem stehenbleibt, um ihn abzuschnüffeln und für sich zu bewerten.*

* *Wobei das für den Verdächtigen wirklich beängstigend wäre! Und auch potenziell sehr effektiv: Mit Sicherheit würde ein Verdächtiger seine Geruchsmoleküle aus jeder nur möglichen Schweißdrüse absondern! Leider könnte das aber auch bei den einfach nur nervösen Vergleichspersonen der Fall sein, die darauf warten, als Schnüffelobjekt an die Reihe zu kommen und sich fragen, welche Geheimnisse dieser Wunderhund wohl haben könnte.*

Stattdessen schnüffelt sich der Hund an einer Reihe von Metallstangen entlang, die von dem Verdächtigen und von Vergleichspersonen angefasst wurden. Hunde finden denjenigen Geruch heraus, der auch am Tatort vorhanden war – und identifizieren so den Täter.

Ihr eigener Hund, der jetzt gerade neben Ihnen liegt, vollbringt jeden Tag überraschende und manchmal auch alarmierende geruchliche Heldentaten. Viele dieser Verhaltensweisen sind uns vertraut; was uns nicht vertraut ist, ist der dahinterliegende Geruch.

Lassen Sie uns als ersten Schritt in Richtung Entdeckung der Genauigkeit der Hundenase also einmal anschauen, was ein Hund im Verlauf eines ganz gewöhnlichen Tages riechen kann und riecht. Unsere Hunde existieren parallel zu uns, zu unseren Füßen und an unserer Seite gehen sie mit uns im Gleichschritt. Zwar schauen wir ihnen in die Augen und sehen, wie sie *schauen* – sie blicken uns an oder halten Ausschau nach einem in der Ferne bellenden Hund –, aber der größte Teil ihres Verhaltens dreht sich um ihre Nase und um das Riechen der Welt.

Nett, Sie kennenzuschnüffeln

Wenn man sie tun lässt, was sie möchten, werden die meisten Hunde keine flüchtigen Geruchsspuren fremder Menschen verfolgen oder nacheinander Metallstangen abriechen. Hunde beschnüffeln gern andere Hunde. Menschen schauen gerne andere Menschen an – wenn man sie alleine in einem Raum lässt, werden sie sich Bilder, egal ob statische oder bewegte, anderer Menschen anschauen. Ich weiß, hündische Versionen von Pin-Ups erfreuen sich unter Hunden keiner Beliebtheit, aber wenn ich den Duft jener schlanken schwarz-weißen Hündin vom Straßenende in einer Flasche einfangen könnte, würde er sicher eine gute Ablenkung für unsere Hunde abgeben, wenn sie alleine sind und sich langweilen.

Mit Sicherheit hat jeder Hundebesitzer das schon beobachtet. Aber glauben Sie nicht, dass das gegenseitige Beschnüffeln so bedeutungslos ist wie ein Niesen. Wenn ein Hund niest, tut der andere es nicht ebenfalls. Aber wenn sich zwei Hunde begegnen, schnüffeln sie und lassen sich beschnüffeln, und das ist echte Kommunikation. Offensichtlich liegt in dem Beschnüffeln anderer Hunde auch ein Vergnügen, aber was wir nicht sehen können, ist die dabei übermittelte Information. Ihr Schnüffeln hat ein bestimmtes Maß: Entweder beschnüffeln sich beide sofort gleichzeitig oder sie wechseln sich höflich ab und stecken ihre Nase in das Fell des jeweils anderen. Das Fell beherbergt Gerüche aus Hautdrüsen, die an beschnüffelbaren Körperstellen liegen. Und diese Gerüche sind der Schlüssel: Sie beinhalten die neuesten Nachrichten über den Hund, von dem sie ausgehen.

Bei der Beobachtung von sich gegenseitig beschnüffelnden Rüden und Hündinnen fanden Wissenschaftler heraus, dass Rüden es gern zuerst auf den „Schwanzbereich" (sprich: Rumpf) anlegen. Rund um den Anus liegen Hautdrüsen, die Geruch absondern. Zu beiden Seiten des Anus („auf vier und acht Uhr", wie ein Autor hilfreich für die Zifferblattleser unter uns anmerkt) liegen die Analbeutel, die den kräftigen Geruch nach *Hund* absondern. Oder genauer gesagt, vermutlich nach *gestresstem* Hund. Wenn ein Hund Angst hat, sondern die Beutel einen stinktierartigen Geruch ab. Sekrete aus den Analbeuteln dienen außerdem als Topping auf jedem Häufchen. Manche Wissenschaftler betrachten diesen Geruch deshalb als die „Unterschrift" jedes Hundes – seine Kennmarke, geschrieben für Nasen. Vor vierzig Jahren drückten Dr. George Preti vom Monell Chemical Senses Center und seine Kollegen die Analbeutel-Inhalte einiger mäßig kooperativer Beagle aus. „Ich war ein Pionier!", erzählte er mir. „Ohne Nachfolger." Was sie nach Analyse der Bestandteile herausfanden, war: Obwohl die Gerüche sich für die meisten menschlichen Nasen zu ähneln schienen, variierten die Proben beträchtlich: genug, um als Marker für jedes Individuum zu dienen. Weil Hundeforscher (anscheinend) so gut wie alles tun, um mehr über ihre Forschungsobjekte zu erfahren, wissen wir nun, dass es sogar für Menschen wahrnehmbare Unterschiede zwischen den Sekreten einzelner Hunde gibt – sie reichen von einem „fast neutralen oder leicht angenehmen, hundeartigen" einerseits bis zu einem „scharf beißenden" Geruch andererseits. Danke, liebe Wissenschaftler, dass Sie das für uns erschnüffelt haben.

Caniden haben außerdem auch deutlich erkennbare Drüsen am Schwanzansatz. Sie können sie orten, indem Sie entweder einem Rüden beim Beschnüffeln eines fremden Hundes zusehen oder nach einer fettigeren Stelle im Fell Ausschau halten, dort, wo der Schwanz in den Rücken übergeht. Sie wird von den Drüsensekreten geölt. Beim Fuchs produziert diese sogenannte suprakaudale Drüse Düfte, die sogar für unsere Nasen wahrnehmbar sind: Ein Hauch von Veilchen beim Rotfuchs, Moschus beim Graufuchs. Insofern als diese Drüsen Unterschiede im Spiegel der Geschlechtshormone wiedergeben, liegt das Interesse von Rüden natürlich zum Teil darin, herauszufinden, wer eine neue Hündin ist, aber auch, ob sie paarungsbereit ist.

Hündinnen beschnüffeln öfter zuerst die Gesichter. Auch Wölfe sind besonders erpicht darauf, gegenseitig die Gerüche von Kopf und Schnauze zu untersuchen. Vielleicht haben Sie einen Hund, der die Nase in Ihre Ohren steckt oder Sie damit in Nasen- und Augengegend anstupst. Er behandelt Sie wie einen echten Hund: An den Ohren eines solchen befinden sich zahlreiche Sekret- und Talgdrüsen, während an der Hundeschnauze ekkrine Drüsen sitzen. Vielleicht geht es bei dieser Untersuchung weniger um Paarung als um die Feststellung von Gesundheitszustand und Ernährung. Speichel riecht, wo immer Speichel hinkommt, was bei Hunden heißt: Großzügig über Gesicht und Schnauze verteilt.

Wenn Sie nahe genug herangehen, nehmen Sie den einzigartigen Geruch Ihres Hundes wahr. Wie Ihr Hund für Sie riecht, liegt vermutlich an den Ausscheidungen der Sekretdrüsen (apokrine Drüsen), die über seinen ganzen Körper verteilt sind. Auch die Unterseiten seiner Pfoten haben einen ganz individuellen Geruch. Wenn Sie noch nie an den Pfoten Ihres Hundes gerochen haben, dann ist es jetzt wirklich Zeit dafür. (Sie können übrigens sicher sein, dass Ihr Hund den Geruch *Ihrer* Füße kennt). Bei Hunden zieren Drüsen die Pfotenballen an sich, zusätzlich sind noch welche zwischen den Zehen versteckt. Sie sondern einen Geruch ab, der so gut von anderen unterscheidbar ist – zumindest für andere Hunde – , dass dies eines der rätselhaftesten Hundeverhalten aller Zeiten erklären könnte: Das Scharren auf dem Boden nach dem Absetzen von Urin oder Kot. Ich kenne Hunde, die in Momenten großer Erregung jedweden Ursprungs – verlockend riechende andere Hunde laufen vorbei oder sie haben gerade wild und ausgiebig getobt – wie besessen lange, tiefe Furchen in den Boden kratzen, als ob sie ein Ausrufezeichen hinter die Szene setzen wollten. *So!* Wenn bei jedem Scharren ein Tröpfchen Geruch freigesetzt wird, dann dient dieses Verhalten vielleicht als Wegweiser für andere Hunde, wo sie das Mutterschiff des Geruchs finden können: den Kot oder Urin, den der Scharrer hinterlassen hat. Das Schnüffeln des einen Hundes deckt die Identität eines anderen auf, aber übermittelt auch Informationen, die sonst der nicht so raffinierte Sehsinn wahrnehmen würde. Hunde schauen sich nicht gegenseitig unter den Bauch, um zu sehen, ob der andere männlich oder weiblich ist. Sie *riechen* männlich oder weiblich. Außerdem riechen sie Paarungsbereitschaft, kürzlich überstandene Krankheiten oder was der andere kürzlich gefressen hat. Sie riechen auch das Alter: Alter ist nichts anderes als ein Stoffwechselprozess, als Chemie. Und Chemie riecht. Hunde riechen danach, ob sie gebadet haben oder nicht; ob sie kürzlich gepinkelt haben oder gerade sehr dringend müssen. Sie riechen nach sich selbst, nach ihrem Status, und vermutlich auch danach, ob sie Angst haben, glücklich oder nervös sind.

Hinterlassene Botschaften

Selbst wenn Ihr Hund auf einem Spaziergang nicht unmittelbar einem anderen Hund hinterherschnüffeln kann, ist er trotzdem nicht um sein Riechvergnügen gebracht. Zum Glück haben nämlich andere Hunde einen ganzen Berg duftender Visitenkarten draußen hinterlassen. Jeder Schritt auf einer porösen Oberfläche hinterlässt Geruch und jedes Büschel Fellhaare, das ein Hundebesitzer ausgebürstet hat, enthält Öle und Sekrete aus den Haarfollikeln. Wir bringen die Gerüche anderer Hunde mit nach Hause, deren Besitzer wir besucht haben; die von melancholischen Hunden, die angebunden draußen vor Geschäften saßen und sich von uns die Ohren kraulen ließen; von überfreundlichen Welpen, die uns auf dem Gehweg begegnet sind und die uns von oben bis unten bepfötelt und beschlabbert haben.

Und dann gibt es da noch das Pipi. Jeder, der schon einmal viele Stunden auf Wiesen- und Rasenflächen verbracht hat, die bei Hunden beliebt sind, ist schon einmal Zeuge der tragischen Personenmarkierung geworden. Ein Hundebesitzer, dessen Aufmerksamkeit nachgelassen hat und vielleicht ein bisschen müde geworden ist, sitzt im Gras, während die Hunde um ihn herumlaufen und herumspielen. Plötzlich und ohne Vorwarnung löst sich ein Hund aus der Gruppe der Spielenden, nähert sich dem Sitzenden von hinten oder von der Seite, hebt ein Bein...und pinkelt.

Die Person wurde „markiert". Sollte sie jetzt noch sitzenbleiben, würde es nicht lange dauern, bis sie von einem weiteren Hund gegenmarkiert würde. Aber sie bleibt nicht sitzen. Sie springt auf, während die anderen Menschen zwischen Mitleid, Beschimpfen der Hunde und Lachen schwanken. Aber natürlich betrachten die Hunde dies nicht als schlechtes Verhalten. Das Verhalten hat eine lange Tradition. Hunde tun es, Bienen tun es und sogar Nilpferde tun es.

Geruchsmarkierungen sind das Hinterlassen von Urin oder anderen Körpersekreten an einem Stein, Baumstumpf oder anderen aus der Landschaft hervorstehenden Gegenständen: Feuerhydranten an städtischen Straßen, Traktorreifen in landwirtschaftlicher Umgebung. Der markierte Gegenstand wird zu einem Geruchswegweiser: eine olfaktorische Flagge mit Informationen über den Markierer, bereit fürs Beschnüffeltwerden.

Klassischerweise sortiert man das Geruchsmarkieren unter Territorialverhalten ein. Klassischerweise ist es das auch bei den meisten Tieren. Wobei die Mittel und die Platzierung wesentlich komplizierter sind als unser menschliches Flaggenhissen. Bisamratten hinterlassen einen öligen Geruch an einem Grashalm; Biber deponieren ein sehr eigenartiges gelbliches Öl, das Castoreum oder Bibergeil, ganz oben auf einem Haufen Grundschlamm, den sie am Ufer aufgetürmt haben. Otter setzen noch einen drauf und erschaffen eine ganze Geruchsregion am Ufer dadurch, dass sie sich die Uferböschung herabrollen lassen und dann zur Krönung noch darüber koten. Schneeschuhhasen markieren sich sogar gegenseitig: In der Balz springt einer balettverdächtig über den anderen drüber, wobei er ihn mit Urin besprüht. Dikdik-Antilopen scharren einen gemeinschaftlichen Dunghaufen zusammen und geruchsmarkieren dann ihren Weg mit ihren Hufspuren; Tüpfelhyänen hinterlassen Analbeutelsekrete und Düfte von zwischen den Zehen und benutzen Gemeinschaftslatrinen am Rand ihrer Hyänenstadt. Eine Katze „bemalt" einen Zaunpfosten mit ihrem Gesicht, wobei sie Geruch aus den Drüsen an ihrem Hals und Gesicht daran verreibt. Sowohl Nilpferd als auch Nashorn hinterlassen kraftvolle Urinmarken:

Das Rhino schießt einen gezielten Pinkelstrahl in den Busch, den es gerade mit seinem Horn zu Spänen zerschreddert hat. Der Dachs presst Geruch mit seinem Hinterteil auf den Boden; von Mungo und weiblichem Waldhund weiß man, dass sie Handstände machen können, um ihren Urin oder ihre Analdrüsensekrete besser zu verteilen.

Wenn sich Geruchsmarken am Rand der Territorien sozial lebender Tierarten befinden, in Bereichen, die oft kontrolliert und verteidigt werden, scheint es angebracht, sie auch als territorial zu bezeichnen. Wenn Sie Ihr Grundstück einzäunen, teilen Sie damit jedem, der den Zaun überwindet, mit, dass er ein Eindringling ist. Kein weiteres Schild ist hier nötig. Aber viele Geruchsmarken werden überhaupt nicht auf den Territorien der Tiere gesetzt, sondern etwa auf Spaziergängen in neuen Umgebungen oder in sozial geteilten Räumen. Markieren auf Lauf- oder Wechselpfaden, die gemeinsam genutzt werden, dienen nicht dem Zweck, den Weg für sich zu beanspruchen. In diesen Fällen vermittelt die Markierung möglicherweise soziale Informationen darüber, wer sie zurückgelassen hat und welche Art von Tier er oder sie denn war.

Nach dieser ersten Markierung setzen manche Tierarten *Gegenmarkierungen*: Sie urinieren über die Marke, die ein anderes Tier zurückgelassen hat oder reiben sich daran. Während *Eau de Tüpfelhyäne* auch gut über den Wind wahrnehmbar sein mag, bevorzugen es die meisten Tiere jedoch, ganz bis zur Zaunmarkierung hinzugehen und sie aus nächster Nähe zu inspizieren. Jede Gegenmarkierung kann als Herausforderung des Territorium-Inhabers betrachtet werden oder auch als eine Art Antwort an den Sender der sozialen Information: *Ich war auch da.* Wir wissen, dass Gegenmarkierungen nicht nur einfach territorial bedingt sind, weil sie nicht regelmäßig von territorialen Herausforderungen oder Revieraufgaben gefolgt werden. Sie haben auch etwas mit sozialer Konkurrenz zu tun: Unter Hausmäusen zum Beispiel ist der zuoberst markierende Gegenmarkierer meistens auch der beliebteste Hausmäuserich.

Wie ist es also bei Hunden? Sowohl Wild- als auch Haushunde markieren und gegenmarkieren sehr eifrig. Typischerweise erreichen sie das über ein manchmal geradezu akrobatisches Beinheben, indem sie auf drei Beinen balancieren und das vierte möglichst hoch in die Luft recken. Das nicht nur von Rüden, sondern manchmal auch von Hündinnen gezeigte Beinheben ermöglicht eine gezielte Lenkung des Urinstrahls, der auf einer senkrechten oder fast senkrechten Fläche landen soll (ob er das immer tut, ist eine andere Frage). Beachten Sie, dass Markieren nicht einfach nur irgendwie *Pinkeln* ist, sondern es geht darum, hier einen kleinen Sprühstoß oder dort einen Nebel zurückzulassen. *

Und hier kommt die Überraschung: Im Gegensatz zu den anderen markierenden Tieren markieren Haushunde nicht territorial. Ja, Sie haben richtig gelesen. Hunde „markieren nicht ihr Revier". Woher wir das wissen? Einfach durch Beobachtung, wo Hunde pinkeln und wo nicht. Hunde, die einen Besitzer haben, markieren nicht die Außenmauern ihrer Häuser. In Wohnungen lebende Hunde pinkeln nicht an die Wände oder an die Türschwelle. (Ihrer etwa? Dann ist das ein anderes Thema ...) Hunde, die auf eingezäunten Grundstücken leben, markieren nicht ständig die Grundstücksgrenzen mit Urin. Forschungen in Indien an den dort häufig vorkommenden und großen Populationen freilaufender Hunde – Streuner, die sogar Heimatreviere haben könnten, welchen ständig die Einwanderung durch andere droht – haben ergeben, dass auch diese Hunde selten an Reviergrenzen markieren. Hunde, die gemeinsam mit anderen genutzte Pfade oder Parkflächen entlangwandern, können diese angesichts der nur gelegentlichen Nutzung nicht wirklich als ihr „Territorium" bezeichnen, und tatsächlich zeigen sie keine begleitenden Verhaltensweisen, die darauf hinweisen würden, dass die Hunde den Pfad als „ihren" betrachten.

Stattdessen sind Hunde große Laufwege-Markierer. Achten Sie einmal darauf, wo Ihr Hund pinkelt: Am Laternenmast am gemeinsam genutzten Weg, an einem kleinen Busch am Feldwegerand, am Müllhaufen an der Ecke der Hofeinfahrt, der gestern noch nicht da war. Vor allem verbringen sie viel Zeit mit dem Beschnüffeln aller denkbaren Markierungsstellen, setzen aber nicht über *jede* von ihnen eine Gegenmarkierung. Ein Schnüffeln kann von einem schnellen Umschauen gefolgt werden, von einem Kratzen auf dem Boden oder sogar

* *Medizinforscher haben übrigens eine gemeinsame Regelmäßigkeit im Blasen-entleerenden Pinkeln gefunden: Im Durchschnitt dauert es bei allen Tieren vom Hund über die Wühlmaus bis zum Elefanten einundzwanzig Sekunden, bis alles herausgepinkelt ist. Das Markieren dagegen dauert nur ein bis drei Sekunden.*

von einem schnellen Aufeinanderklappern der Zähne, das Teil der Geruchswahrnehmung von Hormonen im Urin ist.

Was also teilen sich Hunde gegenseitig mit, wenn Sie einen Hydranten mit ganzen Schichten von Urin bedecken? Am wahrscheinlichsten ist, dass es um das Hinterlassen sozialer Informationen geht. Es als Pipi-Post zu bezeichnen trifft es von daher ganz gut. Sie teilen sich gegenseitig mit, wer sie sind und geben damit, gewollt oder ungewollt, auch eine Menge anderer Informationen preis: Ihr Geschlecht, ob sie als Weibchen im Östrus sind, was sie gefressen haben, wie sie sich fühlen, ihr Gesundheitszustand. Die wenigen Studien, die der Fragestellung nachgingen, wie und wann Hunde markieren, fanden heraus, dass unkastrierte Rüden mehr markierten, mehr gegenmarkierten und mehr mit den Zähnen klapperten als ihre kastrierten Brüder oder als Hündinnen. Aber alle tun es, auch wenn einige nur „Näherungsmarkieren" betreiben und ihr Ziel – absichtlich oder nicht – weiträumig verfehlen. Schon allein die Menge an Zeit, die sich selbst überlassene Hunde mit Schnüffeln verbringen, deutet darauf hin, dass die Markierungen eine ganze Fülle an Informationen enthalten.

Aber die hündische Duftmarke ist auch das perfekte Graffiti: Man braucht einen geheimen Nasenschlüssel, um die besondere Botschaft zu knacken. Was menschliche Wissenschaftler bisher nicht geschafft haben – und das liegt sicher teilweise daran, dass wir die Hunde nicht fragen. Zwar geben uns nur wenige Tiere Antworten zu ihrem Verhalten in leicht verständlichen Sätzen, aber sehr oft liegt die Antwort darin, was sie nach dem Verhalten tun. Wenn ein Glühwürmchenmann drei Mal hintereinander blinkt und ein Dutzend Glühwürmchenfrauen angeschwirrt kommt, um sich mit ihm zu paaren, bekommen wir eine ziemlich gute Ahnung, was drei Mal blinken bedeuten könnte.

Aus dieser Überlegung heraus stellte ich bei der New Yorker Stadtparkverwaltung einen Antrag, ob ich ein Forschungsprojekt in ihren Parks durchführen dürfte. Es würde sie nichts kosten, keinen Lebensraum und kein Lebewesen stören und nicht intrusiv sein. Mein Vorschlag war, na ja, sagen wir ungewöhnlich: Ich wollte einen „Pinkelpfosten" im Riverside Park aufstellen und sehen, was passieren würde. Wie viele Hunde würden an einem bepinkelten Pfosten schnüffeln? Wie oft würden sie dort übermarkieren? Wie hoch und wie genau würden sie zielen? Würden sie zurückkommen und ihre eigenen Kunstwerke nochmals überprüfen? Und was tun sie eigentlich nach dem Schnüffeln und Pinkeln?

Sechs Wochen später erfuhr ich, dass mein Vorschlag angenommen worden war. Ich hängte eine getarnte, bewegungsaktivierte Wildkamera in einer Platane auf. Sie schaute auf einen niedrigen Pfosten von der Höhe eines Standard-Zaunpfostens, der unübersehbar direkt an einem beliebten Hunde-Spaziergehweg platziert war.

Eine Woche lang wurde der Pfosten das Ziel neugieriger Nasen, und die Kamera hielt alles fest. Was sie aufzeichnete, waren Hunde, die entweder Informationsmarken aufnahmen und welche für andere zurückließen, aber selten die ganze Sache zu Ende durchführten. Hunde, die die Duftmarken abschnüffelten, schauten anschließend oft den Weg hinauf und hinunter, ob der Duftmarkensetzer vielleicht noch irgendwo zu sehen war. Falls dieser sich noch in der Nähe befand, zeigten sie Anstalten, ihm folgen zu wollen, aber als Spezies, deren Spaziergangsroutine meistens von einem Menschen bestimmt wird anstatt von ihnen selbst, wurden sie in der Regel durch eine Leine an der Verfolgung des gut riechenden Hundes gehindert. Gegenmarkierungen waren überraschend selten: Es wurde viel öfter geschnüffelt als markiert. Wenn ein Hund markierte, schien das eher stellvertretend für eine richtige Interaktion stattzufinden: *Ich kann dich nicht persönlich beschnüffeln, ich lasse meine Visitenkarte für dich hier.* Aber selbst unangeleinte Hunde kehrten nie zurück, um nachzusehen, ob ihre Nachrichten vielleicht überschrieben worden waren. Was genau die Hunde auf den Nachrichten lasen, die bald den Pfosten bedeckten wie Notizzettel ein Schwarzes Brett, bleibt ein Geheimnis. Auch ohne ein zu bewachendes Revier hissen sie kleine Geruchsflaggen, überprüfen allerdings nie, wer davor strammsteht.

Rollvergnügen

Während eine Geruchsmarkierung den Geruch des Tieres auf den Boden bringt, sorgt das Rollen oder Wälzen auf dem Boden dafür, dass der Geruch des Bodens auf das Tier gelangt. Oder besser gesagt, der Geruch dessen, in was es sich gerade rollt, was auch immer das sein mag. Hunde sind reuelose Geruchs-Wälzfanatiker, und die Gerüche, in denen sie sich rollen, sind oft extrem stinkig. In dieser Hinsicht teilen sie ihren Geschmack mit anderen Tieren: Auf der gemeinsamen Favoritenliste stehen Fleisch (frisch oder verfaulend), Erbrochenes, Darminhalte, Käse, Maschinenöl, Parfüm, Insektizide und die Fäkalien anderer Tiere. Andere Wissenschaftler haben der Liste der wälzbaren Düfte noch „Rosinen, Käfer ..., Zigarettenkippen, Bonbons, Kopfkissen von Menschen und viele Orte, an denen die menschliche Nase überhaupt nichts wahrnehmen kann" hinzugefügt.

Üblicherweise schnüffelt der Hund zunächst am Geruch, geht ganz nahe an ihn heran – obwohl das im Fall von Fauligem oder frischen Körperausscheidungen unnötig erscheint – und lässt sich dann mit Kopf oder Schulter voran auf die Geruchsquelle hinab. Hals und Rücken folgen, wobei er sich oft mit deutlicher Begeisterung auf dem Rücken aalt und räkelt. Es erinnert mich jedes Mal an die Verzückung von Katzen in Katzenminze. In beiden Fällen scheint das Wälzen die für Spielen, Sex und Fressen zuständigen Nervenkreise auf einmal anzusprechen. Beide Spezies wälzen sich geradezu ekstatisch, wobei sie in dem Geruch scharren oder hineinbeißen und ihr Gesicht darin reiben.

Warum Hunde das tun, ist für Wissenschaftler und Hundebesitzer gleichermaßen ein Quell der Ungewissheit. Es sind mehrere Theorien dazu im Umlauf. Eine davon ist die „Tarnungstheorie": Indem sie ihren eigenen Körper an den Umgebungsgeruch anpassen, werden sie eher als die Revierbesitzer betrachtet. Die Weibchen afrikanischer Wildhunde rollen sich im Urin derjenigen Rüden, deren Rudel sie sich anzuschließen versuchen: sie werden eher akzeptiert, wenn sie heimisch riechen. Eine andere Theorie ist die „Beliebtheitstheorie": Es könnte ihren sozialen Status verbessern, wenn sie etwas so Begehrtes wie ein sehr, sehr stinkigen Stinkgeruch an sich tragen. Tüpfelhyänen, die sich an den Schultern mit Aas parfümiert hatten, wurde mehr Fellpflege durch ihre Rudelgenossen zuteil als denjenigen, die mit Kampfer besprenkelt waren. Und schließlich noch die hedonistische Theorie: es ist einfach angenehm. Vielleicht kann man später den Duft genießen, wenn man sich mit dem Parfüm eines verwesenden Tieres versorgt. Neue Geruchsquellen sind dabei besonders interessant: Sollten Sie wünschen, dass Ihr Hund nach Ihrem Parfüm duftet, probieren Sie es doch einmal damit, ein bisschen davon aufs Gras zu tröpfeln. Gleich neben den Katzenkot von gestern.

Das sind nur die gewöhnlichsten Beispiele für den Umgang von Hunden mit Geruch. Aber dann gibt es da noch die scheinbar außergewöhnlichen Hunde, die Spürhunde, die über Pipimarkierungen hinaus sind und jetzt auf Profiniveau schnüffeln. Sie riechen Dinge, die wir nicht nur nicht sehen können, sondern die wir uns oft noch nicht einmal vorstellen können.

Spürhunde wurden dazu ausgebildet, so gut wie nur alles Erdenkliche zu finden. Wir wissen, dass sie nach Sprengstoffen, Brandbeschleunigern oder Landminen suchen können. Sie finden vermisste Menschen – sowohl lebende als auch tote, sowohl an Land als auch unter Wasser. Sie können Drogen oder geschmuggelte Lebensmittel erschnüffeln, aber auch unerlaubte Mobiltelefone in Gefängnissen oder importierte Haifischflossen in Reisekoffern; Termiten, Feuerameisen oder Rote Palmrüsselkäfer, Neuwelt-Schraubenwurmfliegen, Fadenwürmer oder Bettwanzen; die sich in Montana unerwünscht ausbreitende Schwarze Flockenblume oder die invasiven braunen Baumschlangen in Guam; den schwierig zu beobachtenden Atlantischen Nordkaper, einen Glattwaal, im Meer oder den Amurtiger auf dem Land; die Fäkalien von Schwarzbären, Fischern, Rotluchsen, Mähnenwölfen, Buschhunden oder Schildkröten; von Windkraftanlagen getötete Vögel oder brunstbereite Milchkühe. Solange es einen Geruch hat, kann ein Hund es riechen. Heute gibt es sogar Hunde, deren Dienstaufgabe es ist, andere, vermisste Hunde zu suchen.

Wie wir sehen werden, sind dies außergewöhnliche Leistungen, aber nicht notwendigerweise außergewöhnliche Hunde. Jeder Hund kann überraschende Heldentaten im Entdecken und Identifizieren vollbringen. Aber nur wenige Hunde haben gelernt, sich etwas daraus zu machen, es uns mitzuteilen, wohin eine vermisste Person gegangen ist oder ob ein Reisender eine einzelne Guave mit über die Grenze gebracht hat. Das sind diejenigen, die in Ausdauer und in Kommunikation mit ihrem Hundeführer trainiert wurden, aber sie alle haben die gleiche Qualitätsnase. Hunde suchen nach Gerüchen, rollen sich in Gerüchen, und, wenn wir es ihnen sagen, handeln sie auch aufgrund von Gerüchen.

Das hat mich wahrnehmen lassen, was noch alles im Leben meiner Hunde durch den Geruch existiert. Dinge, die riechen, bevor sie erscheinen oder Dinge, die keinen Geruch zu haben scheinen. Dinge, von denen wir denken, dass sie (uns) nicht riechen und Dinge, die nicht so riechen, wie wir denken. Dinge, die ein neues Bild davon zu zeichnen beginnen, wie es sein könnte, die Welt mit der Nase zuerst zu sehen.

Unser Geruch

Eins der vergnüglichsten Genres unter den YouTube Videos ist die Sorte kurzer, fröhlicher Szenen, in denen Hunde heimkehrende Soldaten begrüßen. Egal, ob die einsatzbedingte Abwesenheit des Besitzers lang oder kurz war, die Hunde brechen immer in diese einzigartige, unbändige hündische Begrüßungszeremonie aus: Hüpfen, frenetisches Schwanzwedeln, Winseln, sich zappelnd und rollend auf den Rücken werfen, grinsen, sich wie verrückt zwischen die Beine oder Arme des Heimkehrers schlängeln – oder alles auf einmal. Es gibt wohl kaum Zweifel daran, dass sich die Hunde an ihre Menschen erinnern, sie lieben und vermisst haben.

In manchen der Videos ist aber ein Zögern in der Wiedererkennung zu bemerken: Wenn die (meist uniformierte) Person ankommt oder das Haus betritt, bellt der Hund und nähert sich argwöhnisch mit gesenkter Rute und zurückgelegten Ohren. Er kennt diesen Menschen nicht. Aber dann folgt ein magischer Moment der Verwandlung: Schauen Sie einmal genau hin und stoppen Sie das Video an der Stelle, wenn der Hund zögert. Achten Sie auf seine Nase. Jeder der Hunde hebt seine Nase, um eine Geruchsbrise einzufangen. Oder er schnüffelt zuerst an der einen hingehaltenen Hand, dann an der anderen. Und im Handumdrehen verwandelt sich der Fremde in den Mensch, den der Hund kennt und nach dem er sich gesehnt hat.

Für unsere Hunde ist jeder von uns von einer Geruchswolke umgeben, die für sie so vertraut ist wie für uns unser Spiegelbild. Wir *sind* unser Geruch – und das ist nicht der Geruch Ihres Shampoos. Ihr Hund hätte keinerlei Schwierigkeiten, Sie aus einer aufgestellten Reihe Menschen herauszufinden, selbst wenn Sie das Rätsel nicht durch Locken, Hinhocken oder Berühren seines Kopfes auflösen würden. Stattdessen wäre er in der Lage, *Ihr* ganz besonderes menschliches Duftbouquet zu riechen, das aus einer Mischung von Öl-, Palmitin- und Stearinsäuren besteht. Trainierte Hunde bemerken, wenn einer der Inhaltsstoffe dieser Mischung um ein paar Mikrogramm mehr oder weniger vorhanden ist.

Vielleicht sehen Sie ein Fünkchen Beweis dafür auch bei Ihrem eigenen Hund, wenn Sie nach Hause kommen und er das anscheinend vorausgeahnt und erwartet hat. Weil uns selbst diese Wahrnehmung fremd ist, wird oft alles als „übersinnlich“ bezeichnet, was der Hund voraussieht – die Stunde unserer Heimkehr oder das Erdbeben, das uns erst dann auffällt, wenn es schon wackelt. Wir dagegen kündigen uns mit unseren Gerüchen und Geräuschen mit olfaktorischen Kuhglocken und der Intensität eines Stinktiersprühstoßes an. Für den Hund kommen wir an, bevor wir da sind und bleiben, nachdem wir gegangen sind.

Schon viele Menschen haben auf Hunde verwiesen, die zu „wissen“ scheinen, wann ihre Besitzer nach Hause kommen und dies als besondere Fähigkeit beschrieben. Ich dagegen vermute eher, dass es eine besondere *Riechfähigkeit* ist. Vor ein paar Jahren habe ich einmal einen Versuchsaufbau ausgeheckt, um zu testen, wie groß die Rolle des Geruchs ist, wenn ein Hund spürt, dass sein Besitzer nach Hause kommt. Anstatt anzunehmen, dass der Hund seinen Besitzer durch die Tür riecht oder hört, ging ich eher davon aus, dass eine kraftvolle Kombination von zwei Kräften zu dieser Fähigkeit von Hunden führen könnte. Die erste ist die Unverwechselbarkeit unseres Geruchs für den Hund. Die zweite ist die Leichtigkeit, mit der Hunde unsere Gewohnheiten lernen: Unser Gehen und Kommen ist verlässlich vorhersagbar, wenn auch nicht immer zu den genau gleichen Zeiten. Wie kann Ihr Hund also wissen, wann Sie von der Arbeit kommen, wo doch die Sonne jeden Tag zu einer anderen Zeit untergeht? Nun, es könnte sein, dass die Gerüche, die wir beim Gehen im Haus hinterlassen, jeden Tag nach verlässlichem Muster *schwächer* werden, je länger wir weg sind. Über die Stunden hinweg, in denen wir fort sind, beginnt unser Haus weniger nach uns zu riechen. Ich schlug vor, das zu überprüfen, indem wir „frischen" Besitzergeruch ins Haus brachten. Wenn der Hund davon ausgeht, dass der Besitzer gerade erst gegangen ist, müsste er überrascht sein, wenn dieser zurückkommt.

Und genau das passierte auch. Wir arbeiteten mit einem Ehepaar, dessen Hund geradezu hellseherische Fähigkeiten zu haben schien, was den Zeitpunkt von Herrchens Heimkehr anging. Wir schmuggelten viele Stunden, nachdem er gegangen war, eins seiner getragenen T-Shirts mit starkem Körpergeruch ins Haus. So roch das Haus für den Hund wieder viel stärker nach dem Besitzer, so, als ob er erst kürzlich gegangen wäre.

Und kaum überraschend wartete der Hund diesmal nicht wie sonst an der Tür, als Herrchen heimkam, sondern schnarchte auf der Couch: Bestimmt würde es noch Stunden dauern, bis er heimkam, bei diesem starken Geruch in der Luft …

Hundegeruch

Es scheint vernünftig, anzunehmen, dass Hunde *ihren eigenen* Geruch kennen. Und außerdem, dass sie ihn mögen: Jeder Besitzer, der schon einmal erlebt hat, wie sich sein Hund gleich nach einem Bad wieder im Schmutz wälzt, kann Ihnen das Bestreben attestieren, nicht nach Shampoo riechen zu wollen. Auf der anderen Seite: Beweist das, dass Hunde ihren eigenen Geruch kennen, oder mögen sie vielleicht einfach nur das Grüner-Tee-Shampoo nicht, das Sie ausgesucht haben?

Anders gefragt – haben Hunde ein Bewusstsein von sich selbst und davon, wer sie sind? In der Tier-Kognitionsforschung ist dies die Frage nach der „Selbsterkennung", die man als ziemlich komplexe kognitive Fähigkeit betrachtet – und die, um sie zu beweisen, mehr als die Beobachtung eines Nach-Bad-Wälzens erfordert. Der einzige Test zur Selbsterkennung, der zuverlässig an Tieren durchgeführt werden konnte, ist der berühmte „Spiegel-Markierungstest". Wenn man an Ihrem Gesicht oder Körper unbemerkt etwas markiert oder verändert hat, werden Sie dann die Markierung zu untersuchen versuchen, wenn Sie einen Blick auf Ihr Spiegelbild erhaschen? Wir würden erwarten, dass jeder normale Erwachsene dies tun würde (und tut, nachdem er Rahmspinat oder ein Mohnteilchen gegessen hat), aber tatsächlich kommen wir nicht mit dieser Selbsterkennung zur Welt. Aber ab dem Alter von achtzehn Monaten wird ein Kind die Hand nach einem Aufkleber ausstrecken, den ein Erwachsener unbemerkt auf seinen Kopf geklebt hat, sobald es ihn im Spiegel entdeckt und damit den Test bestehen. Schimpansen bestehen den Test (mit Tintenklecks auf der Stirn), eine Elefantenkuh namens Happy bestand ihn (als man ihr mit Klebeband ein X oberhalb eines Auges aufklebte) und in Gefangenschaft lebende Delfine bestehen ihn (sie vollführen akrobatische Verrenkungen, um die Tintenflecken im Spiegel sehen zu können).

Hunde tun es nicht. Stellen Sie sich einmal vor, Ihrem Hund einen Spiegel hinzuhalten, wenn sein Gesicht voller Aufkleber klebt. Er wird zweifellos Gleichgültigkeit ausdrücken. Was für uns albern aussieht, spielt für ihn keinerlei Rolle. Aber das ist nicht Beweis genug, um sagen zu können, dass Hunde den Test nicht bestehen und folglich kein Bewusstsein von sich selbst haben. Zum einen betreiben Hunde an sich selbst keine Fellpflege (wie Primaten) und zeigen wenig Interesse am Erhalt des eigenen guten Aussehens. Es ist also ganz einfach unwahrscheinlich, dass sie einen komischen Fleck auf ihrem Gesicht zu entfernen versuchen sollten. Außerdem sind sie nicht so visuell orientiert wie Primaten. Der Spiegeltest mag für manche Spezies angemessen sein, aber dieses Paradigma birgt Herausforderungen für Hunde, die wenig Interesse an Spiegeln zeigen.

Es gibt einige wissenschaftliche Hinweise darauf, dass Hunde trotzdem in der Lage sein könnten, einen solchen Test zu bestehen, wenn man nur eine Art *geruchlichen* Spiegel bauen könnte: Etwas, das so ähnlich riecht wie sie selbst, nur ein ganz klein wenig anders. Als der Wissenschaftler (und mein Kollege) Dr. Marc Bekoff einmal im Winter mit seinem Hund in den Hügeln von Colorado spazierenging, fragte er sich, ob eigentlich jeder „gelbe Fleck" im Schnee gleichermaßen interessant für seinen Rüden Jethro war. Bekoff begann genau darauf zu achten, wo sein Hund pinkelte und wo er schnüffelte. Er trug sogar ein bisschen gelben Schnee an andere Stellen, um zu sehen, was dann passieren würde. Er fand heraus, dass Jethro es vermied, seinen eigenen Urin zu beschnüffeln, den anderer Hunde aber untersuchte: Eine Art in Schnee geschriebene Selbsterkennung. Jethro sah so aus, als ob er seinen eigenen Geruch erkennen würde, aber ich beschloss, diese Hypothese einem formalen Test zu unterwerfen. Ich wollte sehen, ob jeder Hund, der eine „Spiegelung" von sich selbst riecht, denkt: „Das riecht wie ich."

Zu diesem Zweck machten mein Forschungslabor und ich uns an die Aufgabe, eine Art olfaktorischen Spiegel zu entwerfen. Anstatt der spiegelnden Oberfläche benutzten wir einen Geruch verströmenden Behälter. Wenn man in den Spiegel schaut, sieht man sich selbst. Wenn man den Behälter riecht, riecht man ...sich selbst. Ich benutzte sowohl den Geruch des Hundes als auch ein bearbeitetes „Geruchsbild" – einen veränderten oder „markierten" Geruch. Wir stellten die Frage, ob Hunde den Unterschied erkennen und ob ihr markiertes Ich als interessanter zum Beschnüffeln finden würden.

Und so kam es, dass wir Hundepipi zu sammeln begannen. In der Regel kommt man wahrscheinlich nicht unbedingt auf die Idee, Hundeurin zu sammeln, zu untersuchen oder ihn Hunden zu präsentieren. Aber Pipi ist eigenartig zentral in unserem Leben mit Hunden. Es ist nicht nur das große Kommunikationsmedium unter Hunden, sondern auch ein großer Teil der Hund-Mensch-Beziehung. Vielleicht leben Sie mit Ihrem Hund in einer Wohnung. Dann müssen Sie zweifellos mehrmals am Tag mit ihm spazieren oder zumindest kurz herausgehen, damit er draußen urinieren kann. Wenn Sie selbst arbeiten und tagsüber nicht nach Hause kommen können, um Ihren Hund herauszulassen, haben Sie vielleicht einen Hundesitter oder Dogwalker, der das für Sie erledigt. Wenn Sie in einem Haus leben, müssen Sie den Hund immer rechtzeitig ins Freie lassen oder ihm eine Möglichkeit schaffen, dass er selbst ins Freie gelangen kann.

Mein eigenes Sozialleben als junge Erwachsene war zu einem großen Teil um die Tatsache herum arrangiert, dass ich immer wieder nach Hause musste, um meine Hündin Pumpernickel zum Pinkeln herauszulassen. Natürlich wollte ich ihr auch die Gesellschaft und Bewegung verschaffen, die sie als meine treue und bettwärmende Gefährtin brauchte und verdiente. Aber ganz klar ging es bei vielen dieser Herauslass-Besuche nur um Urin.

Anschließend lassen wir den Hundeurin natürlich, wo er ist.

Bis wir beginnen, uns unter Hundebäuche zu beugen, sobald sie sich hinhocken oder um ein gehobenes Bein fassen, um einen kleinen Becher in Richtung des gelben Stroms zu halten. Dann fangen wir an, ihn zu sammeln.

Und genau das taten wir. Denn wenn Hundeurin so wichtig für Hunde ist, dann ist er es auch für Hundewissenschaftler.

Für einen Hundebesitzer, der es gewohnt ist, die noch warmen, weichen Häufchen seines Schützlings per Hand aufzusammeln, nur mit einer hauchdünnen Plastikfolie zwischen Haut und Kot, ist das Sammeln von Urin ein Kinderspiel. Trotzdem müssen sowohl Mensch als auch Hund sich erst in gewissem Maße daran gewöhnen. Zusammen mit meiner Laborleiterin Julie, die eine regelrechte Vorliebe für diese Aufgabe entwickelte, entwarf ich ein methodisches Vorgehen dafür. Finnegan war unser Versuchsobjekt. Wir gingen zusammen spazieren und beobachteten ihn beide unterwegs mit Argusaugen. Er schien sich nichts daraus zu machen, dass Julie Latexhandschuhe trug und einen sterilen Plastikbecher mit orangem Deckel mit sich trug. Als Finns Besitzerin, die ihn auf Tausenden von Gassigängen begleitet hatte, konnte ich mit absoluter Treffsicherheit erkennen, wann er gleich pinkeln würde. Ich vermute, dass jeder Hundebesitzer einen seltsamen Schatz an Wissen darüber hegt, welche Verhaltensweisen ein baldiges Lösen des Vierbeiners voraussagen. Wenn ich also sah, dass Finnegan ansetzte, hob ich meine Augenbrauen zu Julie, die daraufhin den Becher mitten unter den Strahl hielt. Erwischt.

Im Laufe unserer Arbeit kamen Überlegungen auf, die wir uns zuvor nie hätten vorstellen können. Als erstes mussten wir eine Strategie finden, wie man am besten einen Plastikbecher unter einen Hund hält, ohne dass sich der Hund über eine Person erschreckt, die eben einen Plastikbecher unter seinen Bauch hält. Manche Hunde wurden darüber störrisch und entwickelten, obwohl sie ihr Pipi jahrelang freigiebig verteilt hatten, plötzlich merkwürdige Eigentumsansprüche. Oder aber, was wahrscheinlicher ist, der menschliche Arm befand sich einfach ungeschickt dicht an ihren privaten Teilen.

Dann mussten wir festlegen, wie viel Urin eine ausreichende Menge war, um gerochen zu werden. Im ersten Durchgang überschätzten wir uns völlig: Ein kleiner, mit Pipi befeuchteter Wattebausch. Ich rief Finnegan zu mir heran und zeigte ihm denselben in meiner behandschuhten Hand. Er kam direkt zu mir gelaufen, aber seine Reaktion bei Ankunft war schnell und eindeutig. Haben Sie je einen Ekelausdruck im Gesicht eines Hundes gesehen? Er hatte ein wunderbar klares Urteil gefällt.

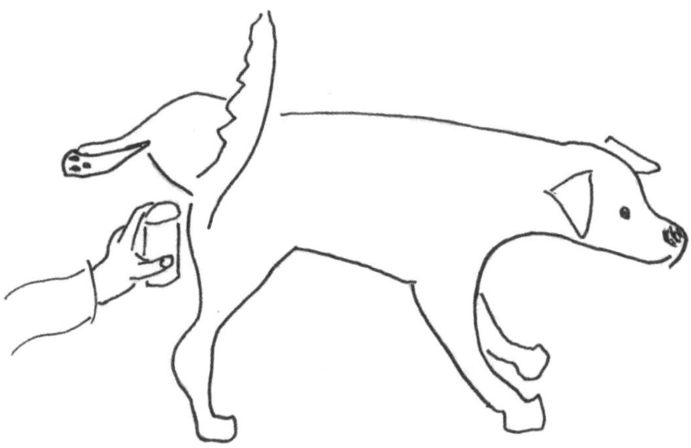

Schließlich bekamen wir die Proportionen richtig hin (bis auf winzig kleine Urinanteile heruntergeschraubt) und rekrutierten außerdem Hundebesitzer, die „Materialsammlungen“ für uns durchzuführen. Als diese an unserem Versuchsort eintrafen, stellten wir die erste Musterprobe zusammen: eine ganz winzige Menge Pipi des jeweiligen Hundes in einem verschlossenen Behälter mit Luftlöchern im Deckel. Eine zweite Probe enthielt zusätzlich ein kleines Fetzchen totes Gewebe von einem verstorbenen Hund (eigens postmortem in der Tierklinik einer veterinärmedizinischen Fakultät erworben). Andere Gefäße enthielten den Urin eines fremden oder eines befreundeten Hundes. Die Behälter wurden paarig angeordnet und dann in einem Raum ausgelegt, wobei es keine weiteren sichtbaren Hinweise darauf gab, dass jemand oder etwas hier gewesen war. Würden die Hunde diese Gerüche gleich „riechbar“ finden?

Sechsunddreißig wedelnde, hochkooperative Hunde und deren Besitzer nahmen an diesem für uns äußerst schrägen Experiment teil. Wir besitzen Filmaufnahmen aus verschiedenen Blickwinkeln, auf denen man jedes Zucken einer Nasenöffnung und jede vor Überraschung oder Alarmierung hochgezogene Augenbraue sieht. Wir zeichneten auf, wo die Hunde schnüffelten, wie lange sie schnüffelten und wie oft sie zurückkamen, um den Geruch nochmals zu überprüfen. Das Ergebnis: Die Hunde bestanden den Test. Unsere Subjekte verbrachten weitaus mehr Zeit mit dem Beschnüffeln ihres eigenen geruchlichen „Spiegelbilds“, wenn es markiert worden war – so, als ob man besonders oft in den Spiegel schaut, weil man irgendetwas Komisches zwischen den Zähnen hat. Sie schauten (rochen) sich selbst an, um sicher zu gehen, aber nicht so oft wie dann, wenn an ihrem Geruch noch irgendetwas anderes war. Auch die Gerüche anderer Hunde wurden stark beschnüffelt: So, als ob eine andere Person einen über die Schulter im Spiegel anschaut. Man schaut zurück.

Wie bei jedem Versuch boten einige Testkandidaten zusätzliche Verhaltensweisen an, die nicht unter die strenge Rubrik des Versuchsaufbaus fielen. In der Spiegelmarkierungsaufgabe benutzen Schimpansen den Spiegel, um Körperteile an sich selbst zu betrachten, die sie normalerweise nicht sehen können: Ihr Mundinneres beispielsweise, ihr eigenes Hinterteil oder ihre Nasenlöcher. Sie schneiden sich selbst gegenüber Grimassen. Unsere Hunde zeigten die genaue Entsprechung: Sie kratzten und leckten an den Behältern. Sie drehten sich mit dem Ausdruck von Verzweiflung oder Aufregung zu ihren Besitzern um und teilten die Neuigkeiten über diesen komischen Geruch mit ihnen. Ich gebe es zu, manchmal setzten sie auch Gegenmarkierungen auf die Behälter. Zum Glück hat jedes gute Forschungslabor zur hündischen Kognition große Mengen Papiertücher und Desinfektionsmittel vorrätig. Aber die Hunde pinkelten nur auf die Behälter *anderer* Hunde, nicht auf ihre eigenen. Sie sahen sich selbst.

Der Geruch des neuen Tages

Vom Konkreten – sich selbst oder andere erkennen – abgesehen, erkennt die Hundenase auch eine Welt der Abstraktion. Weshalb für einen Hund auch ein neuer Tag einen neuen Geruch hat.

Ihre morgendliche Gassirunde folgt vielleicht einem bestimmten Weg um den Block herum, zum Park bis zur Straße und wieder zurück. Wir gehen diese Wege mit unseren Hunden genau deshalb, weil sie uns vertraut und verlässlich sind. Wir Menschen sind Gewohnheitstiere, und wir gehen davon aus, dass es Hunden genauso geht und sie die gleichen Gewohnheiten erleben.

Was sie mit ziemlicher Sicherheit nicht tun. Jedes Verlassen des Hauses eröffnet für sie eine neue Szene, die sie noch nie zuvor gesehen haben. Jeder Tag und jede Stunde eröffnet für sie eine neue Geruchslandschaft. Denn es gehen Menschen vorbei, die ihren Geruch oder Essensreste hinterlassen; Autos erwärmen die Straße und bedecken sie mit ihrem ganz besonderen Staub; Wolken tragen aus Gebirgsseen gesogenen Regen heran; der Wind trägt Gerüche aus einem Stadtteil in den anderen und umgekehrt oder Samenkörner aus dem Wald in die Ebene; das Tierreich vom Käfer über den Vogel bis hin zum Hund zieht vorbei und hinterlässt Spuren, Fäkalien und Hautschuppen – die gesamte Welt draußen vor ihrer Tür verändert und verwandelt sich andauernd. Für einen Hund gibt es keine „frische Luft“. Luft ist schwer und reichhaltig: sie ist ein Geruchsknoten, den die Hundenase gekonnt entwirren wird.

Der Geruch der Zeit

So wie jeder Tag einen neuen Geruch trägt, so kennzeichnen auch seine Stunden geruchliche Veränderungen, die Ihr Hund wahrnehmen kann. Hunde riechen Zeit. Die Vergangenheit liegt ihnen unter den Pfoten; die Gerüche von gestern sind auf dem Boden zur Ruhe gekommen. Die Nachricht liegt, getragen von der ersten Morgenbrise oder vom Rücken der Nachtlebewesen geweht, zusammen mit der gefalteten Zeitung vor der Haustür. Der Geruch der Zukunft wird um die Ecke geweht und erreicht die Nase des Hundes, bevor er unsere Augen erreicht. Geruch zieht die Zeit für Hunde zusammen wie ein Gummiband, er katapultiert etwas aus der Vergangenheit und aus der Zukunft ins Jetzt.

Viele dieser Informationen liegen im Wind. Mit aus dem Autofenster gereckten Kopf und im Aufwind fliegenden Ohren betritt der Hund gleichsam den Wind.*

Wir sind abgelenkt von dem, was wir vom Wind mit den Augen sehen: von seinen Auswirkungen auf unsere Röcke oder Haare, von der knatternden Reaktion der Flagge auf die Kapriolen der Brise. Der Hund dagegen erfährt den Wind aus seinem Innersten heraus, er liest die Nachrichten und hört die Geschichten, die er aus weit entfernten Gegenden mitbringt. Er kündigt der Hundenase ein heraufziehendes Gewitter an, lange, bevor wir es wahrnehmen können. Wenn der Luftdruck fällt und die Luft über dem Boden sich besonders geräumig anfühlt, lässt die Erde die festgehaltenen Gerüche los und beginnt Aromen in diesen Raum hinein zu verströmen. Hunde, die von uns unabsichtlich dazu trainiert sind, Verknüpfungen zu bilden und ihnen Bedeutung beizumessen (zum Beispiel, dass „Leine vom Haken nehmen" einen Spaziergang ankündigt oder das Kratzen von Messer und Gabel auf dem Teller voraussagt, dass gleich ein paar Reste für sie anfallen) lernen sehr leicht, dass starker, vom Boden ausgehender Geruch ein nahendes Gewitter bedeutet.

Der Geruch aller Dinge

Der mit Bettwanzen oder einem Gewitter konfrontierte Hund nimmt die Details wahr. Sie dagegen würden vom Riechpunkt Ihres Hundes aus betrachtet den Geruch Ihres eigenen Hauses nicht erkennen. Ja, Ihr Zuhause hat einen Geruch! Mit nur wenigen Ausnahmen hat jeder Einrichtungsgegenstand, jedes Buch und jeder Teller, jedes Sofakissen und jede Schreibtischlampe einen Geruch. Jedes Ding existiert in der visuellen Welt, die wir sehen und eine klare Kontur demarkiert den Raum, den es besetzt und den Raum, an den es angrenzt. Aber in der Welt des Geruchs ist diese Kontur verschwommen. Sie ist quasi bewölkt, und die Wolke um eine Lampe herum verwandelt sich, wenn sie

* *„Der blinde Mensch tritt als erstes in den Wind des Tages ein," schrieb John Hull über seine Erfahrung des Blindseins.*

berührt oder bewegt wird, wenn die Glühbirne sie erwärmt oder nach dem Ausschalten wieder abkühlt, vielleicht in die Form eines Kaninchens oder die eines Zuges.

Es ist nicht etwa so, dass Hunde jedes einzelne Molekül ihrer Umgebung riechen können. Man muss nicht übertreiben, um ihre Fähigkeiten zu würdigen. Aber möglicherweise ist das „Rosige" im Geruchsprofil einer Rose für einen Hund weniger wichtig, relevant oder wahrnehmbar als einige andere ihrer Duftnoten wie zum Beispiel Citronellol oder die Bestandteile von Rosenoxid, dessen Geruch manchmal mit dem von Metall oder Urin verglichen wird. Stellen Sie sich vor, Sie könnten allein mit Hilfe Ihrer Nase die Teile vom Ganzen und die Vergangenheit von der Gegenwart unterscheiden.

Wie macht ein Hund das? Die Geschichte davon, wie diese Gerüche in sein Gehirn gelangen, die Substanz seiner Gedanken formen oder ihn seinen Kopf anheben lassen, weil ein verräterischer Geruch ankündigt, dass sein Herrchen vor der Tür steht, beginnt mit seinen Nasengängen, seinen Speichengrübchen und seiner Schnauze. Meine Damen und Herren, folgen Sie mir ins Innere der herrlichen Hundenase!

Kapitel 3

Die Nase im Wind

Upton ist immer auf Sendung, was Geruch betrifft. Minutenlang steht er im leichten Wind und schnüffelt mit stolz erhobenem Kopf; sein Blick wirkt weit weg und seine Lefzen blähen sich bei jedem Ausatmen leicht auf. Ich meine fast zu sehen, wie seine leicht mit Schleim befeuchtete Nase die Geruchsworte von weit entfernten Rufern einfängt.

Um zu verstehen, wie der Hund tun kann, was er tut, müssen Sie seiner Nase folgen. Was ein Hund erlebt, wird daraus geformt, was er riecht: Wir sehen Bilder in unserem Kopf, er dagegen fängt Gerüche ein; wir sprechen in Worten, er dagegen kommuniziert mit Düften.

Haben Sie schon eine Erkundungstour durch die Hundenase unternommen? Sind Sie auf einem Korkenzieherwirbel aus Luft in die dunkle Höhle hineingeritten, gegen deren Windungen geprallt und haben schließlich einen Luftstrom erwischt, der Sie nach oben in die Kammer trug, wo sich ein Molekül im Feuchtgebiet niederließ und die zum Gehirn führenden Nerven zu kitzeln begann?

Ich habe es getan – jedenfalls bin ich der Sache für meinen Geschmack ziemlich nahe gekommen. Ich habe mich in einer Simulation aus der Perspektive eines eingeatmeten Geruchsmoleküls in die Nase hinein begeben. Dieses unwahrscheinliche Video entstand unter Zuhilfenahme von Luftströmungsmodellen, die Dr. Brent Craven im Rahmen computergesteuerter Flüssigkeitsdynamik entwickelt hat. Craven hat sich bisher nicht mit dem Geruchssinn von Hunden als solchem befasst. Seine wissenschaftliche Arbeit dazu, wie Flüssigkeiten und Luft sich bewegen, ist eher Grundlagenforschung, die darauf zielt, zu verstehen, wie biologische Systeme funktionieren. Bei ihrer Anwendung (und bei der Vergabe von Forschungsgeldern) geht es häufig darum, besondere gute Nasen ingenieurtechnisch nachzuahmen und Luftstrommodelle zur Schaffung künstlicher Nasen zum Beispiel für Militärzwecke zu nutzen.

Den Nasengang, den Craven und sein Team nachgebildet haben, gehört eigentlich zu einem Grauhörnchen, das nach seinen Worten ein absolut guter, aber „ viel leichter nachzubauender“ Schnüffler ist. Er wurde im Video mit MRT-Aufnahmen des komplexeren Naseninneren eines Hundes hinterlegt, sodass man beim Anschauen eine Ahnung davon bekommt, wie die holprige, tumultartige und komplexe

Reise sich aus der Perspektive eines eingeatmeten Duftmoleküls wohl anfühlen mag.

Sie reiten also auf einem Geruchsmolekül. Auf einer Mini-Seifenblase, die mit Leichtigkeit selbst auf der sanftesten Brise noch klein, leicht und flüchtig schwebt und segelt. Sie befinden sich in der Nähe einer Hundenase und plötzlich, ganz abrupt, noch viel dichter. Die Nasenöffnungen weiten und nähern sich. Die Luftblase wird eingesaugt. Das Tempo, das sie nun draufhat, ist atemberaubend. Nach dem Modell des Eingangsbereichs der Nasenhöhle eines langschnäuzigen Tieres könnte man die spektakulärsten Achterbahnen überhaupt bauen: Nach einem schnellen Aufstieg, der sich mit dem Steilerwerden der Bahn etwas verlangsamt, eröffnet die Ankunft oben auf dem Gipfel dem Geruchsmolekül einen Ausblick, der das Herz stillstehen lässt: Nichts als Nichts voraus. Es folgt ein Sturzfahrt in die Tiefe, hier und da um enge Kurven, manchmal eine Sekunde lang etwas langsamer, dann wieder Tempo aufnehmend. Immer neue Vorsprünge treten aus den Seitenwänden hervor, auf die das Geruchsmolekül zurast und die Sie dazu zwingen, sich zur Seite zu ducken, sich den Kopf an der Decke zu stoßen und schließlich mit dem Gefühl eines hochgehobenen Magens wieder nach unten zu fallen. Es gibt gewundene Kurven und gefährliche Kanten, und die ganze Zeit werden Sie von einer der Schwerkraft trotzenden Kraft immer tiefer hinein getrieben. Eine Zehntelsekunde später (in der Simulation zweihundertfach verlangsamt) werden Sie letztlich auf einer feuchten Wiese abgesetzt, wo Gräser wie aufrechte Soldaten stehen und Ihre Ankunft erwarten.

Und das alles, noch bevor Sie das Gehirn erreichen.

Nasenlöchrig

Finn grunzt einmal dicht neben mir, um mich aufzuwecken. Zögerlich blinzle ich mit einem Auge. Dessen gesamtes Blickfeld wird von Finns rechter Nasenöffnung eingenommen, die von hier nach da zuckt, so wie wir es machen, wenn wir eine alberne Grimasse ziehen möchten. Das Ergebnis ist, dass ich mein Gesicht zu einem Lächeln verziehe und aufstehe, um ihn zu begrüßen.

Was ist passiert? Im Grunde beginnt die Riecherei mit der Entdeckung von nur ganz wenigen Molekülen eines Geruchsstoffs. Der Detektor ist die Nase – sie ist der Staubsauger, der diese winzige Spur von Stoff einsammelt. Lassen Sie uns also dort beginnen.

Wenn Sie einen Hund in Ihrer Nähe haben (und ich hoffe, dass dies immer der Fall ist), bücken Sie sich einmal herunter und sehen sich seine Nase gründlich an. Gehen Sie dicht heran, wirklich ganz dicht – ein freundlicher Hund wird ihre Untersuchung hoffentlich im schlechtesten Fall mit einem entschiedenen Schlecken über Ihre eigene Nase erwidern.

Normalerweise schauen wir nur auf den behaarten Fang des Hundes, auf seine Schnauze, die bis zu den Augen hinaufreicht und auf beiden Seiten in die Backen hinab übergeht. Hier spielt die Länge eine Rolle: Zwar ist dieser Teil der Nase nicht für die Geruchsentdeckung an sich oder das Schnüffeln zuständig, aber sie ist der genial konstruierte Korridor, durch den das Schnüffelgut gewirbelt werden wird.

Oder wir schauen auf den feuchten, haarlosen Nasenspiegel, das so genannte Planum nasale oder Rhinarium. Hier beginnt unsere Handlung. Hundenasenspiegel sind faszinierend: so unterschiedlich wie Fingerabdrücke und genauso voller individueller Details. Was die meisten nassen Hundenasenspitzen gemeinsam haben, ist die mosaikartig zerfurchte Oberfläche, auf der vieleckige Zellen in ihrer schimmernder Dunkelheit zu erkennen sind. Diese Oberfläche ist feucht, sodass mehr Gerüche aufgesammelt und in die Nase absorbiert werden können. Außerdem haben sie Temperaturfühler, die sie direkt zu einer kühlen und damit möglicherweise Gerüche tragenden Brise leiten können.

Und dann die Nasenlöcher! Die Nasenspitze trägt zwei klaffende Öffnungen, die zur zwei bis zwölf Zentimeter weiter nördlich gelegenen *echten* Nase führen. Denjenigen unter Ihnen, die es schwierig finden, Hundenasenöffnungen toll zu finden, sage ich: Sie haben die Ihres Hundes nur noch nicht lange genug angeschaut. Für Unkundige sind sie einfach nur „Löcher vorn in der Nase“, aber für diejenigen, die den Geruchssinn der Hunde studieren, sind sie „aerodynamische Einlassöffnungen“, deren zwiebelähnliche Form das Einströmen von Luft begünstigt. Umringt werden die Nasenlöcher von hoch entwickelten Muskeln in den Alarfalten. Es ist genau diese Anatomie, die es den

Nasenöffnungen ermöglicht, sich aktiv am Schnüffelprozess zu beteiligen und die ihnen so große individuelle Formunterschiede von Hund zu Hund verschafft. Die einen sehen aus wie geradegezogene Kommata, die anderen sind fast zu Scheiben gerundet. Wieder andere sind kaum mehr als stumpfe Öffnungen, die aussehen wie hastig mit einem breiten Filzstift hingezeichnet. In manchen Ländern werden Nasenabdrücke zu Identifikationszwecken verwendet: als günstiger Mikrochip sozusagen. Malen Sie die äußere Schicht des Nasenspiegels mit Tinte an und drücken Sie sie auf Papier: Der Nasenabdruck eines Hundes ist das Äquivalent zum Fußabdruck eines neugeborenen Kindes, den die Eltern in der Hoffnung anstarren, daraus irgendetwas über die Zukunft ihres Nachkömmlings herauslesen zu können.

Hunde können ihre Nasenöffnungen einzeln und unabhängig voneinander benutzen: Wenn sie etwas Neues und „nicht Aversives", also Neutrales oder Angenehmes, riechen, beginnen sie zuerst mit der rechten Nasenöffnung und wechseln dann zur linken. Forscher haben Wattestäbchen mit verschiedenen Gerüchen befeuchtet, Hunde daran schnüffeln lassen und das Ganze gefilmt. Dabei fanden sie heraus, dass die Gerüche von Zitrone, Futter und dem Sekret von Hündinnen dieses Erst-rechts-dann-links-Schnüffeln auslösten. Konfrontierte man sie hingegen mit dem Geruch von Adrenalin oder dem Schweiß des Haustierarztes (der sich zugunsten der Wissenschaft Wattestäbchen unter die Achseln steckte), schnüffelten die Hunde *nur* mit dem rechten Nasenloch. Man nimmt an, dass diese Nasenlochpräferenz mit der jeweils beteiligten Gehirnhälfte zusammenhängt. Die rechte Nasenöffnung ist mit der rechten Gehirnhälfte verbunden (also gleichseitig bzw. ipsilateral im Gegensatz zu den anderen Sinnen, die über Kreuz mit der anderen Gehirnhälfte korrespondieren), die wiederum stärker mit Angst- oder Aggressionsverhalten in Verbindung gebracht wird als die linke, die eher bekannte Reize analysiert. Wenn also ein Hund Sie nur mit der rechten Nasenöffnung beschnüffelt, kann es sein, dass er Ihnen gegenüber misstrauisch ist.

Aber zurück zu den Muskeln rund um die Nasenöffnung. Ich schaue zu, wie mein Hund Upton draußen in einer milden Brise seine Nase – nur die Nasenspitze – nach rechts und links bewegt, so, wie man es nicht für möglich hält, dass eine Hundenasenspitze sich bewegen könnte oder sollte. Seine Nasengymnastik führt dazu, dass seine Nasenöffnungen direkt im Wind sind, Luftwirbel einfangen und einen Geruch erhaschen. Dann öffnen die Nasenlöcher sich weit, um die Menge der eingesogenen Luft zu maximieren. Und schon blickt ein armer kleiner Geruch in das operative Ende des Zielfernrohrs namens Nase und schließt angesichts der bevorstehenden Höllenfahrt die Augen.

Das Schnuppern

Wenn ich nach einer Abwesenheit wieder nach Hause komme, beuge ich mich zu Finnegan herunter und lasse ihn an mir schnuppern. Sein dann folgendes Schnüff-schnüff ist beinahe kommunikativ – Nasenphoneme in fröhlichen Satzketten.

Unser Wissen darüber, was passiert, wenn der Geruch sich oben in der Hundenase mit seiner Zukunft konfrontiert sieht, haben wir hauptsächlich den Arbeiten des Maschinenbauingenieurs Dr. Gary Settles zu verdanken, einem von Cravens früheren Professoren. Settles, heute Emeritus an der Penn State University, hat die Strömungsdynamik – ein Wissenschaftsfeld, das man sonst eher mit dem Design windschnittiger Flugzeuge in Verbindung bringt – für die Erforschung von Nasen eröffnet. Zu meiner großen Freude studiert Dr. Settles das *Schnuppern.* Er und sein Team bringen Hunden bei, einen speziell konstruierten Maulkorb zu tragen, geben ihnen dann gute Sachen zum Riechen und messen die Strömungsdynamik ihres Schnupperns.

Settles bezeichnet die Hundenase als klassisches „aerodynamisches Probeentnahmegerät variabler Formgebung". Das „Probeentnahmegerät" (die Nase) nähert sich einer Dunstwolke (Luft mit Geruch darin) und transferiert diese in seine innenliegende Sensorkammer (den Nasenhintergrund, wo die neurochemische Zauberei stattfindet).

Der Transfer geschieht über das Schnuppern. Als unsichtbare Methode zum Einsammeln unsichtbarer Gerüche wurde das Schnuppern lange heruntergespielt. Während das Sehen geschieht, indem Licht auf das Auge „trifft", treffen außerdem beim Riechen die Gerüche nicht nur auf die Nase, sondern sie segeln geradewegs hinein. Genau deshalb, so vermuten wohl die meisten Menschen, können Gerüche sich auch so aufdringlich anfühlen. Denn wenn man lebt und atmet, kann man ja gar nicht anders, als zu riechen: Mit jedem Atemzug gelangt ein Schluck Luft in die Nase, der vermutlich verschiedene Gerüche mit sich trägt. Es stimmt, dass jeder nasengroße Schluck Luft mit Sicherheit riechbare Stoffe enthält. Es ist jedoch nicht zutreffend, dass das Riechen einfach nur dadurch geschieht, dass man lebendig ist und eine Nase hat. Wie sich herausstellt, muss man schnuppern, um zu riechen. Nicht einfach nur atmen, nicht einfach nur mit geöffneten Nasenlöchern dasitzen. In der Mitte des neunzehnten Jahrhunderts, auf dem Höhepunkt der auf Selbstversuchen basierenden wissenschaftlichen Entdeckungen,* demonstrierte der Arzt Ernst Heinrich Weber, ein Gründer der modernen Experimentalpsychologie, als erster die Bedeutung des Schnupperns.

Weber legte sich auf den Rücken, ließ sich eine Lösung aus Wasser und Kölnisch Wasser in die Nasenlöcher gießen und wartete bewegungslos. Genau die Art von Experiment, für die es schwierig ist, viele Freiwillige zu finden! Was Weber herausfand, war: Das normalerweise üppig riechende Eau de Cologne war nicht wahrnehmbar. Er konnte es nicht riechen, wenn es einfach nur passiv in seine Nase eingeführt wurde.

Weber nahm deshalb eine mit Kölnisch Wasser gefüllte Nase auf sich, weil er die Frage klären wollte, ob Gerüche in flüchtiger Form vorliegen müssen oder ob man sie auch in Flüssigkeit wahrnehmen kann. Sein Wort war nicht das letzte, das hierzu gesprochen wurde. Hundert Jahre später erneuerten Forscher die Experimente zu den Riechmethoden: Einige wiederholten Webers Nasevoll-Versuch in Rückenlage, andere hielten Personen, die wie ein Trompeter durch ihre Lippen bliesen, starke Gerüche vor und wieder andere versuchten, schlafenden Menschen in der Schlafapnoe zwischen zwei Atemzügen Gerüche intravenös zu injizieren. Alle diese Studien hatten im Aufbau ein gemeinsames Element: Auf keinen Fall sollten die Probanden schnuppern. Die Ergebnisse? Keins der irritierten Subjekte nahm ir-

* *Zu diesen Medizinern zählte auch Freud, der bekanntermaßen großzügig an sich selbst mit Kokain experimentierte sowie zahlreiche andere, die fragliche (oder sogar radioaktive) Substanzen aßen oder tranken, sowie außerdem Forscher, die sich selbst Katheter legten oder sich Viren und noch nicht fertig entwickelte Impfstoffe spritzten.*

gendeinen Geruch wahr. Beim normalen Atmen schafft es nur ein sehr kleiner Teil der Luft, die Sie einatmen, bis hinauf in denjenigen Teil der Nase, in dem die Zellen für Empfang und Weiterverarbeitung des Geruchs liegen. Man muss einfach energisch die Luft einschnuppern.

Also nur zu, schnuppern Sie mal! Schnuppern ist der inhalierende Teil eines Atemzugs (man schnuppert ein, aber nicht aus – dieser Teil wäre eher ein Schnauben), der oft zu hören ist, aber nur ein Minimum an Anstrengung erfordert. Es wird sicher unterschätzt wie viele unterschiedliche Arten von Schnuppern es im Tierreich gibt. Elefanten schnuppern kräftig, wobei sie ihren Rüssel über einem Geruch schweben lassen oder ihn zu einem „Periskop-Schnuppern" in die Luft strecken. Wüstenrennmäuse schnuppern schnell und mit hin und her zitternder Nase; wohingegen Schildkröten ein zeitlupenartiges Erkundungsschnuppern zeigen, bei dem sie ihren Hals ausstrecken, sich mit ihren Köpfen nach unten orientieren und ihre Nasenlöcher weiten. Beim Ausatmen kann ein kleines Staubwölkchen entstehen. Der Neuguinea-Dingo „schnupf-schnüffelt" gar, wenn er Beute wie zum Beispiel eine Wühlmaus verfolgt, die sich in einem Loch oder unter der Vegetation versteckt. Er bläst dabei kräftig durch die Nase aus, bevor er wieder ebenso kräftig einatmet.

Als die Caniden vor mehr als zehn Millionen Jahren zum ersten Mal auf der Bildfläche erschienen, wurde ihnen das Schnuppern durch die blasebalgartigen Lungen und eine vermutlich ziemlich simpel konstruierte Nase ermöglicht. Bei Fischen, Fröschen und Reptilien ist die Schnauze nur eine Höhlung, die es ermöglicht, dass Wasser und Luft direkt zu den Geruchszellen befördert werden. Was immer noch komplizierter ist als bei den Wirbellosen, von denen viele zwar eine Menge riechen, aber nicht, indem sie Gerüche *ein*atmen. Wirbellose besitzen Geruchsdetektoren wie zum Beispiel Antennen außerhalb ihres Körpers, sodass ihnen nichts anderes übrig bleibt, als sich direkt in die Geruchsquelle hinein zu begeben. Andere, wie etwa der Hummer, schicken ihr Sinnesorgan zum Schnüffeln vor; wieder andere riechen, indem sie einfach nur fliegen oder ihren Körper bewegen und sich so von der Luft oder vom Wasser treffen lassen.

Für Hunde ist diese grobe Methode jedoch nichts. Sie schnüffeln nicht nur mehrfach, in unterschiedlicher Frequenz und mit unterschiedlicher Absicht, sondern sie beherrschen auch eine geniale Art des *Ausatmens*, die sie beim Riechen unterstützt.

Settles entdeckte, wie Hunde schnüffeln, indem er das beobachtete, was er etwas wunderlich als „canide Nasenluftströme" bezeichnet. Er rekrutierte eine Handvoll Familien- und Spürhunde und ließ diese zur Beobachtung und Aufzeichnung in sein Labor kommen. Darunter waren Golden Retriever, Airedale Terrier, Labradore und Deutsche Schäferhunde – alle möglichen Nasen, trainierte wie untrainierte. Die Wissenschaftler deponierten eine Auswahl verschiedener Geruchsgegenstände – sehr begehrtes Futter, einige nicht essbare Dinge und neuartige Gerüche, sogar ein bisschen Sprengstoff und den süßlichen Geruch von Marihuana – entweder direkt vor den Hunden oder in einer gewissen Entfernung. Die willigen Probanden begannen sofort zu schnüffeln, ohne dass man sie ein zweites Mal bitten musste. Die Familienhunde und die Spürhunde schnüffelten gleichermaßen, egal, ob man ihnen Hundefutter oder Hasch vorgesetzt hatte. Beide Gruppen zeigten zwei Arten des Schnüffelns. Wenn die riechende Substanz sich weit weg befand, außer Reichweite, zeigen Hunde ein „langes Schnüffeln" – ein stark richtungsorientiertes, luftansaugendes Schnüffeln, das zwei Sekunden lang dauert. Beim langen Schnüffeln erweitern sich die Nasenöffnungen und die Alarfalte öffnet sich; das Maul kann leicht geöffnet sein. Rufen Sie sich das Bild eines majestätisch wirkenden großen Hundes vor Augen, der mit vorgereckter Brust auf einem Hügel steht und seine Nase in den Wind hält. Das ist der „Langschnüffler". Diese Art des Schnüffelns ist oft die Anhäufung einer ganzen Reihe von Schnüfflern – viele schwächere Schnüffler werden von einem besonders kräftigen gekrönt. Ein in der Federwildjagd erfahrener Pointer konnte sogar ein besonders langes Schnüffeln beibehalten. „Sir Satan" – der einzige der getesteten Hunde, der es sich gefallen ließ, dass ein Sensor in seiner Nasenöffnung befestigt wurde – konnte vierzig Sekunden am Stück durch seine Nase einatmen, während er einem vom Wind getragenen Geruch nachlief.

Befindet sich der Geruch dagegen in der Nähe und auf dem Boden, schnüffeln Hunde in kurzen Einheiten. Als erstes untersuchen sie die Oberfläche. Haben Sie je Ihren Hund dabei beobachtet, wie er mit der Nase im Gras nach einem Spielzeug sucht und es anscheinend nicht findet, obwohl er direkt darüber steht? Hier ist nicht etwa seine Nase defekt, sondern er verschafft sich lediglich eine Gesamtüber"sicht" über das Gebiet, so wie wir eine Gegend mit den Augen absuchen würden. Typischerweise wird ein Hund mit der Nase voraus geradewegs auf das Spielzeug zugehen, über ihm innehalten, ein klein wenig schnaufend ausatmen und dann weitergehen. Für die anwesenden augenfixierten Zweibeiner mag es so aussehen, als ob der ungeschickte Hund das Spielzeug übersehen hätte, aber dem ist nicht so. Er kommt zu ihm zurück. Er überprüft einfach nur zuerst die Konzentration aller Gerüche in der Nähe, um so die Quelle des stärksten Geruchs zu finden – etwa so, als würden Sie sich erst einmal einen schnellen Gesamtblick über ein aufgebautes Buffet verschaffen, bevor sie sich für die belgische Waffeln entscheiden (die Sie vielleicht von vornherein schon haben wollten). Unterwegs macht der Hund viele kleine, kurze Schnüffler – etwa fünf bis zwölf pro Sekunde, jedenfalls genug, dass ich alleine schon bei der Vorstellung hyperventiliere. Das Schnüffeln findet ungefähr in der gleichen Frequenz statt wie das Hecheln (im Schnitt 5,3 Zungenbewegungen pro Sekunde). Das ist ein energieeffizienter Wert, was auch aufs Schnüffeln zutreffen könnte.

Der Hund saugt eine Luftmenge aus etwa zehn Zentimetern Entfernung an und atmet sie ein – das ist, was man die „Reichweite" der Nase nennt. Wenn sie die Gelegenheit haben, werden Hunde, wie jeder leidgeprüfte Besitzer weiß, diese Distanz bis auf einen Zentimeter oder gar direkten Kontakt mit der Geruchsquelle zu verringern versuchen. Manchmal werde ich von Hundebesitzern gefragt: „Wenn ihr Geruchssinn doch so gut ist, warum können sie es dann nicht von hier aus riechen?" Sprich aus einer sicheren und anständigen Entfernung? Aber wir verwechseln ihre Nasen mit unseren. Sie versuchen gar nicht, das Objekt aufzuspüren, sondern sie versuchen, seine Konturen zu unterscheiden und all seine Merkmale wahrzunehmen, ein Maß seines Geruchs zu nehmen.

Am schnellsten wird die Luft aus etwa einem Zentimeter Entfernung angezogen. Aus diesem Abstand kann der Hund mit jeder Nasenöffnung unterschiedliche Geruchsproben gewinnen, die ihm letztlich eines bilaterales Geruchsbild, quasi ein „Stereoriechen" verschaffen. Genau wie die von unseren beiden Augen wahrgenommenen Bilder im Gehirn zu einem dreidimensionalen Bild der Welt zusammengesetzt werden, so helfen dem Hund auch die unterschiedlichen Stärken im Geruchsbild jeder Nasenöffnung, die Geruchsprobe im Raum zu orten – ob sie sich rechts oder links, vor oder hinter ihm befindet.

Angesichts dieser Tatsache ist die Frage, warum ein Hund *seine Nase unbedingt direkt ans Hinterteil eines anderen Hundes halten muss*, so, als würde man Sie fragen, warum Sie van Goghs *Sternennacht* unbedingt von so Nahem betrachten müssen, dass Sie jeden Pinselstrich erkennen, wo Sie es doch auch von der Tür des Nachbarraums aus sehen könnten. *

Canide Luftströme

Der deutlichste Unterschied zwischen dem Schnuppern der Hunde und unserem tritt aber zutage, wenn Hunde ausatmen. Unsere Ausatmer gehen auf direktem Weg wieder durch den Eingang hinaus, quasi durch die Tür, durch die sie gekommen sind. Dabei schieben sie alle neue Luft aus dem Weg und verhindern, dass sie reinkommt. Das kann eine großartige Erleichterung sein, wenn Sie einen schlimmen Gestank aus Ihrer Nase vertreiben möchten, schickt aber auch liebliche Düfte davon, noch ehe sie richtig angekommen sind. Wenn ein Hund ausatmet, produziert er das, was Settles charmant als „ausgeatmete verwirbelte canide Nasenöffnungsluftströme" bezeichnet. Mit Hochgeschwindigkeitsaufnahmen von Hundenasenöffnungen und Luftbewegungen fand Settles heraus, dass Hunde winzige Windströmungen schaffen, indem sie nicht auf geradem Weg ausatmen, sondern durch die *Seitenschlitze* ihrer Nasen. Diese Strategie minimiert die Verlagerung ankommenden Geruchs durch den Luftstoß, der beim Ausatmen entsteht. Die Flügel der Nasenöffnungen weiten sich, das Nasenflugzeug ist fertig zum Start und die Ausatmungsluft verschwindet durch eine raffinierte versteckte Nebentür. Sie lässt damit nicht nur neuem Geruch freie Bahn, sondern der Luftstoß beim Ausatmen hebt sogar noch *mehr* Geruchspartikel von der jeweiligen Oberfläche ab und schafft einen Sog, der die nächste Nase voll Geruch in die Hundeschnauze befördert. Die ausgeatmeten Nasenluftströme sind kleine

* *Jawohl, ich vergleiche das Hundehinterteil mit der Sternennacht. Hunde haben absolut kunstvolle Hinterteile.*

rotierende Wolkentrichter, die Dorothy aus dem „Zauberer von Oz“ mitsamt ihrem Haus und ihrem kleinen Hund direkt nach oben in die Nase ziehen.

Sie erinnern sich an die kurze, nachdenkliche Pause, die Ihr Hund über dem Spielzeug macht, das er gerade sucht? Sie dauert nur einen Moment. Er schickt seine „ausgeatmeten Luftströme“ direkt auf die Geruchsquelle, woraufhin weitere Geruchspartikelwolken vom Spielzeug und vom Boden nach oben kommen. Mit diesen Luftströmen vergrößern Hunde im Grunde die Nasenreichweite, indem sie synchron pusten und einsaugen.

Ein Wissenschaftler, mit dem ich einmal sprach, verglich diese Art des Schnüffelverhaltens mit der Atemtechnik namens Zirkularatmung, die Spieler mancher Holz-oder Blechblasinstrumente lernen müssen. Es ist dieses Schnüffeln ohne Punkt und Komma, das es den Hunden ermöglicht, sich ein ständig fortlaufendes Bild von der Welt zu machen – genau so, wie wir ja auch nicht bei jedem Lidschlag eine Unterbrechung in unserem Sichtbild erfahren.

Settles machte dieses luftstromgeförderte Schnuppern sichtbar, indem er die spezielle Technik der Schlierenfotografie nutzte. Dabei werden Spiegel und Zeitlupenkameras eingesetzt, um Bilder von Luftströmen festzuhalten. Die Fotos machen erwärmte Luft als verzerrte Wolken sichtbar, die aus Mund und Nase strömen. In Zeitlupen-Schlierenfilmaufnahmen werden die Hundeschnauzen fast körperlich für uns greifbar: Sie strecken sich vor und ziehen sich zurück, um die Luft in Bewegung zu bringen; der Fang scheint sich geradezu zu schlängeln wie eine Qualle, die sich durch die Untiefen des Meeres quetscht. Aber auch mit bloßem Auge können Sie schon etwas davon erkennen: Beobachten Sie einfach einmal Ihren Hund, wie er an einer besonders staubigen Bodenstelle schnuppert. Nach einem besonders energischen Schnüffler an irgendetwas Unsichtbarem können Sie ganz leicht das vom schnaufenden Ausatmen verursachte kleine Wölkchen aus Staub, Schmutz und Geruch erkennen, das in die Luft und vor die Hundenase getrieben wird.

Kann das Schnüffeln wirklich für den guten Geruchssinn des Hundes verantwortlich sein? Nun ja, es ist eine von mehreren Schlüsselkomponenten. Wir wissen das daher, weil Hunde ganz offensichtlich ihre Riechleistung verlieren, wenn sie hecheln. Überhitzte Hunde können nicht mehr viel riechen. Hunde haben keine Schweißdrüsen, die es ihnen ermöglichen würden, Hitze über ihre Hautporen loszuwerden. Sie haben nur ihre beweglichen, pulsierenden Zungen. Sie müssen also hecheln – und das Hecheln drückt, wie die Schlierenfotografie zeigt, eine solche Menge an Luft heraus, dass keine riechende Luft mehr bis zur Nase gelangen kann. Der hechelnde Hund muss erst seinen Fang schließen, um wieder gut riechen zu können.

Das Schnüffeln meines Finnegan ist gut hörbar – er hat seine eigene, ganz persönliche Kombination aus Schnaufen, Grunzen und Prusten. Draußen ist er ein Nase-auf-dem-Boden-Hund, der unsichtbare Geschichten im Gras liest. Geben Sie ihm einen bei den örtlichen Hunden beliebten Baumstamm und er wird ihn mit seinem schnellen Schnupf-Schnüffeln und seinen turbulenten Ausatmungsströmen überziehen. Mich, die ich am anderen Ende der Leine hänge, bringt er abrupt zum Stoppen, weil er seine Nase in einen Geruch stecken muss und seinen ganzen Körper auf dem Boden festzementiert, damit seine Nase frei arbeiten kann. Upton, unser zweiter Hund, hat das Schnüffeln von Finn *gelernt* – gelernt, dass es in diesem Haus in Ordnung ist, plötzlich stehenzubleiben und zuerst die Gerüche zu untersuchen, bevor man weitergeht.

Schnauze

Wenn jemand nicht wüsste, welches die dominanteste Sinneswahrnehmung von uns Menschen ist, würde es ihn nur ein paar Minuten Beobachtung kosten, das herauszufinden. Wir führen uns alles, das wir wahrnehmen oder untersuchen wollen, vor Augen. Etwas befindet sich seitlich von uns? Wir drehen den Kopf (und damit die Ohren weg), sodass unsere Augen es direkt anschauen können. Wir hören etwas über unserem Kopf oder unter unseren Füßen? Wir versuchen nicht etwa, nach oben zu hören oder nach unten zu schnuppern: Wir schauen hin. Unsere Gesichter bieten zwar Augen und Nase ungefähr gleich viel

Raum, aber die Augen sind von einer ganzen Reihe Schutzvorrichtungen umgeben – Augenbrauen, obere und untere Wimpern. Und viele von uns nutzen ihre Nasen zu nichts anderem denn als Sitzstange für große Brillengläser, die uns besser sehen helfen. *Siehst Du?*, erkundigen wir uns, ob jemand etwas verstanden hat – nicht etwa „Riechst Du?" oder „Schmeckst Du?". Für uns ist Sehen gleichbedeutend mit Verstehen. Wenn wir andere treffen, begrüßen wir uns gegenseitig mit den Augen: Jemand nicht anzuschauen gilt als unhöflich, wenn nicht sogar anormal. Beim Gehen lenken wir schon Sekunden, bevor unsere Füße die Richtung ändern, unseren Kopf und unsere Augen auf einen Wendepunkt.

Genau so geht es dem Hund mit seiner Nase. Allein schon nur ihre Position am Hundekörper trägt erheblich dazu bei, dass so fein abgestimmtes Schnüffeln möglich ist. Die Schnauze steht ganz einfach vor. Es ist kein Zufall, dass sie sich am Ende eines Kopfes befindet, der über einen sehr beweglichen Hals bis auf den Boden reichen kann – dorthin, wo die meisten Gerüche liegen. Hunde verbringen nicht viel Zeit mit der Frage, wie es wohl in den Baumwipfeln riecht: Sie schnüffeln an Dingen, die entweder aus der Erde kommen oder auf ihr gelandet sind. Auch wichtige anatomische Teile hündischer Artgenossen befinden sich auf, nun ja, ungefähr Nasenhöhe.

Hundeschnauzen sind aus gutem Grund so lang: Die Evolution investiert nur dann in größere anatomische Immobilien, wenn dies guten Nutzen bringt. Die höhlenähnlichen, feuchten Gänge, die unter Haut und Fell liegen, sind vollgepropft mit Luftfiltern, Befeuchtern und Erwärmungsvorrichtungen. Wenn Sie einen erheblichen Teil Ihres Lebens damit verbringen, Hundehinterteile und verwesende Eichhörnchenkadaver zu beriechen, tun Sie gut daran, über einen hervorragenden Luftfilter zu verfügen. Die eingeatmete Luft wird gereinigt und klimatisiert, bevor sie in die hinteren Nasenbereiche gelangt. Sie muss erst für die höfische Präsentation zurechtgemacht werden, denn sie wird in den hinteren Gemächern auf königliche Neuronen treffen, die einen direkten Draht zum Gehirn haben.

„Aha, Sie wurden also von einer Nasenöffnung gefangen," sagt Craven, während er Sie, die Sie sich unerschrocken auf dem Geruchsmolekül festklammern, durch das Innere der Schnauze geleitet. „Ganz schön stürmisch hier im Empfangsraum." Der Hund zieht die Geruchsteilchen mit Hilfe seiner Lunge in die Nasenhöhle, wo die Luft turbulent und chaotisch ist. Und dann treffen wir auf eine Gabelung in der Nase. Eingeatmete Luft kann nun einen von zwei Wegen nehmen: Den Atem- oder den Schnüffelweg. Wenn Sie den Atemweg nehmen, werden Sie angewärmt und befeuchtet und reisen zur Lunge weiter. Aber falls Sie zu Riechzwecken von einem Hund aufgeschnuppert wurden, reisen Sie eine ganz andere Route entlang, und zwar auf einer Schnellstraße in Richtung Geruchszentrum. Ein Luftstrom schwirrt einen verschlungenen, turbulenten Pfad entlang, vorbei an einer Reihe dünner, gebogener Knochen, den Nasenmuscheln, entlang, die im Querschnitt einem großen, auf kleinen Raum zusammengefalteten Gehirn ähneln. Auch die Nasenmuscheln sind Teil des Reinigungssystems. Weiter hinten sind einige von ihnen außerdem auch mit Gewebe bedeckt, das beim Riechen hilft. Die Muscheln bilden die achterbahnähnlichen Strecken, die der Geruch auf seiner Schnüffelreise entlangfegt.

Da die Luft entlang der Geruchsstraße nur in Einbahnrichtung verkehrt (Gerüche werden dann entweder über die spezielle Atemroute ausgeatmet oder von Enzymen zerlegt), können Hunde etwas ganz besonders Irres mit ihren Nasen anstellen: Sie können ankommende Gerüche in Gruppen sortieren. Manche Gerüche werden leichter absorbiert als andere, was bedeutet, dass sie schon früher auf ihrem Weg durch die Nase von den Sinneszellen festgehalten werden. So fanden Forscher zum Beispiel heraus, dass ein Bestandteil des Sprengstoffs TNT, nämlich DNT, leichter als andere Gerüche aufgegabelt wird, was der Grund dafür sein könnte, dass Suchhunde ihn offensichtlich mit Leichtigkeit finden können. Er ist stärker löslich, löst sich also schon früher in der Nase als beispielsweise ein Molekül wie Amylacetat (riecht nach Banane), welches wiederum stärker löslich ist als Limonen (riecht nach Zitronen), das es bis ganz nach hinten zum Seitenventrikel (Recessus olfactorius) schafft, bevor es in die Schleimhaut absorbiert wird und einen Rezeptor findet, an den es sich binden kann. Wir verlangen ja eher selten von Hunden, dass sie Bananen für uns aufspüren, aber wir könnten es ohne weiteres tun.*

Dank der Anordnung der verschiedenen Sinnesrezeptoren in der Nase kann ein Hund mit der Identifizierung und Unterscheidung von Gerüchen schon in seiner Nase beginnen, bevor das Gehirn überhaupt beteiligt wird.

Gegen Ende des Kanals wird der Geruch plötzlich abgebremst. Hier sind die Muschelknochen mit Riechschleimhaut bekleidet, einem bräunlichen Gewebe, das die Sinneszellen beherbergt, welche die Gerüche aus der Luft fangen und in dem die magische Verwandlung von „Geruch" zu „Geruch, den man riecht" beginnt.

„Dann," so warnt mich Craven, „werden Sie irgendwann von dem Schleim, der diese Luftwege auskleidet, entweder niedergeschlagen oder absorbiert, und Sie werden sich langsam auflösen." Was nicht so grausam ist, wie es sich anhört. Eine dünne Beschichtung, etwa zehn Mikrometer stark, bildet den Übergang von der Außenluft zu den inneren Nervenzellen. Der Geruch, auf dem Sie sitzen, wird innerhalb einer Zehntelsekunde durch die Schleimhaut wandern, was etwa auch die Zeit ist, die ein Schnüffler vom Naseneingang bis in den hinteren Nasenbereich benötigt. Aber für den Moment können Sie sich erst einmal entspannen.

Eine Nische für Gerüche

Sie sind in der Sackgasse der Hundenase angekommen, im Recessus olfactorius. Dies ist der am weitesten hinten gelegene Teil der Nase, der sich von einem Punkt zwischen den Augen aus gesehen etwas mehr als einen Zentimeter tief im Schädel befindet. Im Recessus olfactorius können Gerüche herumhängen und eine Sinneszelle zu finden versuchen, an die sich ankuscheln und mit ihr etliche Runden Ein- und Ausatmen drehen können. Hunde bekommen die Gelegenheit, wirklich ausgiebig über die Gerüche nachzudenken, die sie eingeschnuppert haben, bevor die Luft wieder nach draußen entwischt.

Der Recessus ist, genau wie einige Knochen auf dem Weg zu ihm, mit der zuvor schon erwähnten Riechschleimhaut ausgekleidet. Wenn es

* *Tatsächlich gibt es heutzutage immer öfter Spürhunde, die auf das Auffinden illegal eingeführter Lebensmittel trainiert sind.*

in Zeitungsartikeln heißt, dass der Geruchssinn von Hunden zehntausend Mal, gar eine Million Mal oder was-weiß-ich um welchen Zehnerexponenten besser ist als der von Menschen, ist eins der am häufigsten zitierten anatomischen Beweisstücke die Größe der Riechschleimhaut, also der Platz in der Nase, der auf das Riechen von Gerüchen spezialisierte Sinneszellen enthält. Auch wenn solche Vergleichszahlen immer etwas suspekt (und für unterschiedliche Gerüche auch immer sehr variabel) sind, sind Hunde auf jeden Fall erheblich besser mit olfaktorischen Sinneszellen ausgestattet als Menschen. Wenn man die Riechschleimhaut eines Hundes außen über seinen Körper ausbreiten würde, würde er diesen vollständig abdecken. Bei uns Menschen würde die Riechschleimhaut in etwa ein Muttermal auf unserer linken Schulter abdecken.

Die Riechschleimhaut ist von einer dicken Matte aus Zilien bedeckt, das sind kleine, haarähnliche Ästchen, die aus den Sinneszellen herausragen. Aus jedem Nerv sprießen ein paar Dutzend Zilien, und jede ist von Dutzenden von Proteinen umhüllt, die man olfaktorische Rezeptorzellen nennt. Rezeptoren tun das, wonach sich ihr Name anhört: sie nehmen Gerüche in Empfang. Um das zu tun, stehen sie sorglos und ungestört mitten in der schleimigen Umgebung der Nase herum und sind perfekt dafür gemacht, auf einem Schnüffler vorbeikommende Geruchsmoleküle aus der Luft zu fangen.

Hunde können in jeglicher Hinsicht mehr Riechbares in ihre Nasen packen: sie haben viele Zilien auf jeder Nervenzelle und auf jeder Zilie mehr Rezeptoren als Menschen. Tatsächlich hat sogar jeder Hund *Hunderte von Millionen* mehr Zellen, die zum Entschlüsseln von Gerüchen gemacht sind, als wir Menschen. Hunde haben je nach Rasse zwischen zweihundert Millionen bis eine Milliarde Rezeptorzellen in ihren Nasen, wir dagegen zum Vergleich rund sechs Millionen. Im Fall des Hundes ermöglicht mehr Nasenmasse aber auch mehr *verschiedene* Rezeptoren, nämlich über achthundert, die einfach mehr Informationen über die Gerüche entschlüsseln können.

Diese Zahl – achthundert und irgendwas – lässt die Wissenschaftler einen Moment verstummen. Das Auge, Beförderungsmittel beispielsweise des brillanten Bildes eines dramatischen Sonnenuntergangs hinter Gewitterwolken, benutzt gerade einmal *drei* Rezeptoren, um diese farbenprächtige Szene in unseren Köpfen zu erschaffen. Mit achthundert Rezeptoren mehr sind die Möglichkeiten für Geruchslandschaften schlicht atemberaubend. Die Zahl der Gerüche, die Hunde entschlüsseln können, könnte theoretisch „Milliarden" betragen, schreibt Dr. Stuart Firestein, Gerüche untersuchender Neurowissenschaftler an der Universität von Columbia. Aber „im Grunde ist diese Frage vermutlich nicht relevant, genauso wie es kaum sinnvoll ist, zu fragen, wie viele Farben oder Farbschattierungen wir sehen können."

Auch wenn Gerüche auf ihren Rezeptoren landen, sind sie immer noch undercover. Die Nase weiß nicht, wer sie sind. Es gibt nicht etwa so etwas wie einen „Käserezeptor", der von Antje aus Holland aktiviert wird und die Nase meines Hundes in Richtung Küchenarbeitsplatte steuert. Und es gibt auch keinen „Eichhörnchenkadaver-Rezeptor", trotz des großen Eifers, den Hunde an den Tag legen, um die Überreste eines glücklosen Eichhörnchens im Park zu finden. Jeder Geruch aktiviert einfach viele Rezeptoren; es gibt nicht einen Rezeptor für jeden Geruch.

Auch wenn man die Mittel und Wege der Geruchsrezeption noch nicht abschließend erforscht hat, so benutzt doch die am meisten verbreitete Theorie dazu, wie das vonstattengeht, das Sinnbild von Schlüssel und Schlüsselloch. Nach diesem Modell sind die Rezeptoren die Schlüssellöcher beziehungsweise Schlösser verschiedener Formen und Größen, während die verschiedenen Moleküle, aus denen Gerüche bestehen, die Schlüssel sind. Eine verwandte Theorie besagt, dass die Rezeption von Gerüchen weniger spezifisch ist als ein Schlüssel im Schloss, sondern eher an einen Schlüssel in einer Tasche erinnert, in der mehrere verschieden geformte Schlüssel sich an einen Rezeptor binden und ihn zum Losfeuern von Signalen bringen können. Wie passend für Hunde, diese alten Taschenschnüffler.

Als die Biologen Dr. Linda Buck und Dr. Richard Axel den Nobelpreis für ihre Arbeit zum Geruchssinn erhielten, wurde damit ihre Arbeit zur Entdeckung der Gene ausgezeichnet, die diese Rezeptoren codieren. Erstaunlicherweise sind olfaktorische Gene im Säugetier-Genom stark überrepräsentiert. Hunde haben etwa elfhundert olfaktorische Rezeptorgene, von denen rund achthundert aktiv tätig sind.*

** Der Rest sind „Pseudogene" – Gene, die so mutiert sind, dass sie nicht mehr zur Entwicklung eines Rezeptors führen, sprich, sie tun nicht mehr das, wozu sie eigentlich da sind. Bei Hunden sind etwa 20 bis 25 Prozent ihrer Geruchsrezeptoren Pseudogene, bei Menschen sind es mehr als 50 Prozent.*

Merken Sie sich einmal die Zahl 19.000 – aus so vielen Genen besteht das Genom Ihres Hundes, also quasi sein Entwurf, der für die Schaffung seines gesamten Körpers von der charmant geringelten Rute bis zu den ausdrucksvollen dunklen Augen verantwortlich ist. Fast fünf Prozent des Genoms dienen zu nichts anderem als nur zur Schaffung von Geruchsrezeptoren – das macht jede Menge Schlösser, um die Schlüssel dieser Welt zu riechen.

Hunderassen unterscheiden sich in ihrer Riechfähigkeit, was daran liegen könnte, dass sie unterschiedlich viele operative olfaktorische Gene haben: Boxer (mit kurzen Nasen, in denen die Nasenmuscheln komprimiert werden) haben etwas weniger funktionale Gene als Pudel (lange Nasen und respektable Schnüffler). Auch wenn man mit der Forschung zu diesem Thema gerade erst begonnen hat, gibt es doch einige Hinweise darauf, dass bestimmte Gene sogar mit der Entschlüsselung bestimmter Gerüche zu tun haben könnten. In einer Studie fand man eine kleine Abweichung an einem bestimmten Gen von Hunden, die im Aufspüren von Sprengstoff weniger gut abschnitten.

Wenn genetische Unterschiede zu Unterschieden in der Geruchserkennung führen, könnte man fragen, ob bestimmte Rasse genetisch gesehen bessere Schnüffler sind als andere. Insofern, als dass irgendeine unbestimmte Unterkategorie von Genen dazu führen könnte, dass ein Hund einen Geruch wahrnehmen kann, den ein anderer Hund nicht riecht, ja. Ob der genetische Unterschied in der Riechleistung Teil der genetischen Unterschiede zwischen den Rassen ist, ist eine andere Frage – und eine vorerst unbeantwortete.

Geruch trifft Ventilator

All diese Arbeit, um zur Rezeptorzelle zu kommen – und der Geruch hat es immer noch nicht geschafft. Der Duft des toten Eichhörnchens oder irgendeiner beliebigen anderen Substanz wird nur dann entdeckt, wenn Bestandteile des Geruchs, nachdem sie sich an Rezeptoren angekuschelt haben, die Nervenzellen auch zum Feuern bringen. Diese verändern dann ihre elektrische Spannung und schicken ein Aktionspotenzial über ihre ganze Länge hinweg, das nun die Nase verlässt und ins „Nasengehirn“ gelangt: in den Riechkolben. Zehntausende Millionen Nervenzellen finden sich zu ein paar Tausend Bündeln zusammen und schlüpfen durch kleine Öffnungen im Knochen ins Gehirn.

Ganz früher dachte man, dass das Riechen im Gehirn stattfindet und die Nase nur die Zuleitung ist. Selbst im zwanzigsten Jahrhundert und mit dem Aufkommen der Gehirn/Computer-Vergleiche hörte man nicht selten, dass die Nase quasi das Gebläse oder die Lüftung des Supercomputers namens Gehirn sei. Heute wissen wir, dass das Ganze sich etwas elektrischer verhält. Santiago Ramón y Cajal, ein früher und einflussreicher Anatom, kartierte Ende des neunzehnten Jahrhunderts den Weg von der Nase zum Gehirn und beobachtete dabei, dass Nerven (die die Information aufgenommener Gerüche tragen) ins Gehirn eindringen, nicht die Gerüche selbst.

Der Riechkolben sitzt direkt hinter dem Nasenhintergrund, eingezwängt unter dem Frontallappen des Gehirns. Die Nase ist der schnellste Weg ins Gehirn: Ein Neuron gelangt aus der warmen, nach Abendessen und leicht nach umherschwebenden Hundehaaren duftenden Luft Ihres Wohnzimmers in die hochklimatisierte Umgebung des Gehirns. Vor dem Riechkolben „weiß" eine Nervenzelle nur, dass sie sendet; im Riechkolben finden sich die Axone Tausender Nervenzellen der gleichen Rezeptorenart alle an einem einzigen Zielort zusammen und überschütten ihn mit Aktivität. Dies alles zusammengenommen scheint die Empfindung der Geruchswahrnehmung zu schaffen. So, wie ein Geruchsmolekül von den Rezeptoren gepackt und auseinandergenommen wird und damit viele Nervenzellen zum Feuern bringt, so wird es in den topographischen Schichten des Riechkolbens auch wieder rekonstruiert. Kleine Hinweisspuren von vielen Zellen werden in die Wahrnehmung des stinkenden Verwesungsgeruchs übersetzt, der die Entdeckung Ihres Hundes kennzeichnet.

Man würde vielleicht erwarten, dass der Riechkolben des Hundes gigantisch groß ist. Ist er nicht. Aber er macht zwei Prozent seines gesamten Gehirns aus, zwei Cent eines Eurostücks. (Bei Menschen ist er verschwindend klein: weniger als ein Dreißigstel eines Cents.) Und das macht einen Unterschied: Der Riechkolben übersetzt die Signale der Nervenzellen in so etwas wie die Wahrnehmung eines Geruchs.

Vom Riechkolben aus wird die Geruchsinformation auf eine fast unmittelbar losgehende und umfangreiche Wiedererkennungssuche durch das Hundegehirn gejagt: Welche Gefühle mit dem Geruch verknüpft sind, welche Erinnerungen er wecken und welche Verhalten er auslösen könnte. Für einige dieser Entscheidungen verbindet sich der Riechkolben direkt mit dem Riechhirn sowie mit dem subkortikalen limbischen System, das dem Geruch die emotionale Färbung wie zum Beispiel Angst oder Aufregung hinzufügt.

Untersuchungen zur Reaktion des Gehirns auf Gerüche hatten immer ein gemeinsames Element: das Subjekt mit irgendetwas extrem Stinkigem zu konfrontieren und das Ergebnis zu messen. Einer der frühen Wissenschaftler, der die Gehirnreaktionen auf Geruch studierte, war der Physiologe Edgar Adrian, der den bescheidenen Igel verschiedenen Gestänken aussetzte, darunter dem verwesender Würmer. „Wasser, in dem einem Regenwurm zu verwesen erlaubt wurde" rief eine deutliche Reaktion auf Seiten des Igels hervor.

Stärker zeitgenössische Wissenschaftler konfrontierten Kaninchen mit scharf riechendem Cheddar-Käse, lockten Tsetse-Fliegen mit einem Gemisch aus Ochsen- und Büffelurin an, setzten verängstigte Ratten den Analdrüsensekreten ihrer Fressfeinde Wiesel und Rotfuchs aus oder, ein neuerer Versuch, hielten Hunden den Achselhöhlengeruch ihrer Besitzer unter die Nase.

Hier müssen wir zur Erklärung etwas weiter ausholen: Neurowissenschaftler haben oft eine Vorliebe für Versuche, die großen Fragen zum Geist und zum Denken mit Hilfe von Geräten beantworten zu wollen. Magnetresonanztomographen (MRTs) können, wenn man sich in ihnen drin befindet oder von ihnen generierte Bilder anschaut, oberflächlich betrachtet wie Gedankenleser erscheinen. Bei der „funktionellen" MRT liegt das Subjekt auf einer Plattform, die von einer Röhre umgeben ist, in der sich ein sehr starker Magnet befindet. Durch Störungen des Magnetfelds können Bilder des Blutflusses im Gehirn (und damit der neuralen Aktivität) festgehalten werden. Legen Sie sich hin und denken Sie an Ihre Großmutter, und diejenigen Bereiche Ihres Gehirns, in dem Ihre Erinnerungen an Omas schiefes Lächeln, an ihre Brille, an den Geruch von Talkum und an die Spielzeuge sitzen, die sie für Sie gebastelt hat, als Sie noch klein waren, werden auf dem Computerbildschirm aufleuchten.

Aber eine fMRT wird niemals die Frage beantworten, *wie es sich anfühlt*, diese Erinnerungen zu haben oder Omas Geruch wieder in sich wachzurufen. Bilder von Gehirnbereichen erklären nicht, wie der Geruch von Talkumpuder in mir das Erinnerungsbild an meine Großmutter weckt, wie sie im dunklen, vollgestellten Wohnzimmer in ihrem Spezialsessel sitzt. Stattdessen lässt das Gerät uns die Aktivität von weitem betrachten: Man schaut dem Meteoritenschauer der Perseiden zu, ohne deshalb Antwort auf die Fragen des Universums zu finden. Und so haben auch ein paar Forschungsprogramme damit begonnen, die Gehirne von Hunden in MRTs zu betrachten. Was an sich schon für beide Spezies eine – wenn auch machbare – Mammutleistung in Sachen Training und Geduld ist, da die Hunde im Tomographen bei Bewusstsein, sprich wach sein, aber trotzdem vollkommen stillhalten müssen. In einer der ersten MRT-Studien hatte man untersucht, welche Bereiche in den Gehirnen von Hunden angesprochen wurden, denen man den Geruch ihrer Besitzer vorhielt.

„Geruch der Besitzer" meint in diesem Fall den Geruch aus den Achselhöhlen der Besitzer, den man mit einem Gazepad abgenommen hatte und nun damit vor der Nase des bäuchlings im MRT liegenden Hundes wedelte. Man fand heraus, dass ein Gehirnbereich namens *Nucleus caudatus* angesichts des Achselhöhlengeruchs vor Aufregung geradezu tanzte. Die Wissenschaftler hatten nach diesem Bereich Ausschau gehalten, weil er leicht auf dem MRT-Bild zu erkennen ist und weil er mit Belohnungsempfindungen in Verbindung gebracht wird.

Ich schlage noch eine weitere Methode vor, um zu erforschen, wohin genau die Geruchsinformation im Gehirn geht: Beobachten Sie Ihren Hund. Wenn Sie Ihr Leben mit einem Hund teilen, dann wissen Sie, was passiert, nachdem sein Gehirn ein totes Eichhörnchen identifiziert hat. Kein Hund wartet und denkt über die Tragweite seines nächsten Schrittes nach, bevor er handelt.

Er wirft sich darauf und wälzt sich darin.

Das passt zu einer Theorie, die von Stuart Firestein vertreten wird: „Meine verrückteste Idee – möchten Sie sie hören?" Ja, möchte ich. „Ich denke, dass die tatsächliche Wahrnehmung eines Geruchsobjekts" – das Gefühl, einen Geruch zu *erleben* – „vermutlich erst dann stattfindet, wenn sie sehr nah am oder sogar im Motorkortex auf ihn treffen," erklärt mir Firestein. „Denn das meiste, was wir in Sachen Geruch unternehmen, hat etwas mit dem Treffen von Entscheidungen zu tun: Soll ich es in den Mund nehmen, soll ich davor fliehen, soll ich es ficken oder was auch immer soll ich damit tun?"

Tatsächlich wandern einige der Signale des Riechkolbens direkt zum Motorkortex, demjenigen Teil des Gehirns, das die Bewegung kontrolliert. Der Motorkortex steuert die Muskeln in den Beinen des Hundes, die daraufhin elegant einknicken, den präzisen Neigungswinkel des Kopfes, um ganz genau in dem lecker riechenden Zeugs zu landen und die Intensität des Windens auf dem Rücken, die erforderlich ist, um den Geruch möglichst gleichmäßig auf sich zu verteilen. Und achten Sie einmal darauf: Das Erste, was der Hund tut, nachdem er wieder von der Eichhörnchenkadaver-Wälzorgie aufsteht, ist, einen weiteren Hauch des Geruchs zu erhaschen.

VNO

Er leckt. Er leckt mein Knie, mein Gesicht, meine Ohren. Er leckt die Luft, während er mir näher kommt und seine Zunge nach mir ausstreckt. Es fühlt sich nach Zuneigung an, und ich lächle. Aber er leckt auch die Hausecke, jenen besonders intensiv riechenden Flecken Gras und – seufz – das Hinterteil der Katze.

So viel Nase! Aber bei Hunden ist, genau wie bei vielen anderen Säugetieren auch, das olfaktorische System größer als nur die Nase. Hunde haben eine Art „zweite Nase" direkt unter dem Knochen, der die beiden Nasenlöcher voneinander trennt und der über dem Gaumendach liegt. Zwei Knorpelschnecken beherbergen das, was man als vomeronasales Organ bezeichnet (von Wissenschaftlern, die sich vier Silben sparen wollten, kurz angebunden VNO genannt) und das ebenso sehr zum Riechen beiträgt wie die Nase selbst. Der Namensbestandteil *vomer* beschreibt die Form des Organs: Es ist wie eine Pflugschar, lateinisch vomer, geformt. Unter der Nase versteckt, kann das Organ durch einfaches Schnüffeln nicht erreicht werden, sondern die Gerüche müssen erst in der Schleimhaut gelöst und dann aufgesaugt werden. Dieser Pumpmechanismus entsteht entweder durch direkte Berührung des

Geruchsmoleküls oder durch das Ziehen eines absolut albern aussehenden Gesichts, das man als *Flehmen* bezeichnet. Sollten Sie einmal ein Pferd dabei beobachten, wie es seine Oberlippe hochzieht und mit in sich gekehrtem Blick leicht zu erzittern scheint, dann sind Sie gerade Zeuge eines klassischen *Flehmens*: Der Geruch wird zurück zum Nasengewebe gesogen, um dort absorbiert zu werden. Das Schwein öffnet zum Flehmen sein Maul sperrangelweit, während die Katze es nur ein kleines bisschen öffnet und dabei irgendwie beunruhigend verwirrt aussieht. Bei der Schlange schnellt die gegabelte Zunge hervor, um Gerüche einzufangen und beidseits an das VMO zu senden.

Die meisten Hunde zeigen kein klassisches Flehmen mit Hochziehen der Lippe, sondern haben ihre eigenen Methoden. Manchmal kräuselt ein Hund, nachdem er an etwas geschnüffelt hat, seine Nase und klappert mit den Zähnen – das ist die hündische Version des Flehmens. Oder noch besser – sie lecken. Die extravagante, lange Hundezunge eignet sich prima, um auch die letzten Reste aus dem Erdnussbutter-Glas zu lecken und Ihnen nach dem Laufen den Schweiß von den Beinen zu lecken, ja, aber sie ist auch der perfekte Mechanismus, um Gerüche zwecks näherer Untersuchung zum VNO zu transportieren. Boden lecken, Nase lecken, *riechen*.

Das VNO ermöglicht es dem Hund, diejenigen Arten von Molekülen zu entschlüsseln, die auf dem normalen Geruchsweg oft nicht erkannt werden können, so zum Beispiel Pheromone. Ein Pheromon ist ursprünglich definiert als Signal, das zwischen den Mitgliedern zweier Spezies gesendet wird und das den Empfänger dieses Signals dazu bringt, sich auf eine ganz bestimmte Art zu verhalten oder zu entwickeln. So bringt das von einem Eber produzierte Androstenon zum Beispiel eine Sau dazu, mehr oder weniger roboterhaft eine Paarungshaltung einzunehmen oder das von einem weiblichen Seidenspinner produzierte Bombykol heftet sich an die Fühler des männlichen Seidenspinners und bringt diesen dazu, nach ihr zu suchen. Pheromone werden von einer unglaublichen Vielfalt von Organismen benutzt, von Hummern über Kaninchen und Ameisen bis hin zu Bakterien.

Was diese Pheromone für das VNO entschlüsselbar macht, ist, dass sie typische wasserlösliche, nicht-flüchtige Stoffe mit geringer Molekülmasse sind. Das gilt auch für viele andere Moleküle wie etwa Hormone oder „gemischte Signaturstoffe", die Informationen zur Identität eines Lebewesens oder zur Familie beziehungsweise zum Rudel enthalten, zu dem es gehört. Die VNO-Rezeptoren sind im Gegensatz zu den eher allgemeineren Geruchsrezeptoren in der Nase darauf eingestellt, sehr spezifisch und sehr empfindlich zu reagieren. Der Nase-Hinterteil-Nase-Schnüffeltanz zwischen Ihrem und einem anderen Hund ist eine chemische Unterhaltung der beiden über ihr Geschlecht, ihre Paarungswilligkeit, ihre Gesundheit und auch darüber, wer jeder von ihnen eigentlich ist. Diese Informationen sind in Urin und Speichel jedes Lebewesens enthalten.

Nieser

Von der eigentlichen Schnauze selbst, dem fest gesetzten Spieler im Gesicht, abgesehen, kommandiert der Geruchssinn des Hundes aber auch noch andere Körperteile und Verhaltensweisen zu seinen Gunsten. Nicht umsonst sind Bloodhounds mit so langen Ohren gesegnet. James Thurbers berühmte Zeichnungen der Rasse zeigen ebenso viel Ohr wie Kopf. Und die Ohren tragen dazu bei, dass die Mitglieder dieser Rasse so herausragende Riechtalente sind. Wenn der Bloodhound seine Nase auf den Boden hält, wischen seine langen Ohren, die in Extremfällen über dreißig Zentimeter messen, Gerüche vom Boden auf, damit sie besser gerochen werden können. Sie sind zwei am Kopf angebrachte Wedel, die mögliche Gerüche direkt an den Riecher leiten. Selbst der Speichel, der von den Lefzen eines Bloodhounds hängt, könnte dabei helfen, Gerüche zur Begutachtung durch das vomeronasale Organ nach oben zu transportieren.

Ich habe aber durch einfache Beobachtung von Hunden noch zwei weitere Verhaltensweisen entdeckt, die mit dem Riechen zu tun haben. Viele meiner Studien, die ich im Dog Cognition Lab durchführe, fußen auf der Beobachtung von Hundeverhalten in natürlichen Umgebungen wie zum Beispiel in Stadtparks, in Gegenwart anderer Menschen oder anderer Hunde. Ich habe unzählige Stunden damit verbracht, Hunde beim Spielen miteinander zu filmen und dann ihr Verhalten zu dekodieren, indem ich mir die Aufnahmen in Einzelstücken von je ein Dreißigstel Sekunden ansah. Ich lasse das Video in dieser Super-Zeitlupe laufen, weil mich das Dinge sehen lässt, die uns im wahren Leben sonst entgehen. Aber es hat noch einen weiteren Vorteil: sich die Aufnahme in dieser Geschwindigkeit anzuschauen, hebt das uns am Hund so Vertraute auf und entfremdet ihn uns ein bisschen. Während es einen Riesenspaß macht, Hunden beim Spielen zuzuschauen (glauben Sie mir: es war ein hartes Stück Arbeit, eine Dissertationskommission davon zu überzeugen, dass es sich hierbei tatsächlich um richtige Arbeit handeln könnte), neigen wir Menschen von Natur aus dazu, zwar das Spiel zu sehen, aber nicht das, was eigentlich vor sich geht. Wir sehen, ohne zu sehen.

Wenn wir Hunden zuschauen, sind wir uns so unmittelbar und so selbstverständlich darin sicher, was sie gerade tun – *Oh, die sind Freunde; guck, er möchte mitspielen; sie ist schüchtern* und so weiter – dass wir die tatsächliche Beobachtung, was sie gerade tun, vorwegnehmen.

Während ich also Hunden auf diese Art und Weise zuschaute, machte ich eine überraschende Beobachtung: Hunde wedeln viel mit dem Schwanz, wenn sie jemand Neuen treffen oder einen Hund begrüßen, den sie schon kennen.

Wie, sagen Sie jetzt, *das ist doch nichts Neues!* Natürlich nicht. Wir *wissen* schließlich, warum Hunde wedeln. Ein entspanntes, lockeres Wedeln mit hochgestellter Rute ist ein Zeichen für Freundlichkeit. Ein schnelles, niedriges Wedeln dagegen deutet auf Angst hin. Da stimmt – aber allein die Tatsache, dass wir das wissen, macht es uns schwerer, zu erkennen, was das Wedeln sonst noch bewirkt. Es verteilt Geruch. Ob beabsichtigt oder unbeabsichtigt – wenn eine Hündin mit ihrem Schwanz wedelt, verbreitet sie damit all den (aus Hundesicht) überaus faszinierenden Duft aus ihren Analbeuteln fächerförmig um ihren Körper herum. Sie sagt dem anderen Hund nicht nur, wie sie sich gerade fühlt, sondern teilt ihm über den Geruch mit, wer sie ist.

Es gibt unter den Tieren einen Präzedenzfall für den Einsatz des Schwanzwedelns als Duftverbreiter: Das Flusspferd wackelt beim Koten und Urinieren wie wild mit seinem winzigen Schwänzchen, um seinen Geruch besser zu atomisieren. Manche Nager und Eichhörnchen wedeln mit dem Schwanz, wenn ein möglicher Paarungspartner in der Nähe ist. Das Karibu benutzt seinen Schwanz, der von einen moschusartigen Geruch absondernden Duftdrüsen bedeckt ist, als „Geruchspinsel", um einen Alarmduft zu verbreiten. Wenn also auch ein mit dem Schwanz wedelnder Hund einfach nur aussehen mag wie ein Hund, der fröhlich mit dem Schwanz wedelt, so sagt er doch: „Komm und schnupper diesen schwebenden Duft, der zu mir gehört."

Außerdem entdeckte ich eines Tages beim Spazierengehen mit meinem Hund Finnegan noch ein weiteres gewöhnlich-ungewöhnliches Verhalten. Als wir an einem hoch aufgerichtet daherstolzierenden, schwarzen Großpudel vorbeigingen, der an strammer Leine unsere Straße entlang geführt wurde, schauten die Hunde sich gegenseitig an (und rochen sich). Plötzlich schüttelte der Pudel sich am ganzen Körper – im Weitergehen. Ich konnte beinahe *sehen*, wie die Duftwolken aus seinem lockigen Fell in Richtung Finns Nase stiegen und diesen innehalten ließen. *Kann ein Hund sich absichtlich schütteln?* fragte ich mich. Vielleicht war dies ja das hündische Äquivalent davon, wie ich mir in Gegenwart eines Verehrers flirtend durchs Haar fahre und dabei den Duft des leicht überteuerten Shampoos, das ich benutze, um mich herum verteile.

Als ich versuchte, durch das uns vertraute Hundeverhalten hindurchzusehen, lernte ich außerdem noch etwas über das Niesen. Niesen ist zuerst einmal Niesen, ganz klar: eine reflexhafte Reaktion, um die Nase von etwas Kitzelndem oder einem Fremdkörper zu befreien. Hunde niesen im Gegensatz zu Menschen ausschließlich durch die Nase, ohne Beteiligung des Mundes. Dieser Nur-Nasen-Weg ist ein Anzeichen für einen weiteren, zweitrangigen Nutzen des Niesens: die Nase von einem unerwünschten Geruch zu befreien. In diesem Fall bin ich der Meinung, dass Hunde das Niesen mit Absicht einsetzen, um das Riechen des einen Geruchs zu beenden und sich auf das Riechen des nächsten vorzubereiten. Beobachten Sie einmal Ihren Hund, wenn er an einer starken, kürzlich erst deponierten Duftmarke an der Hausecke riecht und achten Sie darauf, ob er nicht niest, bevor er seinen Weg fortsetzt. Dazu passend ist auch den Ausbildern von Spürhunden immer wieder aufgefallen, dass manche Hunde offensichtlich ihre Nase freimachen, indem sie den Kopf kurz vom Boden heben und etwas weniger stark riechende Luft einsaugen. Hierbei handelt es sich nicht um eine Pause oder um einen Fehler, sondern um einen wichtigen Bestandteil der Sucharbeit.

Letzten Endes ist es nicht die Größe des Riechkolbens selbst, der die Nase des Hundes so gut macht. Es ist auch nicht die Zahl der Rezeptorzellen an sich oder die Art, wie Hunde schnüffeln. Es ist auch nicht einfach nur die Länge der Nase. Es ist all das zusammen. Es ist das Schnüffeln, so, wie ein Hund es macht, durch die Nase, die er hat, in die vielen Rezeptoren, die diese Nase beherbergt und zu dem Gehirn, das sich so entwickelt hat. Das Ergebnis ist absolut erstaunlich.

Sicher haben Sie schon einmal einen Hund beim Schlafen beobachtet, der mit flackernden Augenlidern, zuckenden Pfoten und gedämpftem Bellen ganz offensichtlich zu träumen schien. Auch Hunde haben eine REM-Phase, das ist diejenige Schlafphase, in der wir am häufigsten träumen, weshalb es sehr wahrscheinlich ist, dass sie auch träumen: Sie jagen mit diesen zuckenden Pfoten und sie kündigen mit diesem verschluckten Bellen Eindringlinge an. Wenn Sie das nächste Mal einen träumenden Hund sehen, achten Sie einmal auf seine aktiven Nasenöffnungen. Bei einem solchen Nasentier kann man sich so gut wie sicher sein, dass es im Traum auch riecht. Vielleicht folgt Ihr Hund gerade dem Geruch seines Kumpels die Straße entlang, schnuppert frisch in den Napf gefülltes Futter oder untersucht einen interessanten Geruch, der gerade unter der Haustür hereindringt.

Gehen Sie hin und sehen Sie sich die Nase Ihres Hundes nochmals an. Ich liebe es, meinen Hunden in die Augen zu sehen: Ein gegenseitiger Blick steckt voller Verstehen und ist eine stille Übereinkunft, dass wir zusammengehören. Dass Hunde uns anschauen, ist das, was einen frühzeitlichen Urhund, der um die Ränder der ersten Dörfer schlich, schrittweise zu dem machte, was heute auf Ihrem Schoß sitzt und bei Ihrem Anblick wedelt.

Aber jetzt sehe ich mir auch die Nasen meiner Hunde an – ihre ganze Länge, besonders aber ihre feuchte Spitze – und auch das bringt mein Herz zum Hüpfen. Was mich dabei bewegt, ist, wie tief das Wissen ist, das diese Nase über die Welt besitzt.

Wenn Sie mit Humanpsychologen und Neurowissenschaftlern sprechen, werden diese Ihnen sagen: *Ach wissen Sie, es ist ein Mythos, dass Hunde so viel besser riechen können als Menschen.* Und dann schauen Sie ihnen einmal ins Gesicht und fragen sie, was sie denn heute gerochen haben. Die Antworten werden von „nichts" bis hin zum dichterischen „saftige Wiesen, Präriegras" reichen, wie mir der Geruchsforscher und Autor Dr. Avery Gilbert aus seinem neuen Zuhause in Colorado berichtet. So weit so gut. Nun überlegen Sie mal, wie es wäre, einen Hund zu fragen. Wenn ein Hund sprechen könnte, wäre seine Antwort ein episches Gedicht, das er über mehrere Stunden hinweg rezitieren würde. Menschen haben tatsächlich feine Nasen. Aber die meisten von uns machen sich einfach nichts daraus, zu riechen. Ich dachte darüber nach, als ich eines Abends an Finnegans Fell roch (Geruch: Kühler, schnell fließender Fluss, über Steine im Flussbett springendes Wasser.) Hmmm. Vielleicht sollte ich mich einmal darum kümmern, dass meine Nase ein ebenbürtiger Kumpel für die meines Hundes wird.

Kapitel 4

Spazieren-schnüffeln

Die meisten Hunde sind nicht zum Auffinden von Bettwanzen oder Entdecken von Krebs angestellt. Die meisten leben in kleinräumigen, besitzerkontrollierten Umgebungen und man verlangt von ihnen wenig Riecharbeit, außer die vom residierenden Kleinkind von seinem Hochstuhl fallengelassenen Essenskrümel zu lokalisieren und aufzuputzen. Darüber hinaus werden die Gerüche des Tages, die sich auf Parkett und Teppichen sammeln, in dieser seltsamen Drinnenwelt des Hundes regelmäßig weggestaubsaugt (wie oft, hängt von der Schmutztoleranz der Mitbewohner ab). Das Beschnüffeln von Kot ist in dieser Welt verpönt, und selbst ein verstohlenes schnelles Belecken eines Arms oder Beins wird nur manchmal toleriert. Die vielsagenden und nachdrücklichen Gerüche, mit denen die Menschen über den Tag hinweg ihre Kleidung sättigen – jede Menge geruchliche Erinnerung an ihre Anwesenheit – werden in großen, krachmachenden Maschinen mysteriös weggeschleudert, aus denen zum Ersatz „frische" Gerüche kommen, die keinerlei Assoziationen im Gehirn wachrufen. Und an ganz, ganz schlechten Tagen werden Hunde in den Urin-und-Fäkalienraum gebracht, in eine Bütte mit rutschigem Boden gehievt und gewaschen, damit sie nachher riechen wie Taxilufterfrischer.

Aber oh, wenn es dann endlich Zeit für das Ereignis des Tages ist, den Spaziergang! Nun ändert sich die Szenerie in Sachen Geruch. Die wunderbare Welt da draußen bietet vielfältige geruchliche Anreize auf dem Boden und in der Luft, an Dingen, die vorbeigekommen sind oder es gerade tun. Jedes Mal, wenn die Haustür aufgeht, ist draußen eine neues Bühnenbild entstanden und erzählt, was kürzlich passiert ist, was gerade jetzt passiert und selbst ein bisschen davon, was vielleicht am anderen Ende der Straße passiert. Nicht, dass meine Hunde nicht gut sehen könnten, aber ihre Route um die Häuserblocks ist für sie ganz offensichtlich nicht mit visuellen Wegmarken gekennzeichnet. Wenn wir nach draußen gehen, dauert es ein paar Schritte, bis wir den Gehsteig erreichen, und noch bevor wir ihn betreten, werden die Nasen der Hunde schon von den Strömungen der Gehsteig-Gerüche mitgerissen, die etwa einen halben Meter über dem Boden schweben. Wir kommen an einer erdigen Baumscheibe vorbei, deren gusseiserne Umrandung von den vorbeikommenden Hunden des Tages begossen ist, dann sind da die schwefeligen, zwischen parkenden Autos hervorwehenden Abgase von einer Baustelle weiter unten auf der Straße; ein angsteinflößendes Garagentor, das manchmal geschäftig aufgerissen wird und dabei Luftschwälle ausstößt; der geschäftige Standortwechsel einer Vogelgemeinde von der Häuserfront zu den niedrigen Ästen der nahe stehenden Bäume; die von Vögeln – sei es mit Schnabel oder Hinterteil – auf das Pflaster fallengelassenen Beeren; die Hausecke am Ende der Straße, wo südliche Winde von weit weg herangeeilt kommen; das rutschige Gefühl der Marmortreppenstufen, die bedachtere Schritte verlangen; die Parkbank, auf der jede Nacht ein Mann schläft und die den abgestandenen Geruch seiner ungewaschenen Kleider trägt.

Als mir langsam bewusst wurde, wie zentral das Riechen für Hunde sein kann, fing ich an, mit meinen beiden Hunden gemeinsame „Riechspaziergänge“ zu unternehmen. Auf diesen Spaziergängen versuchen wir nicht, eine möglichst gute Rundenzeit hinzulegen. Ich ziehe meine Hunde niemals von hochinteressanten Stellen weg, an denen sie schon endlos lange herumschnüffeln und ich freue mich eher über ihr unbändiges Interesse an den Hinterteilen anderer Hunde, anstatt mich darüber zu grämen. Wir legen keine Eile an den Tag, um nach Hause zu kommen, den Block zu umrunden oder überhaupt irgendwo anders hinzukommen als dorthin, wo unsere Nasen uns hinführen. Es gibt keinen Ort, zu dem wir unbedingt hinmüssten und keine Zeit, zu der wir unbedingt zurück sein müssten. Stattdessen wird der Spaziergang allein davon bestimmt, wie lange und wie viel meine Hunde schnüffeln können. Manchmal beinhaltet der Spaziergang auch einiges an Nicht-Gehen: Dann stehen sie da, graben ihre Nase in den Boden oder drehen ihre Köpfe, um den Hund zu entdecken, der *diese* Nachricht hinterlassen hat. Manchmal legen sie sich sogar hin und halten dabei ihre Nase hoch in die Luft.

Die Riechspaziergang-Routen unserer Hunde entsprechen fast niemals der Wegauswahl oder der Geschwindigkeit, die wir Menschen uns für sie ausdenken würden. Wie so viele Hundebesitzer denke auch ich oft buchstäblich „im Rahmen“ eines Rechtecks, wenn ich zu einem Spaziergang aufbreche: den Weg runter, dann rüber, wieder rauf, zurück. Nach der menschlichen Agenda hat ein Spaziergang eine zeitliche Begrenzung: „Bis ich zur Arbeit muss“, „bis er sein Geschäft gemacht hat“ oder „bis einer von uns müde ist.“ Nach der hündischen Agenda wird ein Spaziergang viel eher von den Umständen bestimmt: Die Wegstrecke ist unregelmäßig, sie kann auf der gleichen Strecke zurückführen oder plötzlich abbiegen. An vielen Tagen ist kein Ende in Sicht – bis man dann plötzlich irgendwie doch ankommt.

Wenn ich wirklich die Sinneswahrnehmungen der Hunde verstehen wollte, so dachte ich mir, wäre es sinnvoll, mit den Spaziergängen zu beginnen. Als Besitzer sind wir unausgesprochene Komplizen unserer Hunde, wenn auch uninformierte, während diese sich ihren Weg entlang von Gehsteigen, Straßenecken oder Fußpfaden im Park erschnüffeln. Wie viel mehr wohl nötig wäre, um wirklich überzeugend zu erleben, was Hunde riechen? Schließlich bemerkt jeder, der einen Hund spazieren führt, nach ein paar Touren um den Block mit Sicherheit das gesteigerte Interesse seines Vierbeiners an Dingen wie Feuerhydranten, einem über Nacht umgestürzten Baum oder einem neu errichteten Baugerüst. Nach vielen, vielen Spaziergängen wurde ich allmählich besser darin, vorauszusehen, was für meine ihren Nasen folgenden Hunde wohl interessant sein könnte. Ich ertappte mich dabei, wie ich dachte: „Dieser Zaunpfosten hier sieht frisch befeuchtet aus“ oder „Oh, dieser Laubhaufen sieht ziemlich anziehend aus.“ Dies bildet natürlich nur einen ganz kleinen Teil der Riecherfahrungen des Hundes ab. An alles, worauf sie (anscheinend) ihren Blick richten, halten sie auch ihre Nase: Den Passanten, den Luftschwall, der aus der aufgehenden Autotür strömt, der Boden rund um die Parkbank, die von einem Windstoß emporgetragene Plastiktüte oder den Ahornsamen, der sich wie ein Hubschrauber drehend vom Baum zu Boden fällt. Ich *sehe* all das. Aber wage ich auch, es zu *riechen?*

„Riechen Sie denn jemals, was der *Hund* riecht?“, bemerkt Avery Gilbert als erstes, als ich ihn um Rat frage, wie ich seiner Meinung nach wohl besser im Einsatz meiner Nase werden könnte. „Sie müssen Ihre Nase so nah wie möglich an den Boden halten, um etwas zu riechen,“ sagt Stuart Firestein, „denn die Moleküle befinden sich da unten.“ Ich weiß zwar, dass das logisch ist, hatte aber bisher nicht umgesetzt, was Gilbert mit „begib dich *da runter* und schnüffle daran“ beschrieb.

In der Tat *beschnüffeln* wir in der Regel nicht, was auch immer *es* ist. Also beschloss ich, genau das einmal zu versuchen. Die Dinge zu erschnüffeln. Meine Umgebung so zu riechen, wie meine Hunde es tun.

Ich machte mir erstaunlich wenige Gedanken um das Offensichtliche: Dass der Grund dafür, warum wir nicht das beschnüffeln, was Hunde beschnüffeln, ganz einfach in Selbsterhalt und Überlebenstrieb liegen könnte. Über dem Gehsteig wabern üble, faulige oder gar verwesungsartige Gerüchte. Vielleicht sind wir zu der robusten, erfolgreichen Spezies geworden, die wir sind, weil wir das unverdauliche Zeugs da unten nicht schlucken. Stattdessen sorgte ich mich eher um die praktisch-logistischen Fragen: Wie sollte ich an die Gerüche herankommen? Für den Anfang, so stellte ich mir vor, würde ich wohl etwas von meiner einschränkenden zweibeinigen Konfiguration abrücken müssen. Falls es wirklich der aufrechte Gang mit der zu weit vom Boden entfernten Nase war, der uns vom Riechen abhielt, nun gut, warum nicht, dann würde ich halt auf allen Vieren laufen. Wenn mein Hund sich mit der Nase an einem Baumstamm festsaugen würde, dann würde ich meine auch daran halten. Wenn er mit einem unsichtbaren Geruchsfleck im Gras intim werden würde, so würde ich diesem Interesse nachgehen. Wenn er Untersuchen am Hosenaufschlag eines Passanten anstellen würde, so würde ich das auch tun. Einverständnis des Passanten vorausgesetzt.

Ich hatte einen starken Start. Eines kühlen Sommermorgens starteten Finnegan, Upton und ich von den Stufen unseres Wohnblocks aus. Finn bog sofort zu einem Baumschutz ab, einem jener impotent niedrigen Eisenzäune, von denen in New York die Straßenbäume auf den Gehsteigen umringt sind. Er untersuchte eine Stelle, die kürzlich angefeuchtet aussah und legte dabei die Präzision eines Uhrmachers an den Tag, der das Innenleben einer kranken Taschenuhr unter die Lupe nimmt. Als er wieder zum Luftholen nach oben kam, übernahm ich. Ich musste mich dazu ungeschickt hinknien, die eine Hand um die Leinen geschlungen und die andere am Zaun abgestützt. Ich beugte mich sehr, sehr nah heran – zu nah. Von Finns gründlicher Untersuchung ermutigt, schnüffelte ich ausgiebig. Mir schlug ein starker, kräftiger Geruch ins Gesicht. Ich schnüffelte nochmals. Kein Urin, dachte ich dankbar. Stattdessen war es ganz einfach die kühle Strenge von Farbe auf Metall. Als ich den Kopf wieder hob, standen meine beiden Hunde an der Seite und schauten mir zu. Ein gerade die Anhöhe heraufkommendes Paar machte einen weiten Bogen um uns. Selbstbewusst stand ich auf, klopfte mir die Knie ab und ließ mich von Finn den Gehsteig entlang weiterziehen.

„Niemand stellt einen Hund infrage, wenn er die Umgebung beriecht," sagt Kate McLean, eine nach eigener Beschreibung „multisensorische" Künstlerin aus Großbritannien, die sich selbst schon mit dem Aufspüren städtischer Gerüche beschäftigt hat. Auch mich und jeden um mich herum war es nur allzu offensichtlich, dass ich in Sachen Baumbeschnüffeln nicht mit den Hunden mithalten konnte. Nach diesem kurzen Exkurs ins Gehsteigschnüffeln verlor ich den Mut. Um etwas gespielte Tapferkeit wiederzuerlangen, folgte ich den Tapferen – in diesem Fall Kate McLean, die sich unerschrocken durch verschiedene Städte schnuppert und dabei versucht, die in jeder von ihnen vorgefundenen Geruchswolken zu beschreiben.

McLean kam eines Tages auch nach New York und lud mich zu einem „Geruchskartierungsprojekt" nach Williamsburg in Brooklyn ein. Sie wartete an einem warmen Septemberabend auf dem Gehsteig auf mich, ein wenig errötet im Gesicht und mit breitkrempigem schwarzem Filzhut auf dem Kopf. Sie ist schlank, zierlich gebaut und hat ein unbeschwertes Lächeln. Ihre Schuhe waren ziemlich abgelaufen und hatten ihre Nase vermutlich schon über viele Meilen hinweg getragen. Mit einem Regenschirm in der Hand als augenzwinkernder Reminiszenz an den typisch britischen Tourguide versammelte sie ein aus rund zwei Dutzend Riechinteressierter bestehendes Grüppchen um sich herum. Unter den Wartenden befanden sich Künstler aus dem Multimedia-Bereich, die mit Fotografie und Geruch arbeiteten; Wissenschaftsjournalisten und Memoirenschreiber; ein Paar interessierter Mitläufer und zwei berufsmäßige Kinder. Wir würden, so instruierte uns McLean, eine Tour um sechs oder acht Blocks unternehmen und sollten dabei *einfach riechen* und für uns festhalten, was wir bemerken würden.

Na ja, so einfach war es dann doch nicht. „Achten Sie darauf, dass es viele verschiedene Arten von Gerüchen gibt," warnte sie uns. „Es gibt flüchtige Gerüche, die nur für einen Moment vom Wind herangeweht werden und wieder verschwinden – eine Person, Zigarettenrauch oder ein Lastwagen. Besonders oft passiert das an Straßenecken. Also bleiben Sie an den Straßenecken stehen und drehen sich ein paar Mal herum.

Neben den schwebenden Gerüchen gibt es auch statische, die von Materialien absorbiert wurden. „Riechen Sie an Wänden, berühren Sie Pflanzen und gehen Sie in Läden hinein," gab sie Anweisung, während sich auf allen Gesichtern Lächeln ausbreitete. Ein paar Leute warfen sich Blicke mit hochgezogenen Augenbrauen zu.

„Außerdem sind Stellen mit Geruchsvakuum genauso wichtig", sagte sie. „Weil wir uns an Gerüche gewöhnen, sollten wir darauf achten, wenn wir einmal *nichts* riechen." McLean empfahl, den eigenen Körpergeruch als natürliche Aufladequelle für das Geruchsempfinden zu nutzen. Wenn man seine Nase für eine Weile in der eigenen Haut vergräbt, haben die Rezeptorzellen einen Moment Pause und Zeit, um sich zu erholen, bevor sie ihre Aufmerksamkeit wieder auf Umgebungsgerüche richten können.

McLean teilte handgezeichnete, zickzackgefaltete Karten unserer Route aus, auf denen „Geruchspunkte" eingezeichnet waren. An ihnen sollten wir stehenbleiben und hoch, tief, nah und tief schnuppern, vorbeiwehende und konstante Gerüche wahrnehmen. An jedem Stopp sollten wir fünf Gerüche notieren. Fünf! Ich atmete durch meine Nase ein, während ich ihr zuhörte. Ich roch nichts, aber am Ende des Spaziergangs sollten meine handschriftlichen Notizen über die Seite hinausquellen, um die Ecken biegen und sich um andere Notizen schlängeln, ganz ähnlich den Wegen der Gerüche, die wir jagten.

McLean hat geruchskartierend den ganzen Erdball bereist – von Amsterdam nach Pamplona, von Glasgow nach Newport und Rhode Island; von Mailand bis Edinburgh und Paris nach Singapur. Nach jedem Gang übertrug sie die Notizen ihrer Mitgeher in schön mit farbiger Topographie gestaltete Karten und kennzeichnete darin die Quellen und Ausbreitungen von Gerüchen. Schwärme farbiger Punkte kennzeichneten wandernde Gerüche. Jede Stadt, so sagt sie, hat einen spezifischen Hintergrundgeruch, der sie kennzeichnet. Im frühlingshaften Amsterdam ist es die „zuckrige, pudrige Süße von Waffeln", die über den Grachten und Kanälen schwebt. Und jede Stadt hat unverkennbare Besonderheiten: So enthält zum Beispiel die Karte von Edinburgh Fish and Chips, Malz von den Bierbrauereien und den Geruch von „Jungentoiletten in Grundschulen". Weiß der Himmel, wie sie das erfahren hat.

Bei einem früheren Besuch in New York hatte McLean das kartiert, was sie als „die geruchsintensivsten Blöcke" der Lower East Side zwischen Allen und Eldridge südlich von Delancey bezeichnet. Dieser Teil der Stadt hat eine abwechslungsreiche Geschichte und war zum Teil von Handwerk, aber zum Teil auch von Elend geprägt, aber die in letzter Zeit aus dem Boden gesprossenen millionenschweren Eigentumswohnungen stellten schon eine gewisse Herausforderung an McLeans Behauptung dar. Trotzdem enthielt die Endfassung ihrer Geruchskarte Markierungen für Sägespäne, Müllhaufen, Motorenöl und Kohl neben langen Schwaden von getrocknetem Fisch und billigem Parfüm.

Der Geograph J. Douglas Porteous nennt Geruchslandschaften wie die von McLean kartierten *Smellscapes.* Städte, so also die Aussage, sind an ihrem Eigengeruch erkennbar. So wie frisch gebackenes Baguette uns das zeitgenössische Paris vor Augen ruft, kann die charakteristische Dufterfahrung einer Stadt durch auf der Straße verkaufte Lebensmittel oder Gewürze geschaffen werden, durch Seeluft, die ihre Straßen flutet oder durch die von wimmelnden Menschenmassen produzierten Abfälle. Ganz sicher gibt es solche Geruchlandschaften schon seit Tausenden von Jahren, egal, ob man sie gewürdigt hat oder nicht. In der Antike mischten die Tempelbauer Milch und Safran in den Verputz; beim Bau von Moscheen wurde der Mörtel mit Moschus und Rosenwasser vermengt. Wenn es auf die Bauwerke regnete oder die Sonne darauf schien, verströmten sie Duft. Über eine lange Zeit hinweg gab es regelmäßig wöchentlich wiederkehrende Gerüche: Der warme, feuchte Geruch von Wäschewaschen, das heiße Bügeleisen auf Leinen, der Geruch des „Brotbacktages".

Die Idee der *Smellscapes* hat inzwischen auch ihren Platz im Bereich der Städteplanung gefunden, wenn es darum geht, die sensorischen Erfahrungen der Stadtbewohner zur Kenntnis zu nehmen und zu bereichern. Manche der Programme, die Städte in die Tat umgesetzt haben, sind nett-verschroben: In den Niederlanden hat man in die Fußgängerzonen Pflanzen integriert, die entspannende und sogar therapeutische Wirkungen haben können. Seit 2001 fördert das japanische Umweltministerium landesweit den Unterhalt von „Einhundert Orten des guten Duftes“: nationale „Geruchswürdigkeiten“, die für Geschichte, Kultur und Leben des Landes ebenso wichtig sind wie die visuellen Sehenswürdigkeiten. Dazu gehören „der Geruch der Hirsche am Jinhua-Berg“; ein vom Geruch des tierischen Leims, mit dem Papiermachépuppen gemacht wurden, erfülltes Haus; „einhunderttausend Pfirsichblüten auf einen Blick“ und, in der größten japanischen Stadt, „Kandas Straßen der Buchantiquariate“*.

Diese Hinwendung zum Schaffen und Zelebrieren von Düften folgt auf eine lange Periode, in der man sich an Gerüchen in Städten störte und sich über sie beklagte – weil eben die Städte äußerst furchtbar ekelhaft stanken.

Die Straßen von Manhattan sind nicht nur deshalb rasterförmig angelegt, damit man sich leichter zurechtfindet, sondern auch, um Gerüche besser entweichen zu lassen. Was impliziert, dass genau dies nötig war. Und tatsächlich betrachtete man die engen, gewundenen Straßen alter europäischer Städte wie zum Beispiel Paris und London als Entstehungs- und Brutstätten für Gestank. „Man kann Paris schon fünf Meilen vorher riechen, bevor man dort ankommt“, hieß es. In Italien war die Atmosphäre rund um die Städte von Knoblauchgeruch gesättigt. Die Gerüche im Paris des neunzehnten Jahrhunderts wurden als „unerträglich“ beschrieben; das „monströse“ London war „übersät mit Exkrementen, Schlamm, verwesenden Tierkadavern, faulendem Fleisch, Gemüse und Blut“ und geruchsintensive Industriebetriebe wie Gerbereien oder Brauereien lagen Tür an Tür mit Wohngebieten. Sowohl London als auch Paris erlebten Zeiten, die als „Great Stink“ in die Geschichte eingingen – beide jeweils verursacht durch Versagen des Abwassersystems.**

* *Dies ist ein neues Forschungsthema für Wissenschaftler, die etwa im Journal of Pulp and Paper Science veröffentlichen oder die sich mit biochemischer Materialzersetzung beschäftigen: Sie zerlegten den „Geruch alter Bücher“ in seine Bestandteile und fanden Aromen von Vanille, Pilzen, Nylon und „Grasnoten mit Geschmack von Säuren“. Da dieser Geruch aus der Zersetzung von Papier, Druckerschwärze, Bindung und Leim entsteht, steht es alles andere als fest, dass Tokios Buchantiquariat-Straßen in einem anderen Jahrhundert noch genauso riechen werden.*

** *Damals (in den 1850er Jahren) füllten sich die Senkgruben unter den Häusern mit dem Abwasser und den Exkrementen ihrer Bewohner, wurden zur Themse geleitet und dort „entsorgt“. Dies funktionierte offensichtlich auch mehr oder weniger gut, mit Ausnahme eines besonderen trockenen Junis, als der Fluss Niedrigwasser führte und das Klärsystem Hochwasser. Der Fluss „reifte“ zum „Gipfel des Gestanks“ und dieser Zustand hielt zwei Wochen lang an, bis die Hitze endlich nachließ.*

Die Idee des von Fluss zu Fluss reichenden Rastergitters von Manhattan war, dass Gerüche die Straßen hinunter und aufs offene Meer wehen würden. Die New Yorker Stadtbeauftragten berichteten, dies würde „die städtische Gesundheit fördern" und verwendeten dabei Vokabeln wie „frei" und „Zirkulation", um ihren Plan anzupreisen.

Das Rastergitter rettete die Stadt nicht vor ihren Gerüchen. Wobei Gerüche in diesem Zusammenhang vor allem „schrecklicher, verderblicher Gestank" waren. Stellen Sie sich die Lage im New York der Mitte des neunzehnten Jahrhunderts vor, als Pferde – damals Hauptverkehrsmittel der Stadt – frei und ausgiebig in den Straßen äpfelten und oft dort liegengelassen wurden, wo sie umfielen und verendeten. Nachttopfinhalte wurden großzügig aus den Fenstern gekippt und unterschwellig ging stets die Angst um, dass Miasmen (aus dem Boden austretende Faulgase) zu einer Choleraepidemie führen könnten. Die Zustände waren so schlimm, dass offiziell ein „Geruchskomitee" in der Stadtverwaltung eingesetzt wurde und die Aufgabe erhielt, die Quellen üblen Geruchs per Nase ausfindig zu machen.

Die Vorstellung von der Ansteckung durch Geruch ist auch heute noch in geringerem Ausmaß in Form von Abneigung vor schlecht riechenden Menschen vorhanden, denen man lieber ausweicht – als ob Krankheiten durch Gerüche übertragen werden könnten. Obwohl lange diskreditiert, hat diese Angst ihren Ursprung schon vor Hunderten von Jahren, als Projekte zur „Deodorisierung" ihren Anfang nahmen. Insbesondere wurden Straßen und Gehwege gepflastert, um die miasmatischen Ausdünstungen nicht nach oben dringen zu lassen und Mauern, die faulig riechende Ausdünstungen abgeben könnten, wurden verputzt. Industriebetriebe, die nach Lösungsmittel für Farben (vage nach Banane) oder Reinigungsmittel (seifig) rochen, wurden von den Wohngebieten weg ausgelagert.

Die Stadt von heute ist fertig mit den Hinterlassenschaften der Pferde und mit den Nachttöpfen, aber sie riecht immer noch nach ihren Bewohnern und Waren. Konzentrieren Sie sich einmal, wenn Sie die Straße entlanggehen und Sie werden die Geruchsschwaden bemerken, die aus offenen Ladentüren strömen – drinnen erwärmt und dann stoßweise mit ein- und austretenden Kunden freigesetzt. Die Menschen riechen nach Parfüm aus der Flasche – oder den Körpergerüchen, die von fehlenden Düften zeugen. Aber man kann auch meilenweit durch eine amerikanische Stadt gehen, ohne auf irgendwelche spezifischen Gerüche zu treffen. Eine der Reaktionen auf die erdrückende Vielfalt übler Gerüche in Städten bestand darin, Gerüche als Ganzes loszuwerden (wie das Wort De-odorisieren impliziert) oder sie zu überdecken. Die allgegenwärtigen Ladenketten homogenisieren unsere Städte und das Geschäft mit künstlichen Duftstoffen für Markenläden boomt: In den Läden werden Düfte eingesetzt, die den Kunden an „Autohaus" oder „teures Hotel" erinnern sollen. Das Ergebnis könnte sein, dass die charakteristischen Gerüche einzelner Städte verschwinden. Wenn Paris nicht mehr nach Bäckereien und Gauloises, Vancouver nicht mehr nach salziger Meeresgischt oder Midtown New York nicht mehr nach heißem Müll und den Abgasen der Lieferwagen riecht, wird ein Teil des Ortes verlorengehen.

Die britische Stadtplanerin und -designerin Victoria Henshaw hat damit begonnen, die verbleibenden Smellscapes zu beschreiben und vielleicht auch ihnen Denkmäler zu setzen. Aufbauend auf der Idee der geführten „Soundwalks" in Städten, bei denen die Teilnehmer aktiv auf die Hintergrundgeräusche hören, anstatt sie nur an sich vorbeirauschen zu lassen, hatte Henshaw die Idee, dass man auch Gerüche bewusst sammeln könne: also aktiv, suchend und absichtsvoll zu riechen anstatt nur passiv und zufallsbestimmt. McLean hat sich neben ihrer eigenen Nase auch die Nasen anderer zunutze gemacht, um auf Henshaws früher, mühsamer Arbeit aufzubauen.

Auf den Straßen von Williamsburg fand sich unsere Gruppe nur langsam in das Riechen ein. Um uns auf Trab zu bringen, lenkte McLean unsere Aufmerksamkeit auf die Handzettel, die sie vorbereitet hatte. Versorgen Sie sich gut mit Flüssigkeit, stand dort zu lesen. Finden Sie versteckte Ecken. Genieren Sie sich nicht. „Das Schnuppern in der Öffentlichkeit ist vollkommen legal", hatte sie noch vorsorglich hinzugefügt.

Offensichtlich ist die Aktivität doch noch so ungewöhnlich und außerhalb der Norm, dass sie diesen Punkt bedenken musste.

Wir gingen in langsamem Schlendergang los. Zwischen den in der Regel eilig irgendwohin strebenden New Yorker Fußgängern wirkte unsere Gruppe auf dem Gehsteig vage desorientiert. Ich erfuhr, dass dies typisch für Menschen ist, die in die Luft schnuppern: ein abwesender, unbestimmter Ausdruck in den Augen, Kopf zur Seite geneigt oder gehoben und mit einem Gesichtsausdruck irgendwo zwischen „Habe ich den Herd angelassen?“ und „Mir fällt gerade der Traum von letzter Nacht wieder ein, ich war in einem Auto und hatte keine Hosen an...“ Jedenfalls machten die Passanten einen Bogen um uns.

An unserem ersten „Geruchspunkt“ bildeten wir ein Knäuel verwirrter Herumbummler, die auf der Suche nach einem Geruch, auf den Sie sich konzentrieren konnten, herumschnuppertern. Als ich einen Schritt zum Bordstein machte, erwischte ich meine erste Duftfahne. Einen in die Nase stechenden, gleichzeitig sauber und unsauber wirkenden Geruch. Ein warmer, frisch gereinigter Gehweg: Chlor im Kampf gegen Dreck. Auf der anderen Straßenseite verströmte eine Imbissbude einen unverwechselbaren Tacoschalen- und Frittengeruch: fritierter Mais und altes Öl. Wir bemerkten, dass der Abend warm genug war, um voll von Gerüchen zu sein: Genau wie warmes Essen viel stärker riecht als kaltes, so haben auch Sommertage mehr Geruch als Wintertage. Wärme lässt viele Substanzen in die Luft steigen, macht sie volatil und lässt sie emporschweben, um dort auf schnuppernde Nasen zu treffen.

Unsere Gruppe begann, sich selbst zu organisieren, wechselte die Position von Bordstein zu Gebäude und zurück, schnupperte und kritzelte dann einen Bericht hin. Bis wir die nächste Straße erreichten, hatten wir alle unsere Bewegungen synchronisiert und strebten in Paaren zu jeweiligen Wegpunkten – einem Baum, einer Sitzbank, einem Abluftgebläse – und streckten unisono unsere Nasen in die Luft. Auch Menschen selbst werden zu Hinweisen, wo es sich zu schnuppern lohnt. Ein Fotograf, der mit McLean aus England angereist war, Sam Vale, beugte sich unter eine Sitzbank, die vor einem Lebensmittelladen stand. Ich folgte seiner Nase. Auf dem Gehsteig dominierte Weizengras (Quelle: ein Frischsaftshop). Aber auf Höhe der Sitzbank strömte der Geruch von Blättermark mit deutlicher Note von Frühlingszwiebeln aus dem Entlüfter. „Das riecht ja irre!“ sagte er und lächelte.

Wir hatten Feuer gefangen. Ich schnüffelte am Fuß eines Baumstamms: urinös. Vorbeigehende Menschen brachten ein Chaos aus Düften mit: Haarshampoos, Lotionen, Parfüms. Gebratenes Essen verfolgte eine Person, die eine Tüte aus dem Schnellimbiss trug. „Nutzen Sie auch Ihre übrigen Sinne, um sich leiten zu lassen“, erinnerte uns McLean. Ich berührte und zerdrückte ein Laubblatt (angenehm frisch). Ich folgte meinen Ohren zu einer tropfenden Klimaanlage (feuchter Keller) und zu einem sauberen Handtuch, das laut in der frischen Luft ausgeschlagen wurde (Trocknertücher). Alles Neue oder Andere, das wir auf dem Gehweg fanden, erweckte unser Interesse. Ein Loch in einem Bauzaun ermöglichte einen Blick bzw. Riecher auf die Baustelle (Staub, Kalk und warmer Ziegelstein) und bot auf seiner Außenseite Platz für Plakate (neues Papier, Leim). Selbst Dinge, um die ich normalerweise einen Bogen machen würde, steuerte ich jetzt an. Ich zögerte nur einen kurzen Moment, bevor ich meinen Kopf in den Geruchsraum oberhalb eines offenen Mülleimers tauchte. Es roch beinahe greifbar süßlich. Die Reste eines kürzlich gekauten Pfefferminz-Kaugummis stiegen in meine Nase. Was einem normalerweise den Magen umdreht, war jetzt einfach zu Neuigkeiten der Straße geworden.

Auch Virginia Woolf hat sich gewissermaßen einmal im Smell-Walking versucht, nämlich in ihrer Biographie von Flush, dem Cocker Spaniel von Elizabeth Barrett Browning. Derselbe zieht los ins Zentrum von Florenz, um dort auf den Straßen „die Verzückung der Gerüche“ zu genießen – „die harten, die weichen, die dunklen, die goldenen“ – um zu riechen, wie Messing geschmiedet, Brot gebacken, Haar gekämmt und Leintuch geklopft wird oder wie Männer spucken.

Ich musste an Flush denken, wie er die „schwindelerregenden Gerüche“ der Gosse riecht, als wir um einen Kanaldeckel herumschwebten und versuchten, eine Luftspirale zu fangen. Sie machte mich nicht etwa schwindlig, sie haute mich um. War es Salsasoße? Der Geruch war in seiner Schärfe beißend. „Chinesisches Essen“, schlug jemand vor. Der Fotograf, Vale, balancierte über dem Gullideckel. Er hielt seinen Kopf gedreht und den Hals gestreckt und gab damit exakt das Bild eines neugeborenen Tieres ab, das sich nach seiner Mutter streckt. Einen Moment später sagte er einfach nur: „Knoblauch.“ In unserer Gruppe wurde zustimmendes Gemurmel laut. Die Frage, ob wir Knoblauch aus dem Gulli riechen wollten oder nicht, wurde von der großen Befriedigung übertrumpft, die uns die Identifikation des Geruchs verschaffte.

Es wurde Abend. Wir waren stundenlang unterwegs gewesen. Wir wurden vor einem Restaurant weggescheucht, wo unser Interesse an dem draußen aufgebauten Essen selbst aus der Entfernung zu verdächtig gewirkt hatte. An der letzten geruchsversprechenden Ecke des Spaziergangs sah ich mich einem einfachen Backsteingebäude gegenüber, an dem eine in einem hohen Fenster angebrachte Leuchtreklame eine darin untergebrachte Kneipe mit Geruch nach schalem Bier verhieß. Aber anstelle schalen Biers erhaschte ich einen überraschend wohlriechenden Duft. Er hing nur in einer einzigen kleinen unsichtbaren Luftwolke, und ich musste mit nach oben gerecktem Kopf und erhobener Nase auf den Zehenspitzen stehen, um ihn zu erwischen. Als ich den Bordstein hinabstieg, wurde er von etwas Dunklerem, Grauen und Wächsernen abgelöst. Ich schaute mich kurz nach möglichen Quellen um – vielleicht war gerade jemand mit einem Teller Essen vorbeigegangen, aber ich fand nichts. *Komm mal hier rüber, hier warten Gerüche darauf, eingefangen zu werden,* bedeutete ich einem der sehr guten Geruchsfänger. Er eilte herüber, stellte sich mir gegenüber auf die Bordsteinkante und schnupperte. Gas? Teer? Nicht ganz. Dann schritt er vom Gehsteig herunter vor ein auf der Straße parkendes Auto und beugte seinen Kopf in Richtung dessen Kühlergrill – ungefähr dahin, wo Sie Ihren Kopf hinstrecken würden, wenn Sie auf jeden Fall von einem Auto erwischt werden wollten. Ich kam auf einen Schnüffler dazu. Mein Gesicht wurde von warmer Luft begrüßt: Das Auto, ein Geländewagen, war erst kürzlich geparkt worden. Eine rauchige, wächserne Duftnote kräuselte sich aus dem Motor heraus. Sie roch wunderbar.

Wie konnte es sein, dass sie so gut roch? Wenn man aktiv nach Gerüchen zu suchen beginnt, findet man ... nicht viel. Lediglich seinen Geist (und seine Nase) für die Möglichkeit von Gerüchen zu öffnen reicht nicht, um tatsächlich irgendetwas zu riechen. Außerdem ist aktives Schnuppern eine merkwürdig ermüdende Übung. Versuchen Sie es genau jetzt einmal und bleiben Sie dann nur dreißig Sekunden dabei. Fertig? Vermutlich haben Sie irgendwo auf der Hälfte aufgegeben (oder hätten es gerne getan). Und außerdem haben Sie vermutlich keinen einzigen Geruch bemerkt.

Es kann einen deshalb schon euphorisch stimmen, überhaupt einen Geruch zu erhaschen. Aber hier kommt unsere unterkühlte Beziehung zu Gerüchen ins Spiel. In der englischen und in der deutschen Sprache entsprechen die meisten Worte für Gerüche den Worten für deren Quellen. Die Sommeliers und Parfümeure unter uns mögen ein eigenes Vokabular haben, um die einzelnen Duftnoten zu beschreiben, aber die meisten von uns brauchen etwas mehr: Um einen Geruch zu benennen – und zu kennen – möchten wir wissen, wo er herkommt. Sind der Name und die Quelle nicht identisch, müssen wir eine zufriedenstellende Lösung finden. McLean erinnert sich an jemand, der ihr gegenüber meinte, Paris habe offenbar eine Hintergrundnote nach Honig. Aber warum sollte eine Stadt, die nicht gerade als ein Zentrum für Imkerei bekannt ist, nach Honig riechen? Sie ging der Sache auf den Grund: Die Geruchsquelle war nicht etwa ein Bienenstock oder ein begehrlicher Pu-Bär, sondern die in der an Parkettböden reichen Stadt beliebte Wachspolitur.

Wenn ein Geruch sich verflüchtigt, ohne dass er vom Sammler wie ein Käfer an die Schauwand eines Entomologen geheftet werden kann, ist die Frustration groß. Wenn man es dagegen schafft, einen Geruch bis zu seiner Quelle und zu seinem Namen zu verfolgen, fühlt er sich wirklich gefangen und gesammelt an. Der Kühlergrill des Autos roch deshalb so köstlich, weil es ganz eindeutig heißes Öl auf Metall war. Ich erkannte den Geruch, aber meine Gewissheit wurde dadurch geschwächt, dass ich doch an einem kürzlich noch gelaufenen Motor schnupperte.

Mit neuem Auftrieb trat ich auf der Suche nach dem immer noch reichlich vorhandenen köstlichen Geruch auf die im Moment verkehrsarme Straße hinaus. Schräg gegenüber der Kneipe auf der anderen Seite der großen Kreuzung befand sich ein Laden, der aus seinen Fenstern Licht in die Dämmerung verströmte. Seine rot gerahmten Glastüren standen zur Kreuzung hin offen. Aha! *Das* war also die Quelle: Eine Bäckerei. Ein absolut offensichtlicher Geruch, jetzt, wo ich seine Quelle sah. Die Bäckerei verströmte einen karamelligen, buttrigen Geruch, von dem ein bisschen etwas überlebt hatte, als er über die Straße zu meiner Nase geweht wurde, während ich auf Zehenspitzen stand. „Ich glaube ich muss mal dahin gehen“, sagte ich zu den anderen Teilnehmern, fing die Duftfahne ein und strebte auf das Licht zu. Aber dann tat ich es doch nicht. Ich hatte meine Quelle, und das war genug für den perfekten Moment.

Am Ende der Tour ließ McLean uns die Sinne wechseln: Sie zog einen Farbmusterfächer aus ihrer Tasche und fragte uns, mit welcher Farbe wir einen unserer gefundenen Gerüche beschreiben würden. Ich wählte für den ersten Geruch, den ich gesammelt hatte, das Chlor auf dem gewaschenen Gehsteig, Pantone 1245C, ein nicht gerade ansprechendes Gelbbraun. „Sonst nehmen immer alle Gelbgrün", meinte sie. Ein anderer Teilnehmer fand den Karamellgeruch kastanienbraun, und an unser Weizengras erinnerten wir uns als blassmint. Der Knoblauch und der Asphalt waren ein aschiges Violett. Gilbert und andere haben außerdem auch Beziehungen zwischen Farbbezeichnungen und Düften gefunden, sogar bei Gerüchen, die keine eindeutig gefärbten Geruchsquellen wie Banane oder Limette haben. In einer Studie wurde Zibetöl – eine künstlich hergestellte Variante des Dufts aus den Analbeuteln der Zibetkatze, der zur Parfümherstellung benutzt wird – ganz klar als „braun" bezeichnet, während ein anderer Parfümklassiker, das Bergamottenöl, am häufigsten als „gelb" gesehen wurde.

Ich machte mich auf den Weg zur nahegelegenen U-Bahnstation Bedford Avenue, um einen Zug nach Hause zu erwischen. Zu meiner größten Überraschung konnte ich sie riechen, noch bevor ich den Eingang erreichte. Natürlich bin ich sicher, dass die U-Bahn schon immer gerochen hat, aber noch nie hatte der Geruch seine Fühler nach mir ausgestreckt und mein Bewusstsein erreicht. Als ich die Treppen zur Station hinabging, verlangsamte ich meinen Schritt. Der Geruch der Jugend (nasses, shampooniertes Haar vermischt mit Teenager-Körpergeruch) und des Verfalls (Schimmel an den Wänden unter den Ansammlungen von Dreck und Feuchtigkeit). Ich lächelte.

Wenn Sie den Geruch von Verfall wahrnehmen und lächeln, stimmt entweder mit Ihnen etwas ganz erheblich nicht oder Ihr Verhältnis zu Gerüchen hat sich verändert. Der Geruchsspaziergang hatte begonnen, uns zu verändern. Gerüche mussten nun bemerkt, gesammelt und bedacht anstatt nur gemieden und verachtet zu werden. Der durchdringende Gestank der U-Bahn im Sommer ist einfach nur furchtbar. Aber manchmal sind furchtbare Gerüche auch nur wegen ihrer Unstimmigkeit furchtbar: Ein Klassenzimmer, das nach Eiern riecht oder ein

* *Medizinforscher haben übrigens eine gemeinsame Regelmäßigkeit im Blasen-entleerenden Pinkeln gefunden: Im Durchschnitt dauert es bei allen Tieren vom Hund über die Wühlmaus bis zum Elefanten einundzwanzig Sekunden, bis alles herausgepinkelt ist. Das Markieren dagegen dauert nur ein bis drei Sekunden.*

Restaurant, das nach Lufterfrischer riecht. Genau wie der Knoblauch und der Autokühler fühlte sich der Gestank der U-Bahn *ehrlich* an: genau so, wie man erwarten würde, dass eine U-Bahn riecht. Was aber wirklich schlimm ist, sind unaufrichtige Gerüche: diejenigen, die nicht dazu passen, wie ein bestimmter Ort riechen sollte. Wir haben einen sehr bewussten Sinn für Vertrautes, der sich aus unseren Erfahrungen speist. Wir kennen zum Beispiel die Geräusche unseres Zuhauses und würden deshalb bemerken, wenn es „zu ruhig" wäre. Oder wir wissen, wie sich ein Fußballspiel anhört und wären verwirrt, wenn es sich anhören würde wie Golf. Wir erwarten, dass Anblick und Geschmack von Lebensmitteln übereinstimmen und möchten deshalb, dass unser Orangensaft orange ist und nicht etwa violett; und jedes Lebensmittel, das täuschend gefärbt ist (Kaugummischokolade) wirkt höchst merkwürdig.

Genauso ist es auch mit Geruch. 2005 war ganz New York aufgebracht, weil plötzlich ein starker Geruch nach Ahornsirup über der Stadt hing. Normalerweise gehört Ahornsirup mit Sicherheit zu den beliebtesten Düften der meisten New Yorker, aber hier war die vorherrschende Reaktion Angst – weil der Geruch im Großstadtdschungel keinen Sinn ergab. Später, als man die Wetterlage (eine kalte Winternacht und ein „Deckel" aus warmer Luft, der Gerüche bodennah festhielt) und die Quelle (vermutlich ein Aromastoffhersteller auf der anderen Flussseite in New Jersey) identifiziert hatte, konnte man den Geruch an sich genießen.

Nach einer Weile Gehen und Nachdenken beschloss Dominic, sich Grandville zu erschnüffeln – seine übliche Gewohnheit in Städten, die er zum ersten Mal besuchte. Er flitzte die Straßen und Alleen auf und ab, rieb sich an diversen Pfosten, Laternen, Häuserecken und Bäumen und zog Erkundigungen über die Bevölkerung und die Geschichte der Stadt ein – wie viele Mitglieder jeder Spezies sie enthielt, die Geburtsrate, wann, von wem und warum die Stadt gegründet wurde – überprüfte die ältesten Sehenswürdigkeiten, beroch sie sorgfältig, erkundigte sich nach dem Klima zu den verschiedenen Jahreszeiten und brachte in Erfahrung, wie das Gehalt der Schullehrer war und wie der Preis von Mandarinen …

William Steig, *Dominic*

Auf dem fünfminütigen Gang zwischen der U-Bahnstation und meinem Zuhause fing ich Luftwirbel aus Kellerentlüftungen, Würstchenbuden, frisch gesägtem Holz und Uringeruchschwaden mysteriöser Herkunft auf; ein Raucher atmete aus, als er an mir vorbeiging; Curry kam aus einem geöffneten Fenster und Menthol von den Beinen eines schwitzenden Joggers. Das, so kam es mir in den Sinn, war wohl mehr oder weniger der Geruch meines Viertels. In einer psychologischen Studie wurden Studenten einmal darum gebeten, mit verbundenen Augen ihren Weg durch einen Raum zu finden, der in verschiedene Geruchsfelder unterteilt war. Sie sollten nur anhand des Geruchs navigieren. Ob auch ich nur anhand des Geruchs nach Hause finden könnte?

Meine langjährige und sehr geliebte Hündin Pumpernickel war einmal aus unserem damaligen Haus in einer kalifornischen Küstenstadt entlaufen. Als ich spät am Abend nach Hause kam, stand die Haustüre weit offen, Licht fiel heraus und das Haus war entschieden zu ruhig. Pump hatte offensichtlich die Haustür aufgemacht (das war noch vor den Zeiten, als feste Türriegel obligatorisch wurden) und war hinausspaziert. Ich rannte die Straße rauf und runter und rief sie. Meine wachsende Panik unterdrückend, begann ich einen Handlungsplan zu entwerfen, indem ich mich an all unsere gemeinsamen Gassigehwege zu erinnern versuchte. Ich rief ein paar Freunde an, die einen Hundefutterladen in der Stadt führten und fragte sie, ob sie zu mir nach Hause kommen und dort warten könnten, während ich per Auto weiter suchte. Ich versuchte mir vorzustellen, wo sie wohl hinlaufen würde, wenn sie ganz allein entscheiden würde.

Als meine Freunde zwanzig Minuten später bei mir zuhause vorfuhren, sprang Pump hinten von der Ladefläche ihres Pickups. Zwischen all den Freudensprüngen fragte ich, wie sie sie denn gefunden hätten. Sie waren auf dem Weg hierher an ihrem Futterladen vorbeigekommen, berichteten sie. Und da saß Pump vorn vor der Tür und wartete darauf, dass der Laden öffnete.

Gut, wir waren auf unseren Spaziergängen öfter zu dem Futterladen gegangen, der weniger als eine Meile von uns entfernt war. Aber wir waren aus so vielen verschiedenen Richtungen dahin gegangen, dass ich mich fragte, wie Pump den Weg dorthin gefunden hatte? War sie beim Eukalyptus rechts abgebogen und in Richtung Meer gegangen, bevor sie an der Bäckerei wieder links abbog? Oder war sie Luftlinie gelaufen, hatte über die Hinterhöfe abgekürzt und Nebenstraßen genommen? Hatte sie ihren Weg gerochen?

Als ich so durch die Gerüche meines eigenen Wohnviertels ging, dachte ich über ihre olfaktorische Navigation nach. Auch wenn uns die Gerüche die meiste Zeit über ziemlich vage vorkommen, so sind sie doch sehr besonders – besonders genug, um als Wegweiser zu dienen. Seeleute haben zum Navigieren ihren Geruchssinn benutzt: Ein alter Seebär, so sagt man, kann Nebel, Regen, Wind und Schnee riechen. Bei Flaute kann er insbesondere in Küstennähe eine Brise erschnuppern, um sein Segel wieder in den Wind zu bringen. Im Großen und Ganzen macht er das dadurch, indem er auseinandernimmt, was er riecht – Feuchtigkeit von der See her zeugt von seeseitigem Wind oder Nebel, während das Aroma von frisch gemähtem Heu, einer Muschelbank oder einem Schweinestall ihn schon vor den ersten sichtbaren Kräuselwellen davor warnt, dass der Wind von der Landseite kommt. Das Talent der Brieftaube, über Hunderte von Meilen nach Hause zu finden, scheint das Ergebnis der Überlappung verschiedener Sinneswahrnehmungsfähigkeiten zu sein – einschließlich (aber nicht allein) des Geruchssinns. Das gilt auch für Hunde. Im Ersten Weltkrieg wurden Hunde von den Briten als Boten oder Verbindung zwischen den Frontschützengräben und dem Basislager eingesetzt. Sie fanden ihren Weg anhand der Kombination verschiedener Navigationstechniken einschließlich, so ist zu vermuten, des allgemeinen Geruchs der Gegend und des Geruchs des (vorübergehenden) Zuhauses.

Ich biege beim Curryduft links ab, hüpfe die Treppenstufen hinauf und bin zuhause. Das war nur meine erste Exkursion zu den Schützengräben und zurück.

Kapitel 5

Bekannte unbekannte Nase

Das Gebäude des Monell Chemical Senses Center in West Philadelphia ist unmöglich zu übersehen: Eine riesige goldene Nase ragt neben der Eingangstür aus seiner Fassade hervor. Ein gewagter Schritt selbst für ein Zentrum der Geruchs- und Geschmacksforschung, denn das vorn auf unserem Gesicht sitzende Dreieck aus Haut und Knorpel genießt nicht gerade breite Bewunderung. Ich bin hier zu Monell gekommen, um mit einem Geruchswissenschaftler zu sprechen, aber ich halte eine Weile an der Nase inne und schaue sie einfach nur an. Wie seltsam die Nase doch ist. Ohne sie sieht das menschliche Gesicht unvollständig aus, aber *mit* ihr wirkt es eigentlich auch reichlich albern. Da unsere Spezies so besessen davon ist, sich gegenseitig in die Augen zu sehen und sich so sehr darauf konzentriert, zu küssen oder Essen in den Mund zu stopfen, übersehen wir beinahe das Organ dazwischen. Na ja, nicht ganz. Wir brechen uns die Nasen, wir lassen sie operieren, wir bohren darin, wir pudern sie oder reiben sie mit Sonnencreme ein. Die Nase geht beim Laufen unserem Gesicht voran und erfüllt unser Schlafzimmer mit Schnarchlauten.

Aber sie ist oft nicht so schön und sehr oft ungeliebt. Eine zeichnende Kinderhand reduziert sie auf eine auf den Kopf gestellte 7 und entwickelt sich möglicherweise nie über diese Wiedergabe hinaus. Sie ist das Stiefkind des Gesichts – der übersehene Zwischenraum zwischen den höher geschätzten Körperteilen.

Für ein Gesichtsteil, das so auffällig, so augenscheinlich ist, dass es eigene Redensarten hervorbringt, ist uns die Nase überraschend wenig vertraut. Wir starren vielleicht eine süße Stupsnase oder einen ominösen Zinken an. Wir leiden vielleicht an einer Nasennebenhöhlenentzündung, die mit dem ersten Pollenflug im Frühjahr auftritt. Und sicher bemerken wir genüsslich die Düfte des Abendessens, wenn wir nach Hause kommen, ebenso wie wir die Nase gegenüber dem Abwasser in der Kanalisation oder den Gerüchen aus den so genannten sanitären Anlagen rümpfen.

Wir haben viele fantasievolle, wenn auch zum Teil recht obskure Bezeichnungen für die Nase: Zinken, Riechkolben, Rüssel, Riechorgan, Gesichtserker, Knolle, Gewürzprüfer, Brillenhalter. Was wir jedoch nicht haben, ist tiefergehendes Wissen darüber, was eigentlich genau passiert, nachdem wir mit diesem Geruchsbehälter gerochen haben. Die meisten von uns wissen nur wenig über die Gerüche dieser Welt, wenig darüber, wie die Nase Gerüche aufnimmt und noch weniger über das geruchsverarbeitende System des menschlichen Gehirns. Überraschenderweise geht es Wissenschaftlern genauso. George Preti, der Forscher im Monell Center, dessen Team vor allem „menschliche Gerüche" untersucht, fand dieses Gebiet relativ unbeackert vor: „Aus irgendeinem Grund waren sie vermutlich das letzte, was die Chemiker sich vorgenommen haben." Das akademische Wissen misst nur eine Nasenlänge, sagte mir eine andere Geruchsforscherin, Dr. Leslie Vosshall: „Die Grundlagen sind simpel", sagte sie, „aber vom Eingemachten, davon, wie Geruch wirklich funktioniert, haben wir *keine Ahnung*."

„Niemand weiß etwas über Olfaktion", tröstet mich Stuart Firestein, als ich zugebe, mir in meinen ganzen vierzig und ein paar zerquetschten Jahren noch nie viele Gedanken über das Riechen gemacht zu haben. Sein Statement bezieht sich dabei nicht nur auf Laien, sondern auch auf Biologen und sogar auf Neurowissenschaftler wie ihn selbst. Der menschliche Geruchssinn war eines der letzten Sinnessysteme, dem die Aufmerksamkeit der Wissenschaft zuteilwurde – in die hintere Reihe gedrängt vom Sehen (wie wir unsere Augen lieben und bewundern!) und sogar vom Ersatzbankteam Hören und Schmecken. Aber sie ist es wert, dass wir einmal genauer hinschauen. Es ist keine zufällige Übereinstimmung, dass sowohl wir als auch Hunde, Haie und Wühlmäuse Nasen haben. Nasen beherbergen spezielle Zellen, die uns das Riechen ermöglichen – und Riechen ist eine Fähigkeit, die sich entwickelt hat, damit wir mehr über die Welt herausfinden können.

Das Riechen datiert zurück bis zu den frühen einzelligen Prokaryoten, die damit in der Lage waren, giftige Dinge zu meiden und sich nutzbringenden Dingen zuzuwenden. Heute können fast alle lebenden Wesen in der Luft, zu Wasser oder an Land in irgendeiner Form riechen.*

Riechen ist *chemisches Empfinden,* die Entschlüsselung von Chemikalien, und wir leben in einer Welt aus Chemikalien. **

* *Hier ist anzumerken, dass insbesondere walartige Tiere eine Ausnahme sind: Delfine zum Beispiel besitzen keinen Riechkolben, obwohl sie eine „Nase" besitzen.*

** *In der heutigen Welt, in der man so stark zwischen natürlichen und künstlichen, menschengemachten Produkten unterscheidet, umfasst der Begriff Chemikalien alles: Jedes Produkt der Natur ist aus Chemie gemacht.*

Die Nase ist dazu da, sie zu sehen und herauszufinden, welchen davon man sich nähern und welche man vermeiden sollte. „Die biologische Nase," schrieb Firestein, „ist der beste chemische Detektor auf dem Antlitz des Planeten." Gleichzeitig gibt er zu, dass das olfaktorische System „vermutlich, wie auch alles andere in der Evolution, ein bisschen eine improvisierte Lösung ist" – in oder um die Nase gibt es mehrere Systeme, die alle mehr oder weniger das Gleiche tun, wenn auch auf leicht unterschiedliche Art und Weise.

Menschen haben ein Riechproblem. Dazu gehört unser Riechempfinden (schwach entwickelt im Vergleich zu vielen anderen Lebewesen). Primaten, der menschliche Primat eingeschlossen, werden als mikrosmatisch bezeichnet – das, was man (vielleicht zu Unrecht) als „schwach geruchsempfindlich" nennt, im Gegensatz zu den makrosmatischen Hunden. *

Dazu gehört unsere kulturelle Empfindlichkeit gegenüber Geruch (wenn man bedenkt, dass künstlich duftende „Lufterfrischer" nicht als widersinnig oder abwegig betrachtet werden). Der Geruchssinn ist in Befragungen zuverlässig derjenige, auf den die meisten Menschen am ehesten verzichten würden. Aber fundamental wichtig ist auch, dass unsere Abneigungen aus einem tiefen Missverständnis von Geruch erwachsen. Wir misstrauen Gerüchen. Ein unsichtbares Irgendwas findet seinen Weg in unsere Nase: schlimmstenfalls kann sich das furchterregend, bestenfalls merkwürdig anfühlen. Während wir mit Begeisterung alle möglichen dampfenden, tropfenden und seltsam gefärbten Lebensmittel in unsere Münder stopfen, können wir Alarmbereitschaft, Abneigung oder Ekel verspüren, wenn bestimmte Gerüche in unserer Nase auftauchen.

Die Unsichtbarkeit von Gerüchen ist einer der Gründe für diese Reaktion. Wir suchen selten nach ihnen, sondern erleben öfter, dass sie unerwartet einfach zustoßen. Und es besteht Unsicherheit darüber, was Gerüche eigentlich sind. Hier die Erklärung: Sie sind in der Luft

** Und doch können manche nichtmenschliche Primaten kleinere Mengen bestimmter Fruchtgerüche (aliphatische Säureester) wahrnehmen als Hunde. Das ist für fruchtverzehrende oder zumindest fruchtliebende Primaten auch sinnvoll – im Gegensatz zu den traditionell fleischfressenden Vorfahren des Hundes. (Bevor irgendwelche Primaten sich zu viel darauf einbilden: Auch indische Elefanten sind sehr gut in ihren aliphatischen Gerüchen.*

schwebende Moleküle. Da die ganze Welt molekular ist, können sie so gut wie überall her stammen – aus Gasen, Flüssigkeiten oder festen Stoffen (die ständig einen Molekülnebel in die Luft entlassen).*

Besonders Biologen spezifizieren, dass Gerüche „kleine, organische Moleküle von geringem Molekülgewicht" sind. Diese Moleküle müssen auch zu einem gewissen Maß *volatil* sein, sprich fähig, in die Luft hinein zu verdunsten und von einer Nase aufgefangen zu werden, um dann die Sinneszellen zum Summen und Schnurren zu bringen. Wenn wir etwas riechen, dann *verschlingen* wir etwas im wahrsten Sinne des Wortes: Das Molekül wird von der Schleimschicht der Nase absorbiert. In dieser Hinsicht unterscheidet sich der Geruchssinn von unseren anderen, weniger alarmierenden Sinnen: Was wir (durch Lichtreflektion in unseren Augen) sehen, bleibt *da draußen*; was wir (durch Vibrationen in unserem Gehörgang) hören, endet im Ohr; was wir fühlen, bohrt sich nicht in unsere Haut, sondern prallt davon ab. Aber beim Geruch gelangt ein bisschen etwas von der Quelle selbst in unsere Körper hinein.

Die meisten Erwachsenen betrachten Gerüche als zufällig, beiläufig – und als entweder sehr gut oder sehr schlecht. „Die Hauptachse der menschlichen Geruchswahrnehmung", schreiben Neurobiologen, die mit unserer Distanziertheit kämpfen, „bleibt die Annehmlichkeit von Gerüchen" – ob wir einen Geruch mögen oder nicht. Nicht nur die ungewaschenen Massen, sondern auch „die größten Dichter der Welt", schrieb Virginia Woolf, „haben nichts außer Rosen einerseits und Mist andererseits gerochen. Die unendlichen vielen Abstufungen, die dazwischen liegen, bleiben unbeschrieben." Sigmund Freud zog es in der Regel eher zur „sehr schlechten" Seite und er setzte die Schwächung unserer Geruchsleistung mit dem Aufstreben des rationalen Verstands gleich. „Die organische Verdrängung des Geruchssinns," so behauptete er, „ist ein Bestandteil der Kultur." Anblicke sind Information; Gerüche werden bewertet. *Riechend* bedeutet nie etwas anderes

** Mit Ausnahmen: Metall zum Beispiel hat keinen Geruch. Genau wie der „Geruch der Sonne" der Geruch von Dingen ist, die in der Sonne erwärmt wurden und nicht der Geruch der Sonne selbst, ist auch der „Geruch von Metall" – ein eisernes Geländer nach dem Anfassen, eine Handvoll Geldmünzen – eigentlich der Geruch der chemischen Reaktion zwischen Metall und unserem eigenen Schweiß, nicht der Geruch des Metalls per se. Tatsächlich beschreiben die Wissenschaftler, die diese Tatsache entdeckt haben, den Metallgeruch als „eine Art menschlichen Körpergeruch."*

als „stinkend“. Wir mögen Menschen, die nach unserer eigenen sozialen Gruppe riechen und misstrauen all denen, die „riechen“. „Zu riechen ist gleichbedeutend mit abstoßend sein,“ schreibt Jim Drobnick in *The Smell Culture Reader.*

Keiner von uns hat seinen Geruchssinn zu Beginn seines Lebens derart einseitig genutzt. Wir sind vielmehr geborene Riechnasen. In der kindlichen Frühentwicklung entstehen die nasalen Chemosensoren vor jedem anderen Sinnessystem. Und wir waren von allem Anfang mit Gerüchen in Kontakt: Als Föten schwimmen wir in Flüssigkeit, die Gerüche von dem in sich trägt, wovon sich die Mutter ernährt. Bei der Geburt ist der Riechnerv intakt: Such nach dem Geruch der Mutterbrust und der Milch, sagt er. Winzige Drüsen rund um die mütterliche Brustwarze senden Signale an die Säuglingsnase.

In unseren ersten Stunden und Tagen sind wir sehr kleine, aber *makrosmatische* Lebewesen und entdecken mit unserer Nase mehr als mit unseren Augen. Ein Neugeborenes erkennt seine Eltern an der Duftwolke, die von ihnen ausgeht – sein Blick ist noch zu verschwommen, als dass es sie klar sehen könnte. Die Schmusedecke oder der abgegriffene, einäugige Teddybär werden wegen ihres Geruchs von Kindern so geliebt. Wäscht man sie, ändert sich das – und manchmal werden die Kuschelobjekte dann sogar abgelehnt. Kinder sind ambivalent dem gegenüber, was Erwachsene ganz klar als abstoßende Gerüche betrachten: Sie müssen erst *lernen*, den Geruch von verdorbener Milch oder von Blähungen zu hassen. Sie wissen nicht, dass Stinktiere stinken und Blumen duften.

Und jetzt, lieber Leser, denken Sie einmal einen Moment nach: Was haben Sie heute gerochen? Wahrscheinlich gar nichts. Und falls doch etwas, dann war es unwillentlich – das frisch gebackene Brot, als Sie ins Haus kamen oder der durchdringende Geruch nach nassem Hund, den Sie nach dem gestrigen Ausflug zum See im Auto konserviert haben. Wenn ich Leute frage, was sie heute gerochen haben, ernte ich oft verständnislose Blicke. Bis wir erwachsen sind, haben wir größtenteils vergessen, dass der Geruchssinn sich als ein Mittel zum *Entdecken* entwickelt hat. Die meisten Lebewesen, darunter auch unsere Vorfahren, setzen den Geruchssinn absichtsvoll ein: Um potenzielle Paarungspartner zu erschnuppern, um leckeres und nahrhaftes Essen zu finden oder um Raubtiere zu bemerken, bevor sie uns bemerken. Wir haben diese wichtigen Entdeckungen nicht nur vernachlässigt, sondern riechen heute anstelle einer Person deren Shampoo. Wir finden unsere Nahrung nicht mehr in der Natur, sondern lassen uns von der Nase zu Zimtteilchen oder Pizza führen. Und wir mögen zwar nicht mehr wissen, wie Gefahr riecht, aber wir kennen den beißenden Geruch von Rauch und den von Erdgas (die faule-Eier-Komponente Mercaptan).

Um dem Geruchssinn wieder seinen ihm zustehenden Platz zurückzugeben, müssen wir einen einfachen dreistufigen Prozess durchlaufen: Als erstes müssen wir den Geruch überhaupt erst einmal wahrnehmen. Wir müssen ihn inhalieren, ihn sich auf die warme Auskleidung des Naseninneren niederlassen und dann an eine Rezeptorzelle andocken lassen. Zweitens müssen wir in der Lage sein, den Geruch von anderen Gerüchen zu unterscheiden – ihn zu erkennen und uns an die Unterschiede zu erinnern. Und schließlich müssen wir ihn benennen oder seine Quelle finden.

Aber für den Anfang sollten wir uns erst einmal über die Nase selbst im Klaren sein.

Zeigt her Eure Nasen

Es gibt eine unendliche Vielfalt von benasten Tieren: Weichtiere riechen mit ihren Tentakeln, männliche Seidenfalter mit ihren fedrigen Fühlern und der simple Nematodenwurm dechiffriert Chemikalien via eine Öffnung in der Nähe seines vorderen Endes. Das Riechperiskop des Elefanten wird erst durch den Rüssel möglich, der auch dazu benutzt wird, um Gegenstände zu untersuchen oder Artgenossen zu liebkosen. Die Nase des Hausschweins hat sich zu einem wunderbaren Instrument fürs Herumwühlen entwickelt. Sternnasenmaulwürfe besitzen eine spektakuläre, fleischige Nase mit zweiundzwanzig sternförmig angebrachten Hautanhängen, die als taktile Sinnesorgane dienen und gar nicht am Riechen beteiligt sind. Semiaquatische Säugetiere wie die Wasserspitzmaus fabrizieren Wasserbläschen, um damit Geruch zu fangen und atmen diese dann zum Riechen wieder ein. Leslie Vosshall und ihre Kollegen von der Rockefeller University entdeckten, dass das Stechmücken-Repellent DEET auf die „Nase" der Insekten wirkt – auf Rezeptoren an ihren Fühlern. Das Repellent ist ein „molekularer Störer", schreiben sie, der die Information über ein warmblütiges Ziel in der Nähe für die Insekten verschlüsselt.

Die Welt der Nasentiere kann in solche mit versteckter und solche mit schamlos offenliegender Nase unterteilt werden. Wir befinden uns natürlich in letzterer Gruppe. Auch unter den Primaten gibt es zwei Nasentypen: Die Feucht- und die Trockennasenprimaten (Strepsirrhini und Haplorhini). Zur ersten Kategorie gehört zum Beispiel der niedlich aussehende Lemur mit seinem ständig überraschten Blick und den puscheligen Ohren, zur zweiten die meisten Primaten einschließlich des Menschen. Die Feuchtnasenprimaten haben, wie der Name schon sagt, die gleichen feuchten und nackten Nasenspiegel (Rhinarien) wie Hunde und Katzen. Unter den Trockennasenprimaten kann man weiter unterteilen in die mit abwärts gerichteten Nasenöffnungen (Menschen- und Altweltaffen) und die mit flach nach vorn gerichteten Nasenöffnungen (Neuweltaffen). Wir sind also eine schamlose Trocken-Abwärtsnasenkreatur.

Die menschliche Nase ist anatomisch gesehen ein aus Schichten von Haut und Muskeln bestehendes *Weichteilorgan,* das nur von Knorpel und Fett im Inneren zusammengehalten wird. Ihre Außenseite ist reich an Talgdrüsen, die Innenseite mit Schleimhaut ausgekleidet. Ein schwammiges, unhandliches, feuchtes und fettiges Behältnis.

Und es *ist* nur ein Behältnis, jedenfalls größtenteils. „Beim Menschen", schrieb Isaac Asimov, ist die Nase „in erster Linie eine Lüftung und hat keine exotischen Nutzungsarten." (Was davon abhängen könnte, was genau man sich zu riechen entscheidet.) Insbesondere der exponierte „Vorsprung in der Gesichtsmitte", wie oft romantisch auf die Nase Bezug genommen wird, ist gar nicht die *riechende* Nase. Genau wie bei Hunden werden auch hier die Gerüche eilig in dunkle Tiefen gelenkt und der größte Teil der sichtbaren Nase ist nur ein Hohl- und Befeuchtungsraum auf dem Weg zum wertvollen olfaktorischen Gewebe tief hinten.

Der riechende Teil der Nase – die Riechschleimhaut oder das Epithelium olfactorium, wo die Gerüche in Empfang genommen und in Nervensignale übersetzt werden, die dann das Gehirn *Kuchen!* oder *Sauerkraut!* ausrufen lassen – liegt ganz am Ende der Höhlung. In den Tiefen der menschlichen Nase, ungefähr da, wo die äußerlich sichtbare Nase zwischen den Augen in der Stirn verschwindet, befindet sich ein briefmarkengroßes Feld von Epithelgewebe. „Sie kommen mit dem Finger nicht dran," warnt Stuart Firestein vor für den Fall, dass Sie es versuchen könnten. Er sitzt mir gegenüber und wirkt gleichzeitig ständig amüsiert und skeptisch. Sein weißliches Haar tendiert zum Ungehorsam, macht seine Drohung aber niemals wahr. Ich behalte meine Finger in meinem Schoß, krümme sie aber reflexhaft. Ich beschließe, diesen Teil der Geschichte meiner sechsjährigen Tochter besser nicht zu erzählen.

Lassen Sie uns aber auch die Wichtigkeit dieser pyramidenförmig hervorstehenden Lüftung nicht ganz vergessen. Wenn sie verstopft ist und die Nebenhöhlen geschwollen sind, ist die Riechfähigkeit vorübergehend behindert: Oft verlieren wir unseren Geruchs- und damit auch unseren Geschmackssinn, wenn wir erkältet sind und eine Kopfgrippe haben. Das für Astronauten hergestellte Essen muss extrem gewürzt und geschmacksstark sein, weil diese permanent „die Nase zu" haben: Die Flüssigkeit in ihren Köpfen tröpfelt aufgrund der fehlenden Schwerkraft nicht brav in Richtung Zehen ab, wie sie es sollte. Stattdessen sorgt sie für Verstopfungen und bringt sie um das Vergnügen des Genusses geliebter Speisen, wie sie ihn von der festen Erde kennen.

Das äußere Aussehen der Nase spiegelt nicht ihre innere Architektur wider. Diejenigen unter uns mit großen Nasen haben im Verhältnis gesehen nicht mehr Riechschleimhaut als die mit sehr kleinen Nasen. Bei beiden macht unsere olfaktorische Briefmarke nur einen sehr kleinen Teil der ganzen Nase aus. Dies ist auch der Grund, warum Menschen im Allgemeinen als „können schlecht riechen“ beschrieben werden: Wir haben weniger Platz für die Riechzellen und damit weniger Empfindlichkeit gegenüber Gerüchen als makrosmatische Tiere wie zum Beispiel Hunde. „Es ist dieses klitzekleine Näschen,“ sagt Firestein. „Und es ist da drinnen wirklich sehr, sehr eng.“

In der Mitte wird die Nase von einer Scheidewand geteilt, die zwei Vorräume oder Vestibüle schafft: die routinemäßigen Warteräume auf dem Weg nach hinten. Jedes Vestibül ist mit speziellen Drüsen ausgekleidet, die jeden Tag bis zu zwei Litern Schleim produzieren. Diese Mineralwasserflasche voll Schleim hilft, die Luft zu befeuchten (was sowohl für das Atmen als auch für das Riechen gut ist) und hilft beim Schutz vor größeren oder reizenden Molekülen, die in Richtung Nasengewebe steuern. Denn wenn sie kräftig riechen, fließt die Luft mit siebenundzwanzig Litern pro Minute durch Ihre Nase – mit Sturmgeschwindigkeit!

Wie ein Hund oder wie ein Mensch?

Das olfaktorische System des Menschen ist besser entwickelt, als wir gemeinhin zugeben. Aber kommt es an das Niveau von Hunden heran? Anatomisch betrachtet hinkt der Vergleich: Unsere Nase ist kleiner und unser Schnuppervorgang weniger komplex. Das menschliche Schnuppern ist dem der frühen Caniden nicht unähnlich: Ein grobes, unpräzises und blasebalgartiges Einziehen und Ausstoßen von Luft. Im Gegensatz zum heutigen Hund ist unser Schnuppern lang und langsam: Wir brauchen anderthalb Sekunden, um nur ein einziges Mal zu schnuppern und ziehen dabei ungefähr so viel Luft ein, wie in einen durchschnittlichen Tennisball passt. Wir haben nur halb so viele Gene, die für Geruchszellen kodiert sind, und von diesen sind viele nicht funktional. Wir haben viel weniger Platz zum Riechen – nur ein bis zwei Quadratzentimeter Epithelgewebe. Unsere Nasen beheimaten Hunderte von Millionen weniger Geruchsrezeptoren und nur halb so viele *Arten* von Rezeptoren. Wenn weniger Fläche vorhanden ist, die einen Geruchsstoff auslesen kann, dann kann es sein, dass wir selbst dann nichts von ihm wahrnehmen, wenn er es bis in unsere Nase schafft. Oder wir nehmen vielleicht wahr, dass es nach etwas riecht, können aber nicht identifizieren, wonach, woher es kommt und woraus es besteht und erst recht können wir nicht darauf reagieren, bevor es sich auflöst und wir uns weiterbewegt haben.

Architektonisch betrachtet sind unsere Nasen Kinderbauklötzchentürme im Vergleich zur modernen Architektur bei den Hunden: Sie bestehen zwar aus ähnlichem Baumaterial, aber in viel simplerer, brutalistischer geprägten Ausführung. Die menschliche Nase hat zwar auch Nasenmuschelknochen wie die des Hundes, aber es sind nur drei kleine und sie beinhalten nicht annähernd so viel Geruchsgewebe. Die Nasenmuscheln in unseren Nasen sind wie minimalistische moderne Kunst: Sie kommen im Vergleich zur kunstvoll verästelten Hundenase wie einfache Miró-Figuren daher. Und ja, mein Freund, Ihnen fehlt leider auch der Recessus olfactorius, der am tiefsten gelegene und zum Teil vom Rest der Nase getrennte Teil der Hundenase. Das macht einen Unterschied: In der Menschennase hat die Luft keinen Platz, um sich einen Stuhl heranzuziehen, bequem zu sitzen und wiederholt gerochen zu werden. Einige Wissenschaftler haben die Theorie geäußert, dass wir in unseren Gesichtern im Lauf der Evolution Platz für die Nase verloren haben, weil unsere Augen immer weiter nach vorn gewandert sind. Das Ergebnis ist jedenfalls, dass wir jeden eingeatmeten Geruch sofort wieder ausatmen und ihn der sanften Umarmung der Rezeptoren entreißen. Daher auch manchmal der Erfolg, wenn wir wiederholt hektisch durch die Nase schnauben, um einen schlechten Geruch loszuwerden.

Und uns fehlt zur Gänze das vomeronasale Organ (VNO), das beim Hund den zweiten Riechweg bildet: Beim Menschen ist es verkümmert und verschwindet, bevor wir geboren werden. All unsere VNO-Gene sind Pseudogene, die keine Funktion mehr haben, weshalb wir keine Zellen und keine Rezeptoren produzieren und keine Verbindung zum

Gehirn schaffen. Pheromone zum Beispiel nehmen wir anscheinend überhaupt nicht wahr. „Leider," schreibt Tristam Wyatt, ein Experte für alles, was mit Pheromonen zu tun hat, „gibt es keinen haltbaren Hinweis auf ein menschliches Pheromon, das seinen Träger für potenzielle Partner unwiderstehlich machen würde."*

Auch psychologisch unterscheiden wir uns von Hunden. Wir werden unseren Augen immer eher trauen als unserer Nase. Falls es zu Nichtübereinstimmungen zwischen den Sinnen gibt, siegt immer das Sehen. Grün gefärbter Kirschsaft schmeckt für uns nach Limette; oder färben Sie einen Weißwein rot und selbst Önologen werden ihn als einen Roten verkosten. Nicht nur, dass wir den Input unserer Nasen größtenteils ignorieren, wir schnuppern auch noch so selten, dass nur außergewöhnlich starke Gerüche unser Bewusstsein erreichen. All die Aufmerksamkeit, die wir als Kinder Gerüchen entgegenbringen, wird schnell abgelernt: „Das Baby nimmt einen Geruch wahr, aber die Mutter sagt nichts dazu," zitiert Mary Roach einen Forscher vom Monell Center. Also ignoriert das Baby den Geruch, wenn es ihm beim nächsten Mal begegnet. Unsere Gehirne entwickeln sich um Dinge herum, die nichts mit Geruch zu tun haben, beim Hund ist es umgekehrt. Er ignoriert sogar im Gegensatz zu uns nicht etwa den Geruch; er ignoriert alles andere *außer* dem Geruch, den er gerade in der Nase hat. Jeder, der schon einmal versucht hat, seinen Hund von einer Stelle wegzuziehen, an der er ausgiebig schnuppert, weiß das: Der Hund praktiziert hier eine beeindruckende Aufmerksamkeit. Die lateinische Wurzel des englischen oder französischen Worts für Aufmerksamkeit, *attention*, bedeutet so viel wie „strecken", seine Fähigkeiten auf etwas richten. Die Hundenase streckt sich in alle Richtungen aus.

Auch mögen wir Menschen, was Gerüche angeht, nicht zu viel Intimität: Wenn jemand uns so nahe kommt, dass wir ihn riechen können, finden wir das *zu* nah. „In der westlichen Kultur riechen die meisten Menschen nicht innerhalb der Individualdistanz," erklärt mir George Preti und spricht dabei sowohl von den Körpern der Menschen als

* *Was aber nicht heißt, dass wir die Biologie des jeweils anderen nicht auch auf anderem Wege entschlüsseln könnten: Forscher suchen zum Beispiel nach Spurenamin-Rezeptoren, da diese vermutlich an der Erkennung von Bakterien beteiligt sein könnten. Falls dem so ist, dann, so sagt Firestein, „könnten die Dinge, die sonst von Pheromonen erledigt werden, wie zum Beispiel den Gesundheitszustand eines potenziellen Geschlechtspartners oder Rivalen zu beurteilen", von diesen Bakterienrezeptoren erledigt werden.*

auch von ihren Riechgewohnheiten. Wir scheinen uns diesbezüglich in Abständen zu bewegen, die unserer eigenen Individualdistanz entsprechen. In den USA ist das ein Puffer, der im Radius von etwa 45 cm um uns herum abstrahlt. Sehen und Hören ermöglichen es uns außerdem, bequem mit jemand zu kommunizieren, der sich in unserer Nähe befindet, ohne unseren persönlichen Raum zu verletzen, sprich die Individualdistanz zu unterschreiten. Aber an jemand zu riechen, das wäre bestenfalls als übergriffig zu bezeichnen. Als ich Preti einmal fragte, ob er öfter an Leuten riecht, antwortete er lachend: „Ich will doch keine Ohrfeige kassieren!"

Im Grunde genommen funktionieren unsere Nasen aber *auf die gleiche Art und Weise* wie Hundenasen. Genau wie bei den Rezeptoren in der Hundenase gibt es auch bei uns kein Eins-zu-Eins-Verhältnis von Geruchsmolekül und Rezeptor. Es gibt keinen „Vanillerezeptor" oder „Zigarrenrauchrezeptor", obwohl uns beide Gerüche unmittelbar vertraut sind. Aber wir sind hinsichtlich unserer Geruchsempfindlichkeit spezialisiert: Manche Gerüche nehmen wir auch noch in beeindruckend geringer Konzentration wahr, wie zum Beispiel den bananenartigen Geruch von Amylacetat in einer Verdünnung von einem Teilchen auf eine Million, während andere tausendfach stärker konzentriert sein müssen, damit wir sie wahrnehmen. Wir sind sehr gut darin, Kaffeegeruch wahrzunehmen und zu erkennen, der wie die meisten Lebensmitteln aus Hunderten von Geruchsbestandteilen zusammengesetzt ist, während wir vielen anderen Molekülen gegenüber erstaunlich „geruchsblind" sind. Manche Säugetiere können Kohlendioxid riechen, wir nicht. Ein besonders verblüffendes Beispiel ist der chemische Stoff Carvon, das zu der Klasse der natürlich vorkommenden Terpene gehört. Es gibt zwei Varianten des Moleküls, von denen das eine genau das Spiegelbild des anderen ist. Die eine Variante riecht nach Kümmel und dem Roggenbrot aus einer jüdischen Spezialitätenbäckerei, die andere wie Pfefferminzkaugummi. Unser Gehirn liest das gleiche Molekül wie zwei vollkommen unterschiedliche Gerüche. Jedes Modell von den Verarbeitungsvorgängen in den Rezeptoren versucht sich einen Reim darauf zu machen, warum ein Molekül für uns so riecht, wie es riecht.

Unsere Geruchsneuronen funktionieren genauso wie die des Hundes: Sie dienen zur Übermittlung der Nachricht an das Gehirn, dass ein Geruch eingetroffen ist, woraufhin dieses sich dann abrackert, um herauszufinden, welcher Geruch um alles in der Welt genau das ist. Das ist der Punkt, an dem Sie etwas „riechen“: Wenn das Gehirn wahrnimmt, dass da etwas ist. In gewissem Sinne „wissen“ die Rezeptorzellen, um welchen Geruch es sich handelt – insofern, als dass jede von ihnen nur bestimmten Molekülformen zulässt, sich an sie zu binden – aber genau können sie ihn nicht bestimmen. Es ist erst das Gehirn, dass den Geruch erkennt (oder nicht erkennt) und angesichts der Erinnerung an heißen Kakao nach einem langen Winterspaziergang ins Schwärmen gerät oder vor dem Uringeruch unbekannter Herkunft in der U-Bahn zurückscheut.

Geruchsneuronen an sich sind ziemlich speziell: Sie regenerieren sich bei allen Tieren etwa alle dreißig Tage. Sie tauschen also ihre alten Sommerneuronen, die Ihrem Gehirn vielleicht den Duft von Lavendel oder warmem Mist aus dem Garten vermittelt haben, gegen neue Herbstneuronen ein, die für gärende Äpfel oder aus dem Kleiderschrank geholte und entmottete Wintermäntel bereit sind. Diese Tatsache ist wirklich außerordentlich, denn normalweise bedeutet Alter Verschlechterung: All unsere Sinne werden durch Schäden und Zellverlust schwächer. Unser Gehör wird mit der Zeit schwächer, weil wir unsere Hörzellen allein durch die Tatsache schädigen, dass wir leben (und laute Musik über Kopfhörer hören, auf die U-Bahn warten oder zu nahe am Feuerwerk stehen). Im Verlauf eines ganz normalen Lebens tragen wir irgendwann eine Lesebrille, dann eine ständige Brille, dann eine Gleitsichtbrille. Aber es gibt beim Geruchssinn keine Entsprechung dafür, direkt in die Sonne zu schauen, den Lautstärkeregler auf 11 zu drehen oder eine glühend heiße Pfanne anzufassen. Im Gegensatz zu den Neuronen, die Ihnen das Sehen, Hören oder Fühlen ermöglichen, deren Beschädigung dauernden Verlust des jeweiligen Sinnes nach sich ziehen können, produziert die Nase laufend brandneue Zellen.

Jeder nach seiner Nase

Trotz der qualitativen und quantitativen Unterschiede zwischen Hunde- und Menschennasen hörte ich während meiner Recherchen zu unseren Riecherlein den ein oder anderen recht überraschenden Kommentar von verschiedenen Psychologen und Neurowissenschaftlern. Die menschliche „Schnozzola", wie Stuart Firestein sie manchmal jiddisch-englisch liebevoll nennt, „ist ziemlich gut." Dr. Noam Sobel, Neurobiologe am Weizmann-Institut in Israel, steht dem in nichts nach: In seinen Artikeln schreibt er wiederholt, dass Menschen einen „hervorragenden" oder sogar „erstaunlich guten" Geruchssinn hätten. Auf den ersten Blick klingen diese Behauptungen verwirrend. Jeder einzelne Spaziergang mit meinen Hunden scheint Beweis für das Gegenteil zu sein. Zu sehen, wie sie plötzlich stoppen, auf der Stelle kehrtmachen und fünf Schritte zurücklaufen, um irgendetwas Unsichtbares auf dem Gehsteig zu beriechen, heißt zu erkennen, dass meine eigene Nase ein eindeutig unterlegenes Modell ist (in Anbetracht der Tatsache, was da gerade vom Gehsteig verdunstet, vielleicht in diesem Fall mein Glück). Wäre meine Nase „erstaunlich gut", müsste ich theoretisch in der Lage sein, auch etwas von diesem Hundsein zu erleben, indem ich einfach nur daran denken würde, das Ding auch anzuknipsen.

Nicht ganz.

Die neurowissenschaftliche Forschung liefert tatsächlich Hinweise darauf, dass unsere olfaktorische Ausstattung ganz gut ist. Was sie aber übersieht, ist, was Sie und ich intuitiv wissen: wie wir unsere Nasen benutzen. Mir war in dem Fall bewusst, dass ich nicht so roch, wie mein Hund es tat – er liebt es, unsichtbaren Gerüchen auf jeder nur möglichen Oberfläche und in jedem nur möglichen Windhauch nachzugehen, während ich mir kaum die Mühe mache, auch nur zu schnuppern.

Andererseits gibt es auch eine überzeugende Demonstration der Leistungsfähigkeit unserer Nase: Das Frühstück. Wie war Ihr Frühstück? Haben Sie es geschmeckt? Wenn ja, haben Sie damit gerade die Subtilität Ihres Geruchssinns bestätigt, den Schmecken bedeutet zu achtzig Prozent Riechen. Wenn wir Essen kauen, tun wir im Grunde nichts anderes, als Geruchsmoleküle aus ihrer Verankerung zu lösen, sie anzuwärmen und dann die geruchsschwangere Luft nach hinten in den Rachenraum zu senden, von wo aus sie wie durch einen Kamin einen raschen Aufstieg durch den Rachen in die Nase nimmt. Wenn Sie in Ihrer Kindheit je den Klassiker erlebt haben, dass Ihnen im Eiscafé oder auf Tantes Geburtstag die Milch zur Nase herauslief, weil Sie kichern mussten und sich nicht zurückhalten konnten, dann haben Sie diese Abkürzung zwischen Mund und Nase bereits kennengelernt. Berochenes Essen muss allerdings zum Glück nicht den ganzen Weg nehmen wie die Milch, sondern nur bis zum Riechepithel kommen. Wenn wir während des Essens ausatmen, strömt Luft aus den Lungen am Rachen vorbei nach draußen, nimmt dabei ein paar angewärmte Essensgerüche mit und sendet sie hinauf zur Hintertür unserer Nase. Zumindest solange, wie Sie höflich sind und mit geschlossenem Mund essen.

Diesen Geheimweg nennt man retronasales Riechen. Menschen sind *überragend* darin, mit ihrem Rachenbereich zu riechen. Der retronasale Weg ist auch größtenteils verantwortlich für die Tatsache, dass wir überhaupt Geschmack am Essen wahrnehmen. Während die Geschmacksknospen zwar Empfindungen weitergeben – süß, sauer, bitter, salzig oder umami –, so können diese Empfindungen doch auch in Summe niemals das sein, was wir meinen, wenn wir an Frühstück denken. „Das produzierte Geschmacksempfinden ist ein Wunder", schrieb Gordon Shepherd, ein weiterer Neurowissenschaftler. „Es scheint direkt aus dem Mund zu kommen." Das Köstliche am Frühstück kommt also größtenteils von dem Erleben seines Geruchs, was Sie schnell einmal überprüfen können, indem Sie sich die Nase zuhalten, wenn Sie einen Bissen nehmen. Das Gefühl des Essens – das knusprige Toastbrot, das im Mund weich zerfällt – ist immer noch da. Wie sich das anfühlt, kann aber in diesem Fall schnell stärker in den Vordergrund treten, als Ihnen liebt ist: wenn Sie noch ein paar Mal öfter kauen, fühlt sich der Toast plötzlich gummiartig auf der Zunge an – nicht unbedingt das, was wir uns von unserem Frühstückstoast wünschen.

Sobald Sie die Finger wieder von Ihrer Nase loslassen, kommt der Geschmack in Wellen zurück: Ein bisschen nach Backhefe, nach Kümmel, der satten Fülle von Butter. Es ist Ihre Nase, die das vollbracht hat!

Sie können auch einmal einen Versuch mit einer Orange durchführen. Wählen Sie ein festes, schön gefärbtes Exemplar aus. Wenn Sie mit Ihrem Daumennagel die Schale ritzen, wird ein köstlicher, frischer Geruch Sie begrüßen: Nach Schale, Mark und dem überschäumenden Aroma der Orange. Schälen Sie ein Stück Frucht frei, schneiden Sie es entzwei und stecken eine Hälfte davon in den Mund. Lassen Sie es auf Ihrer Zunge liegen, aber beißen Sie nicht hinein. Sie fühlen vermutlich, wie saftig es ist und spüren, dass es süß sein könnte, aber – achten Sie darauf! – Sie können es nicht schmecken. Und jetzt kauen Sie! Und schon ist die Orange wieder zu Ihren Sinnen zurückgekehrt. Sobald Sie sich die Nase zuhalten, verschwindet sie wieder. Öffnen Sie sie, und die Zitruszentrale ist wieder in Funktion.

Das, was Ihren Geschmack so angenehm macht, könnte das sein, was Neurowissenschaftler meinen, wenn sie sagen, dass wir tolle Nasen haben.

So kommt es, dass unser orthonasales Riechen (durch die Nasenlöcher beim Einatmen) bei weitem durch unser retronasales Riechen (durch den Rachenraum beim Ausatmen) übertroffen wird. Wenn Sie schon einmal einem Hund beim Fressen zugesehen haben, ist Ihnen vielleicht aufgefallen, dass für Hunde genau das Umgekehrte gilt: Ihr Hund rollt sich mit Vergnügen in Eichhörnchenaas oder leckt mit Begeisterung am Hinterteil eines anderen Hundes, aber wenn Sie etwas Unappetitliches in seinen Futternapf legen, schnüffelt er daran und rümpft die Nase. Hunde nutzen das orthonasale Riechen zum Untersuchen. Falls das Futter durch diese Musterung durchkommt, wird es dann aber meist ohne weiteres Zögern heruntergeschluckt. Die Wahrscheinlichkeit ist hoch, dass der Hund wenig oder tatsächlich gar kein retronasales Riecherlebnis hat: Der Weg, den die Luft in seiner Nase nimmt, hindert Gerüche daran, die sehr lange Route durch das Maul und dann den Rachen nach oben zu nehmen. Außerdem bleibt das Futter auch nicht lange genug im Maul, um gerochen, geschweige denn genüsslich geschmeckt zu werden.

Da die Geruchsneuronen mit einem Ende in die Nase und mit dem anderen ins Gehirn reichen, trennt nur eine einzige Synapse – die Verbindung zwischen zwei Neuronen – die Welt der U-Bahngerüche und der überparfümierten Teenager von unserer fragilen zentralen Verarbeitungseinheit. Über nur zwei Synapsen ist der Geruch den ganzen Weg bis zum Kortex gereist. „Einer der Gründe dafür, warum ich mich mit dem Geruchssinn befasse, ist der sehr kurze Verbindungskreis", sagt Firestein. „Man kommt mit nur zwei Synapsen – *zwei Synapsen!* – von der Außenwelt zum Gehirngewebe. Da wären Sie beim Sehen immer noch in der äußeren Netzhaut." Das Nase dagegen erreicht den Kortex blitzeschnell.

Ist die Geruchsinformation einmal drinnen, rauscht sie durchs Gehirn und beschert uns Empfindungen und Erinnerungen. Dieser Prozess – die Entstehung einer Geruchserfahrung – ist bisher noch nicht tiefgehend erforscht, noch nicht einmal beim Menschen. Jeder Geruchswissenschaftler, mit dem ich gesprochen habe, äußerte aber die Hoffnung, dass man die Erklärung dafür, wie die eigentliche Geruchserfahrung entsteht, bald finden würde. Firestein, der wie viele andere Wissenschaftler, mit denen ich gesprochen habe, eher zufällig auf sein Forschungsgebiet kam, sagte mir: „Beim Geruchssinn ist das Schöne, dass es eins der Gehirnsysteme ist, bei denen wir wirklich von einer anfänglichen Reizinteraktion" – dem Geruch – „zu einer Art von Wahrnehmung gelangen können." In der Forschung zum Sehsinn ist eine solche Sache bereits in Reichweite. Wenn wir in einer Menschenmenge das Gesicht eines Elternteils erblicken, so wissen wir jetzt, identifizieren spezielle Zellen in der Sehrinde des Gehirns die waagerechten und senkrechten Gesichtslinien sowie die Tatsache, dass es sich um ein echtes menschliches Gesicht und nicht um ein auf einen Luftballon aufgemaltes handelt, noch bevor unser Gedächtnis einspringt und wir lächelnd „Papa!" sagen können. Das Wissen darüber, was jenseits des Riechkolbens geschieht, ist dagegen etwas dürftiger.

Was passiert also dort flussaufwärts? In wissenschaftlichen Artikeln zu einem bestimmten Aspekt des Geruchssinns ist es nicht unüblich, dass ein interessant aussehender Bestandteil des Systems als „unbekannt" bezeichnet wird. Wie das Gehirn ein Muster aus Nervensignalen in die Erkennung eines Geruchs übersetzt, ist immer noch ein Geheimnis. Selbst der Mechanismus des allerersten Schritts, der Rezeptoren, bleibt immer noch teilweise unbestätigt. „Wir haben an all diesen verschiedenen Fronten keine Ahnung", sagt Vosshall. „Wir wissen nicht, was der Wahrnehmungsraum des Geruchs ist, wir wissen nicht, wie die Rezeptoren diesen Wahrnehmungsraum einfangen und wir haben keine Ahnung, wie das Gehirn aus all diesen Informationen einen Bild zusammensetzt." Avery Gilbert sagt es noch direkter: Sobald wir am Riechkolben vorbei sind, „ist alles denkbar. Niemand hat auch nur die leiseste Ahnung."

Was wir wissen, ist: Sobald wir zwei Synapsen weit vorgedrungen sind, erfahren viele Gehirnregionen von dem Geruch, darunter verschiedene Teile des Kortex, die Amygdala, der Hippocampus und das Kleinhirn (Cerebellum). Diese Wegmarken liefern uns Hinweise dafür, wenigstens einige unserer Geruchserfahrungen auseinanderzupacken. Zuerst einmal können die Wahrnehmung eines Geruchs und die Reaktion darauf sich automatisch anfühlen, unbeeinflusst von gedanklicher Reflektion. Dafür gibt es einen Grund: Die Geruchsinformation geht direkt zum Vorderhirn und lässt den Zwischenstopp am Thalamus aus, wo all die anderen Sinnessysteme anlanden, wenn sie im Gehirn ankommen. Der Geruch saust also unter der Radarkontrolle durch ungesehen an der Verkehrskontrolle vorbei. Unsere Reaktion auf den Geruch ist oft genauso schnell wie unsere Wahrnehmung davon. Zweitens ist das Riechen der schnellste Weg in die Amygdala, die als Gefühlszentrum des Gehirns gilt. „Die Erinnerungen, die man durch Geruch erlebt, sind immer emotionaler Art", bestätigt Firestein. „Sie erinnern sich nicht etwa an eine Gleichung oder an eine Textstelle, wenn Sie etwas Bestimmtes riechen. Es ist immer das Haus von Großmutter, irgendjemandes Wäscheschrank, der erste Schultag oder ein Ex-Liebhaber."

Drittens ist der Hippocampus involviert: Der seepferdchenförmige Teil des Gehirns, der mit der Entstehung von Erinnerungen zu tun hat. In einem viel zu großen und viel zu üppig gepolsterten Sessel in Omas Wohnzimmer zu sitzen; im Wald über einen verwesenden Tierkadaver zu stolpern; ein neuer Junge in der Klasse, der sich im Bus nach der

Schule neben Sie gesetzt hat. Wenn wir diese Erinnerungen zu verarbeiten beginnen, schleicht sich auch ein ganzes Bukett von Gerüchen in die Mantelfalten des Gedächtnisses. Und irgendwann später beleuchtet der Geruch selbst die ganze Szene.

Wenn ein Geruch bei uns einen guten Ruf genießt, dann liegt das daran, dass er auch lange Zeit verschüttete Erinnerungen in uns wieder wachrufen kann. Gerüche bewirken, dass plötzlich vor unserem inneren Auge eine Szene aufscheint – wie eine Sonne, die hinter Wolken hervorschaut und alles in farbiges Licht taucht. Oft ist die Erinnerung sogar *nur* über einen geruchlichen Auslöser zugänglich: Ein Molekül weht in Ihre Nase, und transportiert Sie weit zurück in Ihre Kindheit und mitten hinein in den Kopf des Kindes, das damals diesen Raum und diese Zeit bewohnte. Die Grenzen der Gehirnforschung in Sachen Geruch scheinen aber irgendwie auch passend zu sein, wenn man bedenkt, wie begrenzt der Zugang ist, den der bewusste Verstand zu den von unbekannten Gerüchen konservierten Erinnerungen hat. Diese Erinnerungen sind nicht proustianisch, wie man den Begriff in letzter Zeit öfter verwendet: Sie werden nicht etwa in einem reinen Kristallgefäß aufbewahrt, wo sie von Folgeerfahrungen und von Lernen unbeeinflusst bleiben, sondern sie beschwören am Ende eine Summe von Erfahrungen herauf.

Fragen Sie eine beliebige Person nach ihren frühesten Geruchserinnerungen und Sie bekommen solche typischen, gefühlsgeprägten Antworten:

Mein Vater:
Gene, der in Vaters Tischlerei gearbeitet hat. Er war derjenige, der das Holz bearbeitet und lackiert hat, und er hat immer danach gerochen. Das war der Geruch von Papa, einem Bär von Mann. Und Mamas Dachboden roch wie – waren es Mottenkugeln? Jedenfalls war es ein scharfer Geruch...sie war immer so streng mit Papa.

Meine Mutter:
Meine Großmutter ließ mich immer in ihrem Schlafzimmer übernachten, wenn wir zu Besuch kamen. Wir schlafen dann zusammen im großen Doppelbett. Jeden Morgen puderte sie sich mit diesem Talkumpuder

ein – puff puff – und das verteilte sich überall hin. Ich mochte das nicht.

Die Innenseite von Papas Hut. Wenn ich ihn in der Hand hielt, um ihn ihm anzureichen oder ihn aufzuhängen...

Vom Sommer erwärmte Dachpappe, der Geruch von Großmutters Dachboden, die Brauerei oder der Fluss oder das Wäldchen auf einem vertrauten Kinderfußweg, Schulkreide und Gummikitt, eine gedrehte Zigarette, Knetgummi und Sonnenmilch, nasse Wolle. Ein zufällig eingeatmeter Geruch kann das Streichholz sein, das die schlafende Erinnerung erhellt. Vom flaumigen Kopf einer Pusteblume losgerissene Erinnerungen sind ein kurzer, warmer Moment mit Tausenden von Fäden, die sich weiterspinnen. Interessanterweise werden diese Erinnerungen nur selten von den schlechten und abstoßenden Gerüchen geweckt, die uns in unserem Alltag belästigen, sondern es sind eher die nostalgischen Schattierungen unserer Kindheit. Ich brauche nur kurz den scharfen, deutlichen Geruch alter Tonbänder wahrzunehmen und bin sofort zurückversetzt in das Arbeitszimmer meines Vaters, in dem sein Schreibtisch seinen runden, holzigen Tabakgeruch verströmte. Die großen Schubladen enthüllen Zigarettenpackungen, diverse Schreibartikel und große Papierstöße, die mit seiner kritzligen Handschrift verziert sind. Und da ist er – groß und lächelnd sitzt er vor mir und ist bereit, seine Arbeit kurz zu unterbrechen und die Tochter zu begrüßen, die ihren Kopf zur Tür hereinsteckt. Es ist nicht ein einzelner Moment, sondern es sind all diese Momente, die ich sehe: Eine aus Gerüchen zusammengesteckte Kindheit.

Wer riecht was?

Riechen wir alle das Gleiche? Die Antwortet lautet, wie Sie sicher wissen, wenn Sie eine funktionierende Nase haben und bisher nicht in einer Höhle gelebt haben, ganz klar nein. Und das trifft für beide Bedeutungen der Frage zu: Wie riechen wir für andere – immer gleich? Und: Was riechen (oder schmecken) wir von der Welt – ist es immer das Gleiche? Für ersteres ist eine Fahrt mit der U-Bahn um 08:30 Uhr an einem Wochentag aufschlussreich und wird uns schnell von der Annahme abbringen, dass es aufgetragene Düfte wie Parfüms, Duftwässer oder Shampoos sind, die uns geruchlich von den anderen absetzen. Wenn überhaupt irgendetwas, dann sind es künstliche Düfte, die uns geruchlich uniformieren, während unser individueller Körpergeruch einzigartig ist.

Und so wie ein Philosoph darüber nachsinnen mag, ob wir alle die gleiche Farbe sehen, wenn wir "rot" sagen, bleibt es auch eine offene Frage, ob wir alle das Gleiche riechen, wenn wir einen Geruch beim Namen nennen – wie etwa passend zur Farbe Rot „Erdbeere" oder „Schärfe". Wir alle riechen unterschiedliche Geruchsszenarien: Was genau Sie von der Welt riechen, ist anders als das, was die neben Ihnen stehende Person riecht. Was zum Teil an der Biologie und zum Teil an Ihrer Autobiographie liegt. Einerseits gibt es Beweise dafür, dass jede Person ein leicht unterschiedliches olfaktorisches Genom besitzt, was zu den individuellen Variationen darin führt, welche Gerüche wir wahrnehmen können. Die sogenannte selektive Anosmie oder „Geruchsblindheit" gegenüber bestimmten Gerüchen kann erblich sein. Manche Menschen mit einer besonderen genetischen Konstruktion können zum Beispiel gar keine Isovaleriansäure riechen, die ein Bestandteil von Körpergeruch ist. Und die Schwelle, ab der verschiedene Menschen verschiedene Gerüche wahrnehmen können, variiert ebenfalls.

Andererseits lernen wir alle Geruchsvorlieben und Geruchsabneigungen und kultivieren sogar das Maß an Aufmerksamkeit oder Missachtung, das wir ihnen entgegenbringen. So könnten wir zum Beispiel beide sagen, dass wir „rot" sehen und „Erdbeere" riechen, aber mein Rot könnte heller sein als Ihres oder meine Erdbeere süßer riechen – und in mir die Erinnerung an die miteinander verwobenen Düfte von Rispentomatenpflanzen und warmen Erdbeeren am Rankgitter im Garten unseres Hauses am Sonntagnachmittag wachrufen. (Oh Mann, waren das köstliche Kleinode von Beeren!)

Natürlich gibt es bessere und schlechtere Riecher. „Viele Menschen behaupten, keinen guten Geruchssinn zu haben", beginnt Firestein und bezieht sich selbst mit ein: „So wie ich. Ich habe keinen besonders guten Geruchssinn. Was ziemlich sicher kein neurologisches Problem ist, sondern eher eins von Sinusitis, Entzündungen oder Allergien..."

Der Weg zur Riechschleimhaut muss frei sein. „Diese Menschen kann man dann fragen ,Und wie ist das Essen für Sie? Mögen Sie Essen?' Das können sie gut schmecken." Und wenn der Geschmack intakt ist, ist auch das retronasale Riechen intakt. Sie haben einen Geruchssinn und wissen es nicht.

Aber der Großteil der erlebten Unterschiede zwischen der Geruchswahrnehmung einzelner Personen unterliegt deren eigener Kontrolle. Ein Parfümeur wird gemacht und nicht geboren. Ein Spürhund wird jahrelang ausgebildet, bevor man ihn losschickt, um Bettwanzen, Baummarder oder illegal eingeführte Guavenfrüchte zu finden.

Wie bereit sind Sie dazu, Ihre Nase auszustrecken und die Welt zu erschnuppern?

Kapitel 6

Mein Hund ist schuld

Es macht bescheiden, die Worte von Helen Keller zum Thema Geruch zu lesen. Da ihr zwei Sinneswahrnehmungen fehlten, ist es vielleicht nicht sonderlich überraschend, dass ihre übrigen Sinne schon im Kindesalter extrem empfindsam wurden, besonders das Riechen und das Fühlen. Ihre Beschreibung davon, was sie „flüchtigen Personengeruch" nennt, klingt so, als könne sie es jederzeit mit einem Hund aufnehmen. Aus den einfachen Ausdünstungen einer Person konnte sie „die Art der Arbeit riechen, die sie verrichten, da die Gerüche nach Holz, Eisen, Farben oder Medikamenten an der Kleidung haften bleiben. So kann ich den Schreiner vom Metallbauer und den Künstler vom Maurer oder Apotheker unterscheiden. Wenn jemand schnell von einem Ort zum anderen wechselt, bekomme ich über den Geruch einen Eindruck, wo er war – in der Küche, im Garten oder im Krankenzimmer."

Ob wohl *irgendjemand* in der Lage ist, die für Keller so offensichtlichen Geruchseindrücke wahrzunehmen – und sei es ein aufmerksamer Hund?

Es mag Menschen geben, die geborene Meisterriecher sind. Aber die meisten von uns kommen nur mit einfachen Nasen zur Welt. Wenn auch ziemlich guten, wie wir gesehen haben. Neben dem retronasalen Riechen ist der andere Hinweis auf die bemerkenswerte Leistungsfähigkeit der menschlichen Nase etwas abstrakter: Die erst vor kurzem erfolgte Entschlüsselung des menschlichen Genoms machte uns auf die erstaunliche Tatsache aufmerksam, dass rund ein Prozent unseres gesamten Genoms für die Kodierung der Geruchsrezeptoren in der Nase zuständig ist.

Ein Prozent! Das mag auf den ersten Blick nicht sehr viel erscheinen, aber die Zeit, die wir mit Riechen verbringen, beträgt viel weniger als ein Prozent unseres Lebens neben all dem, was wir erinnern, planen, sehen, uns fragen, tagträumen, fühlen, schlucken, äußern, verdauen, atmen, vorschlagen, uns bewegen oder von Moment zu Moment denken. Und dennoch hat Ihr genetischer Entwurf für Sie ein Ein-Prozent-Stück nur für das Riechen reserviert – fix und fertig zum Gebrauch.

Die psychologische Forschung liefert uns zahlreiche Beispiele für die angeborenen Fähigkeiten der menschlichen Nase. Diese sind etwas absolut Normales und dennoch beeindruckend. So können zum Beispiel Mütter zwei Tage nach der Geburt das Hemdchen ihres Kindes unter den Hemdchen anderer Neugeborener herausriechen und Neugeborene können ihrerseits ihre Mutter am Geruch von anderen Müttern unterscheiden und außerdem das Fruchtwasser wiedererkennen, in dem sie neun Monate lang geschwommen sind. Diese Fähigkeiten sind natürlich angeboren und wir verlieren sie auch nicht nach unserer Kindheit. Kinder können den Geruch ihrer Geschwister unter anderen Gleichaltrigen herauserkennen – und das sogar dann noch, wenn sie sich zwei Jahre lang nicht gesehen haben. Doch damit nicht genug: Es gibt sogar Hinweise darauf, dass sie auch ihre Freunde am Geruch erkennen können. Wir erkennen unsere eigenen Gerüche – unseren eigenen Körpergeruch, der in unserer Kleidung hängt oder unser Lieblingsparfüm zwischen Strähnen in unserem Haar. Für ein Experiment bat man Studenten, sich vierundzwanzig Stunden lang nicht zu duschen oder zu baden und keine Seife und kein Parfüm zu benutzen. Gleichzeitig sollten sie ein einfaches T-Shirt tragen und es anschließend nur anhand des Geruchs unter neun anderen ebenfalls ungewaschenen Shirts herausfinden. Genauso leicht fällt es uns, das getragene T-Shirt unseres Partners zu erkennen. Auf Nachfrage finden wir es kinderleicht, das Geschlecht eines Menschen allein am Geruch zu erkennen.

Das eigene Kind oder den Partner zu erkennen, ist sicherlich biologisch sinnvoll, selbst wenn Sie noch nie den Duft eines getragenen T-Shirts aus dem Wäschekorb inhaliert und dabei gedacht haben: „Aha, toll, das ist also mein Bruder!“ Angesichts der Tatsache, wie weit verbreitet es im Tierreich ist, Familienmitglieder am Geruch zu erkennen – alle von der Wespe über das Belding-Ziesel bis hin zur Tüpfelhyäne tun das, um Rudelmitglieder und Verwandte zu identifizieren – wäre es sogar überraschend, wenn wir das nicht auch könnten.

Zum Glück haben Wissenschaftler aber auch reichlich Beweise dafür erbracht, dass unser Riech-Heldentum sich über etwas mehr erstreckt als nur Freunde und Familie allein. In einer Studie hatte man Hundebesitzer gebeten, an zwei Decken zu riechen, auf denen zwei Hunde gelegen, geschlafen und gesabbert hatten (einer davon war ihr eigener Hund). Fast 90 Prozent konnten sagen, welche Decke nach ihrem eigenen Hund roch. (Anzumerken ist übrigens, dass die Besitzer die Decke ihres Hundes nicht unbedingt als angenehmer riechend empfanden.) Genau wie ein Hund seinen Menschen am Geruch erkennt, so können wir auch unseren Hund erkennen.

In einem anderen Fall waren Versuchspersonen mit verbundenen Augen zuverlässig in der Lage, eng miteinander verwandte Linien von Labormäusen voneinander zu unterscheiden. Sie konnten sie allein anhand des Geruchs ihrer Körper, ihrer Köttel und ihres Urins bestimmen. Als ich den Versuchsleiter Avery Gilbert, der damals in Monell tätig war, nach seiner Motivation für diesen Versuchsaufbau fragte, lachte er. Viele Jahre lang hatten Wissenschaftler versucht, Mäuseurin zu fraktionieren, berichtete er mir, „um das aktive Molekül zu finden, welches das Unterscheidungsmerkmal zwischen den beiden Linien darstellte. Das ist chemisch betrachtet ein großes Projekt und man braucht dazu Labortechniker, die Mäuseblasen in Reagenzgläser entleeren...Ich hatte mich einfach gefragt – *Können wir es riechen?*“

Sie konnten.

Der Arzt Dr. Richard Feynman beschreibt, wie er sich selbst angespornt gefühlt hatte, seine eigenen latenten Riechfähigkeiten zu entdecken, als er von den Fähigkeiten der Bluthunde las. Da Hunde Gegenstände identifizieren können, die nur kurz von einer Person berührt worden sind, versuchte Feynman genau das: Er bat seine Frau, ein beliebiges Buch aus dem Regal zu nehmen, während er sich in einem anderen Raum aufhielt und es dann zurückzustellen. Feynman fand das richtige heraus. Später wurde das bei ihm zu einem beliebten Partytrick – er ordnete drei Bücher drei Personen zu, die sie angefasst hatten. „Gar nichts dabei!“ schrieb er. „Es war leicht. Man riecht einfach an den Büchern.“

Man riecht einfach an den Büchern. „Die Hände der Menschen riechen sehr unterschiedlich,“ meinte er. „Alle Hände haben eine Art feuchten Geruch“ – und natürlich tragen der Raucher, der gut Parfümierte und die Person, die immer mit den Münzen in der Hosentasche spielt, all ihre Gewohnheiten auf den Händen.

Man riecht einfach an den Büchern. Noch am gleichen Abend machte ich mich daran, einige dieser Fähigkeiten mit meiner ungeübten Nase auszuprobieren. Da ich keine Labormäuse zur Hand hatte, aber mich einer guten Verfügbarkeit von sowohl Hunden als auch Büchern erfreute, schusterte ich ein paar Heimversuche zusammen. Meine Hunde ruhen tagsüber beide auf einem kleinen blauen Sofa. Sie liegen dabei Schwanz an Schwanz und teilen das Sofa in zwei Teile, scheinen dabei aber die Seiten immer zufällig auszuwählen. Also bat ich meinen Mann, auf die Position der ruhenden Hunde zu achten und mir Bescheid zu sagen, wenn sie wach werden, sich strecken und auf der Suche nach anderen Zerstreuungen aus dem Raum wandern würden. Wenn dann nur noch ihr Geruch von der Anwesenheit der Hunde zeugen würde, würde ich hineingehen und an meinem Sofa schnuppern.

Nachträglich Entschuldigung an alle, die vielleicht einmal auf diesem Sofa gesessen haben – es riecht sehr deutlich nach Hundehaaren, was nicht gerade als beliebte Duftnote unter den Parfüms bekannt ist. Ich steckte meine Nase direkt in die Polster und quetschte dabei beides, Nase und Polster. Das Sofa steht nach Norden. Sein Westende roch ganz klar nach Finnegan, modrig, dumpf und würzig. Die Ostseite trug Uptons Geruch – ein seltsamer, irgendwie unrunder Duft, der auch daran erkennbar war, dass er nicht-Finnegan war. Mein Mann bestätigte meine Wahl. Inzwischen waren die Hunde ins Zimmer zurückgekommen und schauten mich klagend an. Upton ergriff die Gelegenheit, die sich durch meine kniende Position bot und rammelte mein Bein.

Natürlich hatte ich eine gute Fifty-fifty-Chance gehabt, gleich beim ersten Mal richtig zu liegen. Also wiederholte ich das Experiment wieder und wieder. Inzwischen bin ich richtig gut: je mehr ich rieche, desto besser werde ich und desto zuverlässiger liege ich richtig.

Mit dem Hintergedanken, dass mein Sohn die feuchtesten Hände im Haus hat, zog ich dann eine Handvoll mehrfach gelesener Bücher von ähnlicher Größe und mit ähnlichem Einband aus dem Regal und reihte sie auf dem Sofa auf. „Nimm eins davon, fasse es so viel an, wie Du möchtest und leg es dann dahin zurück, wo Du es hergenommen hast. Und sag mir vor allen Dingen mit keinem Wort, welches Du angefasst hast", instruierte ich meinen damals sechsjährigen Sohn. Das ist übrigens das perfekte Spiel für einen Sechsjährigen, falls Sie zufällig einen in der Nähe haben sollten. Erfreut kam er meiner Bitte nach, ein erwachsener Zeuge schob die Bücher mit dem Ellbogen zurück in eine Reihe und ich kam wieder rein, um die Feynman-Szene nachzustellen. Ich befolgte seine sehr detaillierten Anweisungen – „Sie führen jedes Buch an Ihre Nase und schnuppern ein paar Mal" – und war erst einmal aufgeschmissen. Mehr oder weniger neue Bucheinbände geben ihre Identität viel weniger bereitwillig preis als die Seiten, die sie beherbergen.

Aber halt, ein Buch roch etwas ... *warmblütiger* vielleicht als die anderen. Riet ich.

Volltreffer.

Die Sache ist also ganz klar nicht, dass wir nicht riechen *könnten,* wir *tun* es nur einfach die meiste Zeit über nicht. Und das liegt nicht nur daran, dass wir uns bewusst dagegen entscheiden würden, es lockt uns nur einfach nichts dazu. Eine Theorie zur Herabstufung des Geruchssinns in unseren Sinneswahrnehmungen besagt, dass unser mangelndes Riechbedürfnis mit der Entwicklung des aufrechten Gangs zu tun hat. Als unsere fernen Vorfahren im Lauf der Evolutionsgeschehnisse irgendwann in der Lage waren, aufrecht zu stehen, begannen wir nicht nur, uns gegenseitig unsere Genitalien deutlich sichtbar zu präsentieren, wie Freud meinte, sondern wir hoben auch unsere Nasen vom Boden ab. Der Boden ist eine immens reiche Quelle für Gerüche – nicht nur haben die aus dem Boden kommenden Dinge einen Geruch, sondern die meisten Gerüche lassen sich nach ihrer Reise auf einem Luftstrom auch dort nieder. Eine weitere, nicht damit inkompatible Theorie besagt, dass unser Geruchssinn in dem Maß an Bedeutung verlor, wie unser Sehsinn daran gewann, woraufhin sowohl in unseren Gesichtern als auch in unseren Gehirnen die langsame Umwandlung zur Dominanz des Visuellen begann. Als in der Geschichte der Primaten das Dreifarbensehen auftrat, kam es zu einer Abnahme in der Anzahl der funktionalen olfaktorischen Gene. Damit einhergehend ermöglichte eine kürzere Nase im Gesicht es unseren Augen, näher beisammen zu stehen, woraufhin deren Sichtfelder stärker überlappen und das bessere binokulare, sprich dreidimensionale Sehen ermöglichen konnten, an dem wir uns erfreuen.

Wenn ich so in den Spiegel schaue, muss ich zugeben, dass meine Nase nicht so gut geeignet für die Aufgabe aussieht wie die meines Hundes. Anstatt wie eine Hundenase stolz hervorzustehen, die Nasenöffnungen für alle riechenden Ankömmlinge weit geöffnet, haben wir unsere Nasenlöcher auf der Unterseite des Dreiecks, das über unseren Mündern schwebt. Natürlich ist die Nase trotzdem der prominenteste Teil unseres Gesichts – unsere Schädelknochen sind sogar in der Mitte gespalten, um Platz für sie zu schaffen. Aber sie reicht nicht mit kühner und neugieriger Geste in unsere Umgebung hinein. Stattdessen neigen wir eher dazu, unsere Gesichter – mitsamt Nasen – von jeder sich uns nähernden Oberfläche *wegzudrehen*, die einen starken Geruch haben könnte. Eins der seltsamsten Dinge, die Sie mit Ihrem Gesicht tun könnten, wäre, es direkt an irgendetwas heranzuhalten: Eine Person (die wir oft noch finster anschauen), den Boden (nur wenn wir angegriffen wurden), unser Essen (wir führen das Essen vorsichtig an den Mund, nicht etwa andersherum, und das auch noch mit langen Silberinstrumenten, um selbst Berührungen mit der Hand zu vermeiden).

Wenn man allein von den biologischen Fakten ausgeht, dann ist der größte bestimmende Faktor dafür, ob ich einen Geruch rieche oder nicht, vermutlich ganz einfach der, ob ich mir etwas daraus mache, ihn zu riechen.

Wenn ich normal, sprich zwischen zwölf und sechzehn Mal pro Minute, atme, verschafft mir das jeden Tag plusminus zwanzigtausend Gelegenheiten, um etwas zu riechen. Wir sind, zumindest die meisten von uns, perfekt dafür ausgerüstet. Natürlich gibt es ab dem Ausgangspunkt gewisse Variationen je nach Genom des Betreffenden. Aber der hauptsächliche Unterschied zwischen mir und einem Sommelier oder Parfümeur ist vor allem eins: Die mit Riechen verbrachte Zeit. Mit konzentriertem Riechen. Übung. Die Zeit, die wir damit verbringen, unsere Nase an etwas heranzuhalten: An den Rand eines weiten Weinglases oder an die Öffnung einer kleinen braunen Flasche, die eine chemische Flüssigkeit enthält. Haben Sie jetzt gerade etwas in der Hand? Wenn ja, halten Sie es an Ihre Nase und riechen daran. Höchstwahrscheinlich gibt es daran einen Geruch, aber diesen Weg mit der Hand zur Nase zu machen oder sich gar – Gott behüte – zum Riechen der Rosen hinunter zu bücken, ist etwas aus der Mode geraten.

Übungsstunden investiert man üblicherweise in Dinge wie Klavierspielen, Schießen oder Seiltanzen, aber das Ergebnis ist für das Riechen das gleiche. All diese Fähigkeiten hängen am Ende von *sensorischem* Üben ab: Seine Finger damit zu koordinieren, was man hört; den Druck auf den Abzug mit dem Anblick des Ziels in Übereinstimmung zu bringen oder Sehen und Propriozeption – das Gefühl für die Position des eigenen Körpers im Raum zusammenzubringen, während man über das Seil balanciert. Wenn Sie Bäcker sind, wissen Sie, wann der Apfelstrudel fertig gebacken ist. Diese Fähigkeit kommt daher, dass Sie schon sehr viele Apfelstrudel gebacken haben, aber auch daher, dass Sie den Geruch eines fertig gebackenen Apfelstrudels erkennen. William James berichtet von einer Frau, die die gewaschenen Bettlaken der Bewohner des Taubstummenwohnheims in Hartford am Geruch unterscheiden konnte, was sie einfach durch tägliche Wiederholung der Aufgabe gelernt hatte. Oder von einem Mann, der es schaffte, die obere und untere Hälfte des Inhalts einer Madeiraflasche am Geschmack zu erkennen. Der Mann muss viel Madeira getrunken haben.

Helen Keller dagegen war nichts anderes übrig geblieben, als zu üben. Da sie weder hören noch sehen konnte, war sie gezwungen, die Welt mit ihren übrigen Sinnen zu erfahren, und so trat das Riechen in den Vordergrund. Aber könnten auch wir es mit etwas Übung lernen, den Metallbauer vom Apotheker zu unterscheiden? Oder zu riechen, wann unsere Kinder zuhause sind, wenn ein Freund krank ist, wenn jemand anderes unseren Ehepartner geküsst hat oder wie lange es her ist, dass sich zuletzt ein Hund in einem jetzt leeren Haus aufgehalten hat?

Man hat in Versuchen ausprobiert, was es bringt, wenn man Zeit mit Riechübungen verbringt. Eine Studie fand heraus, dass Menschen in der Lage sind, den Unterschied zwischen zwei fast identischen Paaren von Molekülen zu riechen – das eine Paar roch „grünlich“, das andere „ölig und nach Wein“. Sie rochen einfach nur wiederholt an den Flaschen. Und ach ja, bei einem der Paare bekamen sie jedes Mal einen Stromstoß versetzt.

Das war vielleicht das Ausschlaggebende. Man benötigt Motivation, wenn auch nicht unbedingt aversive. Haben wir denn aus all den Jahren aversiven Hundetrainings mit miserablen Ergebnissen nichts gelernt? Strafe führt nicht zu effizientem Lernen, Belohnung schon.

Und so führte man einen weiteren Versuch durch, diesmal mit Schokolade anstelle von Stromstößen. Als erstes wurde ein zehn Meter langes Stück Bindfaden auf einer Wiese im kalifornischen Berkeley vergraben, und zwar in Form einer einfachen Fährte mit zwei geraden Schenkeln, die über einen rechten Winkel miteinander verbunden waren. Die Fährte roch nach Schokolade, weil man den Bindfaden zuvor mit verdünntem Kakao-Duftöl getränkt hatte. Die ungeübten Freiwilligen wurden nun mit einer blickdichten Brille, Ohrschützern, Arbeitshandschuhen sowie Knie- und Ellbogenschonern ausgestattet, um ihre Sinneswahrnehmungen auf das Riechen zu reduzieren. Sie wurden in drei Meter Entfernung vom Ausgangspunkt der Fährte auf Händen und Knien platziert und jeder von ihnen trug einen unter der Nase befestigten Luftstrom-Monitor, um ihre Schnupperaktivitäten aufzuzeichnen. Was wir nicht wissen, ist, ob die Versuchsleiter zum Start auch *Such!* sagten wie zu einem Diensthund. Aber einundzwanzig Versuchspersonen – zwei Drittel der Gruppe – fanden erfolgreich die Fährte und verfolgten sie innerhalb der ihnen gewährten zehn Minuten bis zum Ende.

Ein aus der Luft aufgenommenes Video von einer der Versuchspersonen, das man in vierfacher Geschwindigkeit abspielte, zeigt definitiv ein schnüffelndes, wenn nicht sogar hundeähnliches Wesen. Mit weit auseinandergestellten Händen krabbelt es, gut gepolstert und sensorisch eingeschränkt, dahin, nimmt die Fährte ohne größere Probleme auf, verfolgt sie effizient und findet, sich im Zickzack vorwärtsbewegend, den Rest in weniger als einer Minute. Es bewegt seinen Kopf zwischen seinen Händen vor und zurück, was aussieht, als ob jemand in geistiger Abwesenheit einen Dielenteppich staubsaugen würde.

Einige der Versuchspersonen erklärten sich anschließend bereit, die Aufgabe zu üben: Sie schnupperten sich drei Tage lang drei Mal täglich die Varianten ähnlicher Fährten entlang. Alle fanden und verfolgten die Fährte jedes Mal – und sie wurden mit zunehmender Übung immer schneller. Am Ende waren sie doppelt schnell, wie sie bei ihrem ersten Versuch gewesen waren und schnüffelten sich flott zum Fährtenende vor. Sie kamen unterwegs weniger rechts und links von der Fährte ab, und sie *schnüffelten* auch schneller: Von anfangs einmal Schnüffeln in drei Sekunden steigerten sie sich auf zwei Mal Schnüffeln in der gleichen Zeit. Anhand mehrerer Manipulationen, die besonders guten Humor bei den Versuchsteilnehmern erfordert haben müssen, fanden die Forscher außerdem heraus, dass das Schnüffeln mit beiden Nasenlöchern besser funktionierte als nur mit einem und dass die Tatsache entscheidend war, dass jedes Nasenloch einen leicht unterschiedlichen Quadratzentimeter Luft einzieht.

Nun handelte es sich nicht um Hunde. Alle die Menschen waren ziemlich langsam unterwegs und brauchten mehrere Minuten, um zehn Meter zu krabbeln – ungefähr so schnell wie ein Kleinkind, das noch nicht richtig Krabbeln gelernt hat. Die Geruchsquelle lag immer noch fest mit der Schnur im Gras – im Gegensatz zur Fährte eines Tieres oder einer Person, die geflohen ist. Und es handelte sich um eine sehr simple, ununterbrochene Fährte, die auch in den Übungsrunden nur wenig variierte.

Und lassen Sie uns nicht vergessen, dass man die Probanden Schokolade riechen ließ und nicht die Schuhunterseite eines Verbrechers. Kein Spürhund läuft Gefahr, seinen Job an einen dieser Menschen zu verlieren. Aber das einfache, wenn auch wichtige Ergebnis war: Sie wurden immer besser. Die Übung machte zuverlässige Schokoladen-Aufspürer aus ihnen.

„Die verlorenen Nasenmuskeln"

Also beschloss ich zu üben. Einfach zu schnüffeln – und dann noch einmal mit dem anderen Nasenloch zu riechen. Mir vorzunehmen, die Dinge, die ich berühre und die Luft, durch die ich schreite, bewusst zu riechen. Während ich so meinen Alltag lebe, mit dem gleichen Bewusstsein und der gleichen Absicht durch die Nase zu atmen, wie ich mit meinen Augen sehe.

Und außerdem auch fleißiger zu schnüffeln und zu üben wie die Schokoladensucher oder die Sommeliers und Parfümexperten – Expertise, die aus Training erwächst und nicht aus der Genetik.

Meine Kenntnisse über die Rolle des Schnüffelns für die Geruchsempfindung der Hunde erwies sich hier als praktisch: Wenn ich lernen wollte, wie man besser riechen kann, würde ich gut daran tun, meine Muskeln in Form zu bringen. Meine Nasenmuskeln.

Es sei Ihnen verziehen, wenn Sie sich bisher noch nicht um Ihre Nasenmuskeln gekümmert haben – möglicherweise haben Sie bisher noch gar nicht realisiert, dass Sie überhaupt Muskeln in der Nase *haben*. Die Herausgeber des renommierten Standardwerks *Gray's Atlas der Anatomie* schenkten der Nase offensichtlich so wenig Aufmerksamkeit, dass sieben der in der Auflage von 1901 gelisteten „intrinsischen" oder inneren Muskeln in der Ausgabe von 1989 plötzlich auf mysteriöse Art und Weise verschwunden waren.*

Dieses Verschwinden hatte nicht etwa mit einer schnellen Rückentwicklung der menschlichen Nase zu tun und auch nicht mit spannenden neuen Erkenntnissen zur Anatomie unseres Gesichts, sondern war vermutlich eher einfach einer Nachlässigkeit geschuldet. Einige Mediziner hatten sich, nachdem sie das Fehlen der Muskeln im Lehrbuch bemerkt hatten, dafür interessiert, was eigentlich mit ihnen nach einer Rhinoplastie (plastischer Chirurgie an der Nase) geschieht und bestätigten 1996, dass diese Muskeln immer noch in unseren Näschen vorhanden sind. Nicht nur das – diese kleinen, vernachlässigten Muskeln sind auch entscheidend wichtig dafür, dass die Nase ihre Nasenpflicht erfüllen kann.

* *Die verlorenen Muskeln wurden inzwischen wiedergefunden und sind in der aktuellen Ausgabe von Gray's Atlas der Anatomie wieder da.*

Ein Dutzend Muskeln sind für die Bewegung der menschlichen Nase zuständig. Jeder davon hat eine für Ausdruck oder Erweiterung wichtige Funktion. Es gibt Muskeln, die dafür verantwortlich sind, dass Sie Ihre Nase vor Ekel oder Abscheu rümpfen können. Andere sorgen für das Zusammenziehen und Erweitern, das nach den Worten der Mediziner zu einem „deutlichen Erscheinungsbild im Gesichtsausdruck" und einem Ausdruck der Verachtung führt (es handelt sich dabei um den *Levator labii superioris,* falls Sie an Ihrem verächtlichen Gesichtsausdruck arbeiten möchten.) Andere verändern beim Atmen die Größe der Nasenlöcher und müssen dabei hart gegen den Atmosphärendruck ankämpfen, wieder andere ermöglichen einen ärgerlichen Gesichtsausdruck (denken Sie nur an feuerspeiende Drachen und zu Tode erschöpfte Rennpferde in Zeichentrickfilmen), und schließlich und endlich dienen manche dieser Muskeln auch zum Einschnuppern von Gerüchen.

Ein Teil der Schnupperarbeit geschieht durch die energische Weitung der Nasenlöcher mit Hilfe der intrinsischen Muskeln. Bei manchen Menschen (manchmal denjenigen, die sich in die oben erwähnte Rhinoplastik begeben) sind die Nasenöffnungen immer erweitert, was ihnen den Ausdruck der ständigen Erregung gibt oder sie so aussehen lässt, als würden sie ewig und für immer gerade etwas riechen. In einer Studie fand man heraus, dass 40 Prozent der Probanden, darunter eine über siebzigjährige Mehrheit, die Nasenlöcher nicht weiten konnte, wenn man sie darum bat. Wenn man versucht, dies mit anderen Gesichtsmuskeln zu kompensieren, ist das Ergebnis eine Kombination aus Grimasse und Zähnefletschen. (Was temperamentsmäßig gesehen der Ausdruck von *kann die Nase nicht richtig benutzen* sein könnte.)

Wie sich herausstellte, gehörte ich zu den 60 Prozent und brauchte keinen speziellen Muskelaufbau, sondern allein das Wissen, was ich mit Schnuppern erreichen kann. Aber allein, dass ich mir der gitterförmigen Muskeln bewusst wurde, die meine Nase entlang liefen, machte es mir leichter, mich auf ihren Gebrauch zu konzentrieren. Selbst die unerfahrensten Schnüffler können willentlich steuern, wie viel Luft eingeatmet wird, wie schnell, wie lang das Schnuppern dauert und wie oft man schnuppert. Ihr Gehirn ist dabei in diesem Moment ebenfalls nicht unwichtig. Es ist das Gehirn, das bestimmt, was das für ein Geruch ist – nicht die Nase. Es berücksichtigt dabei auch die Stärke des Schnüffelns: Wenn Sie einen Nasenlochmuskel beim kräftigen Schnuppern stark anspannen, nehmen Sie den Geruch weniger intensiv wahr – Sie mussten arbeiten, um ihn die Nase hinaufzubekommen. Manchmal reicht aber auch Schnüffeln allein aus, um Ihrem Gehirn vorzugaukeln, dass Sie etwas riechen: Wenn Sie nur reine, klare, geruchsfreie Luft einschnuppern (sofern das möglich ist), wird das primäre Riechhirn sie möglicherweise als Duft registrieren. Sowohl der Luftstrom als auch die Aktivität der Muskeln tragen zu der Fehlinterpretation des Gehirns bei.

Übung

Es fing nicht gut an. Mein erstes Riechtraining bescherte mir Anfälle von Übelkeit, Abscheu und Angst.

Die Anwerbung war unverblümt gewesen: „In der Studie geht es um das Riechen und Bewerten von Gerüchen. Die erste Sitzung wird etwa zwei Stunden lang dauern." Ein Geruchslabor an der Rockefeller-Universität unter der Leitung von Leslie Vosshall suchte nach Probanden. Der Aufruf zur Teilnahme als solcher war nicht außergewöhnlich verlockend. Aber er enthielt eine unterschwellige Bewertung des Riechenden selbst, die an meinen Wettkampfgeist appellierte: „Es besteht die Möglichkeit, dass Sie in relativ kurzer Zeit bis zu zehn weitere Male eingeladen werden, um weitere Gerüche zu evaluieren." Dies schien mir die perfekte Gelegenheit zu sein, um das Riechen zu üben: Regelmäßige Einheiten verordneten Riechens, und das auch noch in akademischer Umgebung.

Ich schob den Gedanken beiseite, was zehn Besuche von je zwei Stunden bedeuten könnten.

Die Auswahlkriterien sind:
Alter: Über 18 und unter 50. Nichtraucher.
Keine Allergien auf Gerüche oder Düfte. Kein Asthma.
In der Vergangenheit keine Erkrankungen oder Operation der Nase, die den Geruchssinn beeinträchtigen könnten.
Kein akuter Heuschnupfen, keine akute Erkältung.
Sie nehmen keine Medikamente, die Ihren Geruchssinn beeinflussen könnten.

Ich kam infrage und schrieb an die Koordinatorin der Studie.
22. Januar. Es schneit am Morgen, als ich mich auf den Weg durch die Stadt zum Rockefeller-Campus mache, der am äußersten Ostende Manhattans abgeschlossen hinter einer Reihe von großen Toren liegt und in den keine Querstraßen führen, die Durchgangsverkehr zulassen würden. Der Verkehr wird langsamer und die Stadt ist zum Teil verstummt. Der sich anhäufende Schnee begräbt geschäftig alle Stadtgerüche unter sich. Mit dem Wind wird die Sinnesempfindung auf das Taktile reduziert – kalte Schneekristall-Nadelstiche, die in mein Gesicht pieksen.

An der Universität angekommen, muss ich mich anstrengen, um die besonders schweren und fast vakuumverschlossenen Türen zu öffnen. Sie haben im Inneren den Empfangsraumgeruch konserviert: Zum Teil nach Handdesinfektionsmittel, zum Teil nach nasser Zeitung und Zeitschriften. Mir wird eine Einverständniserklärung ausgehändigt, die ich unterschreiben soll und die freundlich erklärt, dass zwanzig Prozent der Probanden nach der Teilnahme unter einer vorübergehenden Verringerung ihres Geruchssinns leiden werden. Angesichts des deutlichen, scharfen Desinfektionsmittelgeruchs, den ich gerade einatme, frage ich mich, ob das wirklich so schlecht wäre.

Im Versuchsraum sitzen drei Frauen stoisch vor Computerbildschirmen. Sie haben jeweils einen großen Behälter mit kleinen Flaschen neben sich stehen und tippen gelegentlich etwas in die Tastatur. Sie scheinen mein Eintreten nicht zu bemerken. Eine Frau sortiert zwischen den Flaschen herum, schraubt den Deckel von einer ab, hält sie an ihre Nase und tippt emotionslos irgendeine Antwort ein. Man könnte sie für professionelle Geruchsbewerter halten. Aber als ich mich zu ihnen gesellte, wurde klar, dass sie mir einfach schon Hunderte von Riechvorgängen in diesem Spiel voraus waren.

Peggy Hempstead, die einen Pullover und ein warmes Lächeln trägt, begrüßt mich. Sie koordiniert die Studie und geht mit allen Teilnehmern durch, auf welche Art von Riechabenteuer sie sich da gerade einlassen. Sie trägt ein großes Tablett mit kleinen Fläschchen darauf zu mir herüber. Mir läuft ein aufgeregter Schauer über den Rücken. Einhundert braune Glasflaschen mit weißen Kappen klimpern und klingeln gegeneinander, als sie das Tablett absetzt. Meine Aufgabe wird sein, den Geruch jedes Flascheninhalts zu bewerten: Zuerst seine Stärke, wie angenehm und vertraut er mir ist, dann auch seine typischen Eigenschaften, an was er erinnert und welche Grundnoten darin versteckt sind. Riecht er nach Früchten? Ein bisschen fischig? Oder nach Gras? Nach Urin? Essbar? Es gab siebzehn Auswahlmöglichkeiten. Ich fühlte mich schlecht vorbereitet.

Hempstead setzt einen ernsten Gesichtsausdruck auf. „Einige der Gerüche sind sehr stark," warnt sie und empfiehlt, das Fläschchen nach dem Öffnen in einer langsamen Kurvenbewegung zur Nase zu führen.

Ich höre, was sie sagt, lege aber trotzdem unbekümmert los. Als ich in die erste Flasche blinzle, sehe ich nur ein paar Tropfen auf dem Grund. Nur noch die leise Andeutung einer Flüssigkeit. In manchen Flaschen ist noch genug drin, dass sich eine kleine Pfütze auf dem Boden bildet und die ich umherschwenken kann wie ein Weinsnob, der versucht, noch etwas von einer besonders schwachen Duftnote zu erhaschen. In anderen hat sich die Flüssigkeit kristallisiert und begonnen, die Flaschenwände emporzukriechen, als ob sie auf der Suche nach einem Fluchtweg wäre.

Ich öffne meine Nase weit für die erste Flasche und schnuppere, bis ich voller Luft bin. Ich habe keine Ahnung, was ich da gerade wahrnehme. Ganz klar *riecht* das nach etwas, denke ich, als ich die erste, dann die zweite und dann weitere Flaschen an meine Nase hebe. Aber nach was? Ich bewerte mit „fischig" und „säurehaltig", aber meine Einschätzungen erscheinen mir eher zufällig und geraten, ich erkenne eigentlich gar nichts.

Dann, nach einem Dutzend Flaschen, bekomme ich endlich eine Bestätigung: ein vertrauter Duft. Kokosnuss. Ihr voller, süßer und runder

Duft schlägt mir entgegen, als sich die Flasche auf dem Weg nach oben befindet. Mein Geburtstagskuchen als Kind, die Kokosmakronen, die mein Vater so mochte (und mit denen Großmutter ihn verwöhnte), das köstlich süße Nussige in einem warmen Curry. Ich bade in Erinnerungen und fühle mich sofort, als hätte ich einen kleinen Sieg errungen.

Ich bin noch etwa achtundachtzig Flaschen vom Feierabend entfernt. Bis ich zu Flasche Nummer dreißig gekommen bin, bin ich desorientiert und benommen von den Düften, die wie Stroboskoplichter auf meinen Riechkolben einhämmern. Es sind jede Menge merkwürdige Gerüche darunter, die mich in lange Korridore führen, von denen ich keine Ahnung habe, wo sie enden: Eine tief säuerliche Note, die dann scharf wird – oder eher würzig? Ist es der Geruch einer Person? – und dann hinter einer versteckten Tür verschwindet. Mein Kopf dreht sich vom Nachhall all dieser Gerüche, von denen ich fast keinen genau zuordnen kann – es fühlt sich an wie das Zungenspitzenphänomen, bei dem man beim besten Willen gerade nicht auf ein bestimmtes Wort kommt. Ein *Nasenspitzenphänomen*. In diesem verbalen Fegefeuer kann man bestenfalls bewerten, ob ein Geruch einem vertraut ist und vielleicht sogar ähnliche Gerüche benennen, kommt aber nicht auf den Namen der Geruchsquelle. Manche Gerüche lassen ein Glöckchen im Gedächtnis klingeln, aber meistens ist dieses ferne Glöckchen auch noch mit Tüchern bedeckt oder vom Verkehrslärm gedämpft.

Es gibt nur sehr wenige schwache Lichtblicke. Mitten in einer langen Reihe vollkommen unidentifizierbarer Gerüche dringt ein besonders schwacher Duft in mein Gehirn und kommt mit siegreich erhobenen Armen wieder heraus: „Hallo, ich bin Bleistiftspäne!“ Ich schnuppere unnötigerweise und aus reiner Genugtuung noch einmal daran.

Außerdem treffe und erkenne ich unterwegs Kaugummi sowie Mandelextrakt. Noch ein anderer Geruch trifft mit einem *Bäng!* des Wiedererkennens auf meine Nase: Mein Bioladen, in dem ich immer einkaufe. Fast kann ich hören, wie die Türglocke mein Eintreten ankündigt – was gleichzeitig den unverkennbaren Geruch zurückbringt. In der nächsten Woche suche ich den Ladenbesitzer auf. „Ist Ihnen eigentlich je aufgefallen, dass es da einen ganz bestimmten Geruch ...“ beginne ich zögernd. Möglicherweise hören die meisten Leute nicht so gern etwas über ihre „ganz bestimmten Gerüche".

„Weizengras!" fällt er mir ins Wort. „Das ist Weizengras. Jeder sagt, dass ich danach rieche."

Ein Duft ist unvorstellbar grauenhaft. Und schlimmer noch, als ich meinen Würgereflex unterdrücke und die Flasche wegschubse, ist mir klar, dass ich der Wissenschaft zuliebe noch einmal daran riechen muss. Nur wenig bereitet einen darauf vor, dass man seinen Mut zusammennehmen und freiwillig einen Pesthauch nach Schweiß und Erbrochenem direkt vor sein Gesicht halten soll.

Nach einigem Husten, kräftigem Schnauben durch die Nase (als ob ich damit die Geruchsmoleküle aus meinen Zellen blasen könnte) und einem Schluck dankenswerterweise geruchlosen Wassers werde ich mit dem nächsten Duft belohnt: *Smarties*. Ich verweile länger bei ihm und lasse mir von seiner süßen, kreidigen Köstlichkeit mein vor kurzem so verschrecktes Gedächtnis streicheln.

Als ich die letzte Flasche zuschraube, erfüllt plötzlich ein anderer Geruch den Raum: es riecht deutlich nach süßem Gras. Ich schaue mich um. Bestimmt hat jemand eine offene Flasche umgekippt und den Duft in den Raum freigesetzt. Aber ich sehe keine herumliegende Flasche, und auch niemand sonst schaut sich auf der Suche nach der Geruchsquelle um. Hempstead geht ruhig in Richtung eines Hinterzimmers und ist kein bisschen in Eile, wie man bei einer olfaktorischen Katastrophe erwarten könnte. Ich möchte ihr nachrufen „Hej, da ist ein Geruch!", halte mich aber gerade noch zurück. Dieser Geruch hier kommt ganz offensichtlich aus meinem eigenen Kopf. Eine olfaktorische Halluzination – oder vielleicht eine Nachwirkung. Ich warte, bis Hempstead aus dem Nachbarraum zurückkommt. „Kann es sein, dass Menschen, hm, *eingebildete* Gerüche erleben ...?" frage ich. „Oh ja!" Sie klingt erfreut. „Ständig! Sogar Geruchsechos."

Sie sagt meine Zukunft voraus. Ich brauche zweihundert Minuten, um mich durch diese einhundert Flaschen zu arbeiten – einschließlich der Gerüche, die ich auch nach wiederholtem und angestrengtem Schnuppern nicht entschlüsseln kann. Ich wanke aus dem Raum. Die gesamte Erfahrung hatte irgendwie lähmend gewirkt. Nachdem ich die letzte Flasche zurück an ihren Platz gestellt habe und nach draußen in den Schneesturm gegangen bin, suche ich nach den Gerüchen der Stadt. Die einzige Note, die durchdringt, ist die nach den Abgasen der im Schnee festsitzenden oder nur langsam dahintrödelnden Autos, LKWs und Busse. Aber ein oder zwei Stunden später, als ich wieder drinnen im Haus bin, geht es mit den Geruchsechos los: Vor allem süßliche und irgendwie chemische Gerüche kommen wie aus dem Nichts angeflogen, um meine Nase zu reizen. Essen hat immer noch einen Geruch – ich gehöre also nicht zu den zwanzig Prozent mit vorübergehender Geruchsblindheit. Aber jetzt haben sie oft noch einen *zusätzlichen* Geruch: Blaubeeren haben einen Beigeruch nach etwas Fauligem. Ungesüßte Kekse riechen plötzlich ekelhaft. Nicht genug damit, dass meine Nase sich als nur absolut mittelmäßig erwiesen hat und nicht in der Lage war, die meisten Gerüche zu identifizieren, jetzt liefert sie auch noch Gerüche, wo gar keine sind. Den ganzen Nachmittag lang erlebe ich immer wieder diese Geruchserscheinungen, bis der Schlaf sie schließlich alle löscht.

Am nächsten Tag erhalte ich gemischte Nachrichten: „Ich freue mich, Ihnen mitteilen zu können, dass Sie den Auswahltest für die Geruchsstudie bestanden haben“, verkündet die E-Mail von Peggy Hempstead. Die gute Nachricht: Ganz gegen meinen eigenen Eindruck kann ich wohl doch ganz gut riechen. Die schlechte Nachricht: Ich habe noch neunhundert Gerüche vor mir.

Im Lauf der nächsten Monate beginne ich aufzuholen. Ich entwickle eine Methode zum wirklich richtigen Schnüffeln: Ich atme ein, als würde mein Leben davon abhängen. Bei meinen eifrigsten Riech-Atemzügen kneife ich meine Nasenlöcher gegeneinander zusammen und versuche gleichzeitig, sie unten zu weiten, um so eine Art Schürze zu schaffen. Diverse Nasengymnastik-Übungen wie Anheben, Erweitern, Zusammendrücken, Wiederholen – werden mir zur zweiten Natur.

Wie sich herausstellt, gibt es viele verschiedene Arten, zu schnüffeln. Und genau wie bei Hunden auch erweist sich die Methode, wie die Geruchsmoleküle in die Nase transportiert werden, als keineswegs trivial. Ohne bewusstes Schnüffeln schaffen es nur fünf bis zehn Prozent der Luft, die wir durch unsere Nase einatmen, je bis zur Riechschleimhaut. Solange wir nicht schnuppern, riechen wir auch nichts. Riechen ist ein „aktiver Prozess“, wie ein wissenschaftlicher Artikel sagt. Ohne Luft, die durch die Nasenhöhle strömt, verschwimmt das „Geruchsbild" vor uns.

Anhand sorgfältiger Aufzeichnungen der Luftstrombewegungen um unsere Oberlippe herum fanden Forscher heraus, dass wir mit mittelstarkem Schnuppern beginnen. Dann aber passen wir innerhalb von fünfzig Millisekunden unseren sogenannten Riecheifer (ein Maß dafür, wie stark wir die Luft einziehen und wie viel davon) je nachdem, was wir entdeckt haben, an. In Anbetracht der Geschwindigkeit dieser Anpassung scheint es so zu sein, dass wir die Gerüche subkortikal verarbeiten, sprich unbewusst, und dabei die Rückmeldung an die Nasenlöcher senden, stärker zu schnuppern oder nachzulassen. Sollte der Geruch sehr schwach oder sehr angenehm sein, verändern wir die Länge unseres Schnupperns von „Schnüff" zu „Schnüüüüüüüüüüff", verstärken seine Intensität und bleiben länger dabei. Ist der Geruch sehr stark oder unangenehm, schnuppern wir weniger intensiv und kürzer.*

Normalerweise schnuppern wir mehrmals hintereinander, obwohl ein guter Schnüffler ausreichen würde, um den Geruch in die Nase zu bekommen. Ein „guter" Schnüffler dauert etwa eine Sekunde lang und schafft etwa zwei Kaffeetassen voll Luft in die Nase. Aber wenn wir versuchen, eine Mischung aus verschiedenen Gerüchen in ihre Bestandteile zu zerlegen, sind zwei Schnupperzüge besser als einer.

Ab und zu lege ich eine Pause ein und beobachte den Schnupperstil der anderen Versuchsteilnehmer. Fast jeder scheint jeweils nur mit einem Nasenloch zu riechen und hält das Fläschchen erst an die eine, dann an die andere Nasenöffnung. Wie sich herausstellt, leisten unsere Nasenöffnungen unterschiedliche Arbeit für uns: Wir sind entweder „links- oder rechtsnasenlöchrig". Eins Ihrer Nasenlöcher ist das mit niedrigerem Luftdurchfluss. Es ist nicht schlechter, es arbeitet einfach nur härter oder länger. Folglich bekommt jedes Nasenloch einen etwas anderen „Blick" auf den Geruch. Dr. Rachel Herz, eine auf Geruch spezialisierte Psychologin, hat gezeigt, dass Schnuppern mit der rechten Nasenöffnung stark mit „hedonischen" Reaktionen verknüpft zu sein scheint. Wir nehmen einen neutralen Geruch als angenehmer wahr,

* *Unser Gehirn registriert sogar im Schlaf Gerüche – und weiß, ob diese angenehm sind oder nicht (bei angenehmen schnuppern wir tiefer). Der Geruch weckt uns aber in der Regel nicht auf, es sei denn, er reizt den sogenannten Trigeminusnerv.*

wenn wir ihn mit der rechten Nasenöffnung eingeatmet haben. Außerdem können wir uns unbekannte, neue Gerüche besser unterscheiden, wenn wir unser rechtes anstatt unserem linken Nasenloch benutzen. Das linke Nasenloch, das gleichseitig zur linken, stärker verbal orientierten Gehirnhälfte führt, ist dasjenige, das es uns ermöglicht, den Geruch zu benennen, nachdem wir ihn erkannt haben.

Die meiste Zeit über fühle ich mich „geruchsblind". Viele Fläschchen haben für meine Nase überhaupt keinen Geruch, obwohl sie etwas Flüssiges oder Halbflüssiges enthalten. Ich beginne mir auszumalen, wie es wohl wäre, wenn es eine künstliche Super-Nase gäbe, die mit einem einzigen Sprung über ein Gebäude hüpfen und dabei jeden einzelnen Bewohner riechen könnte. Am nächsten kam unsere Zivilisation dem Bau einer solchen Vorrichtung im späten neunzehnten Jahrhundert, als ein gewisser Hendrik Zwaardemaker das Olfaktometer erfand – ein Gerät, das sich nie durchsetzte. Es bestand aus zwei Porzellanröhren, von denen sich die eine teleskopartig in die andere schieben ließ. Der Benutzer sollte es sich in die Nase stecken und damit gleichsam Elefant spielen. Ein nasenförmiges Teil stellte das operative Ende dar, und ein unten angebrachter Griff ermöglichte, dass man das Gerät wie eine Radarpistole handhaben konnte. Das Gerät sollte nicht unbedingt als Verstärker wirken, sondern eher messen, wie viel von einem Geruchsstoff nötig war, damit er wahrnehmbar wurde: das äußere Rohr war mit dem Geruch gesättigt. Aber man konnte sich trotzdem vorstellen, wie es den Geruch der Sache, in deren Richtung man es hielt, verstärkte und damit wie ein umgekehrtes Megafon funktionierte, das es den Gerüchen ermöglichte, uns anzuschreien.*

* *Ein zeitgenössisches Olfaktometer, der „Nasal Ranger", ist eine Art Anti-Verstärker, der Präzisionsverdünnungen eines Geruchs ermöglicht – so lange, bis er unter die Wahrnehmungsschwelle sinkt. Damit kann man zum Beispiel bestimmen, wie toxisch ein sehr unangenehmer Industriegeruch ist. Elektronische Nasen, die versprechen, die gesamte Arbeit der Hundenase zu leisten, aber ohne den Hund, werden zwar regelmäßig entwickelt, reichen aber bisher bei weitem nicht an den Hund heran.*

Wenn ich einen Geruch identifizieren konnte, war dies das Highlight jeden Besuchs. Allerdings war die Identifizierung schwierig: der Fluch meiner Erfahrung. Mir fehlten die Worte für Gerüche, und die Gerüche selbst waren schlüpfrige Wesen, die immer wieder meinen Versuchen entgingen, sie mit Namen oder Erinnerungen festzunageln.

Natürlich kann man Gerüche auch riechen, ohne dass sie einen Namen haben. Aber unserer so verbal orientierten und so sprachzentrierten Spezies fällt es schwer, etwas ohne Worte ganz wahrzunehmen. Je mehr Worte für Gerüche wir haben, desto besser können wir sie auch erkennen.

Leider trifft es sich aber so, dass es den meisten Menschen gleich an zwei Fronten mangelt. Erstens haben die meisten Sprachen nur sehr wenige Wörter für Gerüche. Im Deutschen zum Beispiel kann man sie an zwei Händen abzählen. Wenn man großzügig ist, könnte man *frisch, abgestanden, erdig, muffig* oder *verpestet* dazuzählen, dann habe ich aber immer noch jede Menge Finger übrig. Es gibt keine Entsprechung für „pink", „laut" oder „grob" und keine Grundbegriffe für Hauptgerüche oder liebliche beziehungsweise schreckliche Gerüche. Die meiste Zeit über beschreiben wir die Quelle des Geruchs: Oh, das riecht *nach* Kaffee, *nach* Kuhmist. Oder die Quelle kann sogar noch abstrakter sein: etwas könnte „nach Frühsommer" riechen, aber was genau es ist, das nach Frühsommer riecht – das Geißblatt, das gemähte Gras oder die feuchte Erde, durch die Pflanzensprosse sich kraftvoll nach oben drängen – wissen wir nicht. Stattdessen sind unsere Beschreibungen eher wertend (lieblich oder eklig) oder abstrakt („grün" oder „stinkend").

Bemerkenswerterweise sind nicht alle Sprachen so geruchswortarm. So haben Wissenschaftler den olfaktorischen Reichtum der Sprache von zwei malaiischen Jäger-und-Sammler-Stämmen, den Maniq und den Jahai, beschrieben. Bei den Maniq, deren Kultur olfaktorisches Wissen in Bezug auf mögliche Gefahren, auf die Essensversorgung und die Medizin sehr schätzt, gibt es in der Alltagssprache viele Wörter, die mit Geruch zu tun haben. Dabei beschreiben Worte für Gerüche Kategorien von Wahrnehmungen, ganz ähnlich unserem Gebrauch von Farbbezeichnungen: Unser Wort „blau" beschreibt sowohl den Himmel als auch das Meer und die Augen meines Sohnes. Bei den Maniq kann ein Wort für eine ganze Kategorie ähnlich riechender Dinge oder Erfahrungen verwendet werden: Für Schlangen, Erdboden, Pilze, Schweiß oder einen Gang durch den Wald. Die Jahai benennen Gerüche so großzügig und vielfältig, wie wir es mit Farben tun. Es gibt ein Dutzend Grundbegriffe für Gerüche, darunter auch einen, der sowohl „Fledermauskot, Rauch, Ingwerwurzel und Petroleum" mit einschließt.

Die meisten von uns dagegen, die nicht auf der malaiischen Halbinsel leben, sind einfach nicht darin geübt oder gebildet und es nicht gewohnt, Gerüche zu benennen oder zu identifizieren. Noam Soble, einer der Wissenschaftler, die für die schokoladentrainierten Berkeley-Studenten verantwortlich waren, beschreibt, wie er seine Frau einmal bat, die Augen zuzumachen und ihr dann ein Glas Erdnussbutter unter die Nase hielt. Sie isst, so merkt er an, „jeden Tag Erdnussbutter". Das Ergebnis? Obwohl „neurologisch intakt", war sie außerstande, den Geruch zu erkennen. Und das bei einer Person, die mit einem Geruchswissenschaftler zusammenlebt. Man hat herausgefunden, dass Menschen Gerüche, die ihnen eigentlich jeden Tag begegnen, die man ihnen aber außerhalb des gewohnten Kontextes präsentiert, nur in etwa der Hälfte der Fälle richtig erkennen.

Um uns Menschen gegenüber fair zu sein: Für die meisten von uns scheint es in der Evolution nicht von Bedeutung gewesen zu sein, dass wir eloquent über das hätten plaudern können, was wir so riechen. Keine Frage: Ein Geruch kann bewirken, dass wir flüchten, uns fortpflanzen oder etwas essen (oder diese Dinge vermeiden). Aber wir scheinen immer noch diese dreißig Millionen Jahre alte Neigung zu haben, zuerst emotional zu reagieren und dann erst nach einem passenden Wort zu suchen.

Selbst wenn ich viele Düfte in diesen Fläschchen nicht mit Namen bezeichnen kann, so verschafft mir ihre Wiedererkennung doch große Befriedigung: Das *Klong* einer alten Kühlschranktür, die sich schließt; das glatte Gefühl eines Balls in meiner Hand oder der Rhythmus einer tickenden Uhr. Über viele Sitzungen hinweg schaffe ich es, eine Menge Dinge zu identifizieren: Schulkreide, Veilchen, etwas Pfeffriges, von dem ich drei Minuten lang niesen musste, Blumen, die zu lange in der

Vase gestanden haben, Nagellackentferner, Erkältungsbalsam, Minzdrops, Rum, Lollis mit Apfelgeschmack, kochendes Suppenfleisch, Kuchenglasur, Heftpflaster, ein Biologie-Klassenraum, Knetgummi, Frühling, Gras an einem heißen Tag, unspezifizierte „Bonbons", Holzkohle, neues Vinyl.

Ich mache anatomische Entdeckungen. Wie sich herausstellt, wird mein Niesen von einem akzessorischen Teil des Geruchssystems gesteuert. Der Nerv, der Berührungen im Gesicht und oben auf dem Kopf wahrnimmt, der Trigeminusnerv, bemerkt, wenn verschiedene Irritationen in Nase, Mund oder Augen gelangen. Wir spüren alle möglichen Arten von Empfindungen – „Kaltwerden, Taubheit, Kribbeln, Jucken, Brennen oder Stechen" – als etwas, das wir riechen, obwohl wir das gar nicht tun. Scharfes Essen kann sich brennend anfühlen oder der Trigeminusnerv entdeckt Schmutzpartikel in der Luft und bringt damit die Nase zum Kribbeln und die Augen zum Tränen.

Bei einer besonders langwierigen Schnüffelprozedur entdecke ich die Magie der Geruchsgewöhnung: Wenn man den gleichen Geruch über längere Zeit riecht, werden die Geruchsrezeptoren, die so gut darin sind, Neues zu entdecken, träge und die Nervenzellen hören auf, Signale zu senden. Dieses physiologische Phänomen können Sie gut im Alltag beobachten: Gehen Sie in die nächste Kaffeebar, und wenn Sie Kaffee mögen, steigt Ihnen sofort der köstliche Duft kürzlich von teuren Maschinen gemahlener Kaffeebohnen in die Nase. Ein paar Minuten später stehen Sie immer noch an und der Geruch ist plötzlich auf geheimnisvolle Weise verschwunden. Die Kaffeebar hat sich nicht verändert, nur die Rezeptoren, die den Geruch wahrgenommen haben, sind momentan einfach untätig. Sie können sie wieder aufwecken, indem Sie den Geruchsraum verlassen und etwas später wieder hereinkommen. Wenn ich also einen besonders schwierigen Geruch zu identifizieren habe, zwingt mich das Phänomen der Geruchsgewöhnung zu einer Pause: Einfach nur länger und mehr zu riechen wird mir keinen Erfolg bringen.

Mit zunehmender Übung entwickle ich neue Methoden, um auf den Namen eines Geruchs zu kommen. Ein besonders vertrauter Geruch (viele waren „vertraut"!) bringt mich dazu, das Fläschchen abzusetzen, die Augen zu schließen und nach der damit verbundenen Erinnerung zu suchen. Es ist in einem Haus. In einem Haus, in dem ich einmal gewohnt habe. Wo? Im Badezimmer? Nein. Ist da noch jemand anderes? Nein. Ich schaue in meiner Erinnerung in ein Dutzend leerer Zimmer. So ähnlich, denke ich, muss es sein, keinerlei Gedanken zu haben und nur „im Moment" (dem weiten, leeren Moment) zu leben. Ich halte die Flasche nochmals an meine Nase und verbringe weitere fünf Minuten im Nichts. Lysol? Sonnencreme?

Filzstift, wirft mein Gehirn schließlich aus.

Wenn ich sie außerhalb des Kontextes rieche, machen selbst die gewöhnlichsten und offensichtlichsten Gerüche manchmal komplizierte Umwege, bis sie sich mir offenbaren. Ich schnuppere daran und versuche mir vorzustellen, von welchem Ort dieser Geruch herrühren könnte. Es ist ein Gewürz. Kardamom? Weiß ich überhaupt, wie Kardamom riecht? Es ist ein Gewürz, das meine Mutter benutzt hat, aber nur ab und zu… es ist ein *gelegentliches* Gewürz. Ich stelle mir das Gewürzregal in der Küche meiner Mutter vor. Die Brettchen sind jeweils nur so breit wie die Gewürzgläschen und vorn mit einer Halteleiste versehen, damit die Gläser beim Öffnen der Schranktür nicht herausfallen. Dann kann ich es sehen. Mama hat es immer für eine bestimmte Art von Hackbraten benutzt. Da ist es: Schwarz, spitz – aha. *Nelken.*

Trotz des mir ein Grinsen aufs Gesicht zaubernden Vergnügens, das ich bei der Entdeckung und Erkennung der Gerüche verspüre, beginne ich mit der Zeit schon vor Ankunft im Rockefeller-Zentrum eine körperliche Reaktion zu entwickeln. Ein paar wenige haarsträubende Gerüche haben gereicht, um Spuren zu hinterlassen. Wenn ich mich mit einem neuen Behälter voller Flaschen an meinen Platz setze, wehrt sich mein Körper bei jeder Annäherung eines Fläschchens an meine Nase. Mein Magen dreht sich und mein Hals zieht sich zusammen. Es bedarf einer größeren Portion Überwindung, einen kleinen, konzentrierten Geruch direkt an meine Nase zu halten und das Fläschchen freiwillig anzuheben, wenn ich weiß, dass der Geruch, der herausströmt, ab und zu eine Pandora sein kann.

Nach einer Weile schreibt mir Peggy Hempstead eine E-Mail, um einen neuen Termin mit mir zu vereinbaren. Ich schiebe es wochenlang vor mir her, bis mein Verstand beginnt, die widerlichen Gerüche zu vergessen, die mir aus den Flaschen begegnen könnten.

Als ich Monate nach meinem letzten Besuch wieder den Rockefeller-Campus betrete, ist schönster Frühling. Die Magnolien feiern ihre zwei Wochen Blüte, die Kirschbäume sind leuchtend rosa, die Luft ist mild und der Himmel blitzeblank hellblau. Ein wirklich scharfer Kontrast zum letzten Mal, als der Winter in der Luft hing und mir beim Verlassen des Campus Hunderte von Gerüchen in der Nase herumgeisterten.

Ich finde Leslie Vosshall im dritten Stock eines nackten Glasgebäudes, dem gemeinsamen Forschungszentrum, das zwischen zwei anderen, älteren Gebäuden eingezwängt liegt. In den Gebäuden brummt es von der Aktivität der Studenten, die gerade Tische mit Ausstellungsstücken für einen „Wissenschaftssamstag" vorbereiten, der in einer Stunde beginnen soll. Alle tragen Batik-Shirts, weniger aus Modegründen als darum, „um im Grunde genommen eine chemische Reaktion, eine Verbindung, also zwischen Stoff und Farbe, zu zeigen", wie einer von ihnen mir erklärt. Auf jeder Etage werden kleine Stände aufgebaut, die Dinge wie Bodenbakterien, das Mikrobiom des U-Bahn-Systems, den Gefrierpunkt von Eiscreme oder die DNA von Erdbeeren zeigen. „Was Schmutz den Geruch gibt, sind die Bakterien," erläutert einer der Studenten den Besuchern seines Tisches, die misstrauisch auf die Petrischale schauen, welche er ihnen zum Riechen entgegenhält.

Ich betrete einen Raum mit Glaswänden, in denen Vosshall, ebenfalls im Batikhemd und das Haar zu zwei Zöpfen geflochten, die mir vertrauten Fläschchen zu Demonstrationszwecken auf fünf Tischen aufbaut. Erst vor einer Woche ist sie in die prestige- und geschichtsträchtige Nationale Akademie der Wissenschaften aufgenommen worden – eine Anerkennung für die außergewöhnliche Breite und Qualität ihrer Forschungsarbeit angefangen von der Kartierung des Geruchsschaltkreises der Fruchtfliege *Drosophila melanogaster* bis hin zur Entdeckung des Geruchsgens, das Menschen zur attraktiven Mahlzeit für Stechmücken macht. Jetzt nummeriert sie gerade große Zeigekarten für die Besucher, die damit melden sollen, welchen Geruch sie gerade riechen. In der Ecke steht ein großer Ventilator, weil, wie ihre Assistentin erklärt, „Gerüche sich gerne irgendwo sammeln."

Sofort dankt sie mir für meine Teilnahme an „Studie 0780", wie sie sich nannte. „Sie ist wirklich brutal," gibt Vosshall zu. Wie sich herausstellt, hatten die anderen Probanden und ich 480 Gerüche in zwei

Konzentrationen vorgesetzt bekommen sowie zwanzig Kontrollgerüche zum Aufwärmen und zum Sicherstellen, dass die Versuchsteilnehmer überhaupt etwas riechen konnten, denn „fünf Prozent der Leute, die mitmachen wollten, waren geruchsblind."

Bei der Studie hatte es sich um klassische Grundlagenforschung gehandelt: Sie wollte untersuchen, wie der Weg von einem Molekül zur Wahrnehmung eines Geruchs ist. Die meisten Fläschchen in Studie 0780 enthielten einzelne Moleküle, die nicht unbedingt alle als Gerüche bekannt waren. „Wir haben nur auf die chemische Struktur geschaut," erklärt Vosshall, „um dann zu fragen *Wie riecht das?* Es gibt keine rationale Erklärung dafür, warum Dinge so riechen, wie sie es tun." Licht kommt in Wellenlängen über ein Spektrum und wir haben visuelle Rezeptoren, die jeweils auf bestimmte Komponenten dieser Wellenlänge abgestimmt sind und so bestimmen, welche Farbe wir sehen. Beim Geruch dagegen haben wir keine Ahnung, welche Art von „Geruchsspektrum" oder „Geruchsraum" möglicherweise existiert.

„Wenn wir nicht wüssten, nach welchen Regeln das Sehen funktioniert, würden wir hundert Menschen einladen, sie Karten anschauen und uns sagen lassen *Das fühlt sich blau für uns an. Das hier eher nach lila,*" und nichts anderes ist es, was Vosshall und ihr Team mit Gerüchen gemacht haben. Die Beschreibungswörter, die man uns gegeben hatte, waren nur als vorläufiges Vokabular gedacht, um über die Gerüche sprechen zu können. „Die Worte sind sehr unvollkommen," gibt sie zu. In der Tat hatte ich mir oft gewünscht, mehr Beschreibungsmöglichkeiten als nur die siebzehn vorgegebenen zu haben.*

Manche Gerüche waren widerlich süß, andere angenehm pikant und wieder andere rochen nach Sporthalle. Definitiv gab es weiche und stechende Gerüche. Solche, die einem den Magen umdrehten. Es gab spitze und frische Gerüche, und es kam mir zunehmend so vor, als ob viele Gerüche in der Tat auch eine Farbe hätten. Es gab Momente, in denen ich allen Ernstes Dinge wie *Das ist ein süßsaurer Baum* notiert hatte. Erst später erschien mir diese Beschreibung das Ergebnis einer ziemlich verwirrten Nase zu sein.

* *essbar / Bäckerei / süß / Frucht / bitter / sauer / chemisch / schweißig / muffig / nach Urin oder Ammoniak / verfault / Holz / Gras / Blume / Gewürze / fischig/ Knoblauch*

Ich fragte sie nach diesen sehr, sehr schlechten Gerüchen, die ich tagelang nicht mehr aus der Nase bekommen hatte. „Vermutlich passiert da eins von zwei Dingen," antwortet sie und schaut nach unten auf ihre Karte, die sie mit einer *4* beschriftet. „Der Geruchsstoff – der jeweilige Rezeptor oder die Rezeptoren, an die er sich bindet – bewirkt eine anhaltende Nervenaktivität. Im Grunde genommen hängt er am Rezeptor fest und kommt dort nicht mehr los. Und der Rezeptor hört nicht auf zu sagen *eklig eklig eklig eklig eklig*. Die andere Möglichkeit ist die – in Ihrer Nasenschleimhaut sind alle möglichen Proteine gelöst, deren Aufgabe es ist, Gerüche praktisch aufzuräumen – Mach die 5er so, dass man sie auch klar erkennt!" – unterbricht sie sich selbst, um eine Assistentin zu instruieren. „Sie sind überfordert, weil es einfach zu viel ist."

Avery Gilbert nennt das einen „Nasenwurm" – die Entsprechung zu einem Ohrwurm, bei denen einem eine Melodie in Endlosschleife nicht mehr aus dem Kopf geht. Er mutmaßt, dass es auch eine Art „vorbewusster sensorischer Probedurchgang" eines Geruchs sein könnte, bei dem man länger über neue Gerüche oder Geräusche nachsinnt, besonders wenn es sich um seltsame oder unangenehme handelt. In diesem Fall hätte ich die Nasenwürmer, wenn ich noch an ein paar Tausend Flaschen mehr geschnuppert hätte, vielleicht irgendwann überwunden.

Bevor ich gehe, bleibe ich stehen, um an der ersten Geruchsreihe zu schnuppern, die für die heutigen Besucher aufgebaut wurde: In Gläschen mit Schraubverschluss stecken Wattebäusche, die man mit klassischen Gerüchen getränkt hat. Künstliche Vanille – der erste künstliche Duft, den man im neunzehnten Jahrhundert hergestellt hat – ist leicht erkennbar; ich kann es auf den ersten Schnupperer benennen. *Cis-3-Hexen-1-ol* riecht schrecklich scharf und definitiv nach Gras; das Etikett identifiziert es als Lockstoff für Insekten, der von geschnittenem Gras abgegeben wird. Daher auch der Name „Blätteralkohol". Ich mache die Entdeckung, dass ich zu den etwa dreißig Prozent der Bevölkerung gehöre, die das Pheromon Androstadienon nicht gut wahrnehmen kann. Man synthetisiert daraus Androstenon und es ist ein Bestandteil des männlichen Schweißes sowie ein starker Sexuallockstoff bei Schweinen. Die fast identischen R- und S- Carvonmoleküle riechen für mich so gut wie gleich und nicht etwa deutlich nach Pfefferminz oder Kümmel. Ich gehe nach draußen und halte Ausschau nach einem Zeitungskiosk, an dem ich Minzdrops kaufen und sie mir mit Kümmelbeigeschmack vorstellen kann.

Es schien keine Chance dafür zu bestehen, dass ich je so gut riechen können würde wie meine Hunde. Die Schuld dafür kann ich gleich mehreren Dingen in die Schuhe schieben. Möglicherweise hat meine Zweibeinigkeit meine Chancen ruiniert, sicherlich aber auch die Anatomie und Physiologie meiner Nase. Aber am schlimmsten war, dass ich bisher mein Leben lang nicht besonders auf Gerüche geachtet hatte, wo diese doch meine Aufmerksamkeit brauchten. Aber egal, ob es dazu diente, meine Nase zu verbessern oder mich einfach nur dazu brachte, meine Nase dicht an irgendwelche Dinge zu halten – das Ergebnis dieses Selbstversuchs war, dass ich spontan die Welt zu erschnuppern begann. Ich halte nun meine Nase in Weingläser, bevor ich sie ausspüle; wenn ich im Supermarkt an der Kasse warte, rieche ich verschiedene Verpackungen rechts und links im Gang; wenn es Frühjahr wird, öffne ich die Schublade im Kleiderschrank mit den Sommerkleidern und nehme ihre Überwinterungsgerüche wahr. Ich beginne ein Tagebuch der täglichen Gerüche zu führen. Die ersten Einträge sind spärlich: *24. Juli: Pfefferminz. 31. Juli: Pferdemist. 10. August: gereinigter Gehweg.* Mit der Zeit werden sie ausführlicher: *21. März: Konditorei – rieche es schon vor dem Betreten, Holzrauch und dampfendes Zuckerwasser; süß, dicht, neblig.* In Flugzeugen, so fällt mir auf, sind Gerüche eingeschlossen und kommen öfter zu mir herübergeweht: Mandeln gleich neben mir, Kokos-Lippenbalsam, aufgewärmtes Flugzeugessen, meine nach der Seife des Toilettenraums riechenden Hände.

Eines Morgens rieche ich beim Verlassen meines Hauses Feuer. Wir googeln *Feuer, Upper West Side* und bekommen keine Treffer. Später erfahren wir, dass Minuten zuvor und zwei Meilen entfernt ein Gebäude an der Ecke 116. Straße und Park Avenue eingestürzt war. Es ist plausibel, dass der menschliche Geruchssinn ursprünglich als hilfreiches Warnsystem vor Giften und Gefahren diente. Ob ich mich in diesen primitiven Zustand zurückversetzen könnte?

Viele Entdeckungen geschehen unabsichtlich und sogar ungewollt. Ich betrete am Morgen den Hörsaal an der Uni, um meine Vorlesung zu halten und weiß sofort, dass jemand am Abend zuvor Knoblauch gegessen hat. Wenn ich das den Studenten sage, werden alle blass: selbst wenn sie gar nicht der- oder diejenige waren, wie kann ich so etwas über sie wissen, indem ich einfach nur an ihnen vorbeigehe und einen Lufthauch erhasche? Ich beschließe, ihnen nicht zu erzählen, wie deutlich Raucher auch noch lange nach dem Ausdrücken der Zigarette riechen, wenn sie den Raum betreten. Ich rieche, dass ein Freund einen schlechten Zahn hat, bevor er mir davon erzählt.

Im Sommer betrete ich unseren aufknospenden Garten mit erhobener Nase und suche nach etwas Frischem, Harzigem, Honigähnlichem, Sinnlichem oder Melonigem; nach einem Hauch von Gewürz, Kiefernnadeln oder Frühling. Meine Nase erhascht den Geruch von Heftpflaster, Tomatenpflanzen und Terpentin mit einer Grundnote von Fäulnis: Das Innere einer lange verschlossenen Holzhütte, Schlamm, ein stiller Tümpel.

Nach einer Auszeit, die ich nehme, um meine Nase von allen Geruchsechos zu reinigen und meinen Magen zu beruhigen, werde ich wieder konzentriert auf Gerüche zu achten beginnen.

Aber zuerst möchte ich gern einmal den Experten zuschauen.

Kapitel 7

Nasenarbeiter

Ich hocke unter einem Schreibtisch im Hinterzimmer einer alten Chemiefabrik. Das Gebäude ist riesig: Drei Stockwerke mit unglaublich langen Fluren und einst vor Geschäftigkeit nur so brummenden Laboren. Jetzt steht es leer. Der Raum, in dem ich mich befinde, war einmal ein Büro, vielleicht das eines Wissenschaftlers, der in einem der Laboratorien nebenan arbeitete. Von der Labordecke hängen lose Kabel herunter, Abzugshauben und Wasserhähne sind von Staubfilmen bedeckt. Alles in diesem Raum ist heruntergekommen: der fleckige Teppichboden unten, die schmutzigen und zerbrochenen Deckenpaneele oben, die auf Halbmast hängenden kaputten Jalousien über den Flügelfenstern, die man von innen nicht öffnen kann. Das ganze Gebäude ist kellerkalt, die Flure leer. Auch wenn hier und da Lichter aufscheinen, so ist doch jeder Raum entlang des langen Flurs unordentlich, so, als ob das Gebäude nicht nur geräumt, sondern in Eile verlassen worden wäre. Neben den Regalen liegen umgestürzte Buchstützen, Schubladen sind halb geöffnet und halb gefüllt. Ich betrachte den Fußboden um mich herum: Von dort schaut eine Handvoll fallengelassener und verstreuter Dichtungsringe zu mir hoch und schreit stumm *ooooooo.*

Es hatte sich nicht gut angefühlt, als sich die Tür hinter mir schloss. Der Raum ist eine isoliert gelegene Kammer. Es fühlt sich ein bisschen so an, als ob ich gerettet werden müsste. Ich höre aus dem unteren Stockwerk den gedämpften Ruf eines Trainers – „Hund im Gebäude!" – und warte, meine behandschuhten Hände um ein Zerrspielzeug aus Leder geschlungen. „Gus im Gebäude!" ruft der Trainer. Gus ist ein gelber Labrador Retriever mit strammem Körper und samtigen Ohren. Ich sitze still da, drei Stockwerke und einen langen Flur von da entfernt, wo er das Gebäude betreten hat. Dann plötzlich höre ich ihn die Gänge entlangrennen: fast kann ich seinen muskulösen Körper vor mir sehen, so plastisch galoppieren die Vibrationen über die Böden. Ich denke an Verdächtige, die von einem Polizeihund verfolgt werden und werde leicht nervös. Als der Hund dichter kommt, dieses starke, zielbewusste Tier sich nähert, bekomme ich eine leise Ahnung davon, wie es sich anfühlen muss, die ins Visier genommene Beute eines geschickten Raubtiers zu sein.

Er stürmt in den Nachbarraum. Ich kann sein atmendes Hecheln und Schnüffeln hören. Mein Räuber-alias-Retter bellt zwei Mal und hält dann inne. Ich höre Wühl- und Stöbergeräusche von seiner Seite der Tür. Ich stelle mich direkt neben die Tür, bereit, sie aufzumachen und halte das Zerrspielzeug in der Hand. Er bellt mehr – drei Mal, vier Mal. Beim achten Bellen öffne ich die Tür und wir treffen aufeinander. Bei meinem Anblick werden seine Augen weit und er weicht plötzlich zurück. Ich stopfe ihm wie zuvor instruiert das Spielzeug in seinen Fang. Er nimmt es, halb bellend und halb Spielaufforderungen zeigend, und zieht dann voller Kraft und Freude daran. Er hat mich gefunden.

Arbeitshunde sind die wahren Riechexperten. Es gibt unter ihnen zwar auch welche, die ihre Nase nicht für ihren Lebensunterhalt einsetzen, wie zum Beispiel Therapie- oder Blindenführhunde, aber viele sind auch „Spürhunde". Was sie aufspüren, sind bestimmte Dinge mit bestimmtem Geruch: Eine vermisste Person, eine illegale Substanz, eine invasive Pflanze, eine Krebszelle, ein Schadinsekt. Sehen und Hören können die Suche zwar unterstützen, aber das Riechen ist der eigentliche Hauptmotor.

Aber kein Hund kommt mit angeborenem Interesse zum Aufspüren von Palmrüsselkäfern zur Welt. Hunde beginnen ihr Leben als wacklige Welpen, deren Augen und Gehörgänge noch verschlossen sind. Sie können sich noch nicht koordiniert fortbewegen und orientieren sich hauptsächlich an der Wärme und dem weichen Gefühl, das sowohl für ihre Mutter als auch für Futter steht. Um zu entdecken, wie wacklige Welpen zu hochmotivierten und ernsthaften Spürhunden werden, musste ich ihren Nasen von Anfang an folgen. Also ging ich zur Diensthundeschule.

Im spätsommerlichen Philadelphia ist der Fußmarsch vom Bahnhof zum seit zwei Jahren bestehenden Diensthundezentrum an der veterinärmedizinischen Fakultät der Universität von Pennsylvania eine Erfahrung im Loslassen von Bequemlichkeiten. Man geht vom kühlen, geräumigen Gewölbe des Bahnhofs an der 30. Straße durch die von roten Backsteinbauten geprägten Viertel Drexel und Penn, in denen die Straßen mit Laubbäumen geschmückt sind und läuft dann weiter südlich durch einen Korridor eher industriell und unpersönlich anmutender Krankenhaus- und Arztgebäude, bis man auf eine breitere Autostraße kommt, auf der nur wenige Fußgänger unterwegs sind. Eine 1929 erbaute Zugbrücke, die aussieht, als hätte man sie seit 1929 nicht mehr angerührt, lässt einen durch ihre offene Konstruktion auf die unter ihr gelegenen Bahngleise und den Fluss Schuylkill blicken. Ich bin die einzige, die sie überquert. Auf der anderen Seite des Flusses taucht eine wenig ansprechende Kreuzung auf: Zwei Tankstellen flankieren rechts und links eine Autobahnauffahrt. Aber, so war mir von Dr. Cindy Otto, der Gründerin und Seele des Zentrums gesagt worden, genau das ist die entscheidende Wegmarke: Man ist so gut wie angekommen.

Bis die erhitzte und verschwitzte Besucherin dann endlich durch die Tore von Grays Ferry Avenue Nummer 3401 gewinkt wird, hat sie die Annehmlichkeiten des organisierten und blankpolierten Campus-Daseins voll und ganz hinter sich gelassen. Denn hier stehen auf zweieinhalbtausend Quadratmetern Grundstück die Überreste der ehemaligen Forschungs- und Testfabrik des Chemieriesen DuPont, die 2009 geschlossen und 2010 von der Universität gekauft wurde, aber ihr Aussehen kaum verändert hat, seit die Chemiker die Bühne verlassen haben. Ursprünglich wurde sie von der Harrison Brothers Chemical Company erbaut, die hier Schwefelsäure und Farben hergestellt hatte. Heute stehen auf dem weitläufigen Parkplatz kaum Autos und nur ein paar einsame Bäume, die spärlichen Schatten werfen. Lagerhallen säumen die leeren Fußwege. Ein langgestrecktes dreistöckiges Gebäude riecht nach einem anderen Jahrzehnt. Es wirkt, als hätten die großen Chemiegebäude ein ganzes Rudel kleinerer, einstöckiger Gebäude geworfen, die alle keine Fenster haben oder wenn doch, dann solche, durch die nie jemand hinaus- oder hineinsehen würde.

Um die Ecke nehme ich eine Bewegung wahr. Ein gelber Labradorwelpe kommt ein staubiges Stück Landschaftsgestaltung entlanggelaufen. Er beißt in seine Leine, in ein vorbeifliegendes Blatt und nach der an der Leine hängenden Hand, die ihm das Blatt aus dem Maul ziehen möchte. Dieser Welpe ist ein Hinweis. Jetzt schauen Sie mal durch die Sträucher und an dem verlassenen Gebäude vorbei: vielleicht sehen Sie einen schwarzen Labrador, der über den Parkplatz stürmt, auf eine Motorhaube springt, sich dreht, wieder herunterspringt und zum nächsten Auto rast. Und da hinten, hinter diesem Drahtzaun, erspähen Sie einen Haufen Schutt und Müll – Betonbrocken, kaputte Holzpaletten, ein Autowrack mit offenstehendem Kofferraum. Schauen Sie genauer hin: Da ist ein Deutscher Schäferhund, der den Schuttberg hinaufrennt und in seinem Inneren verschwindet. Das verlassene Gelände wimmelt vor Hunden.

Tag eins: „Such!"

Das Diensthundezentrum befindet sich in einem vollkommen reizlosen niedrigen Gebäude, das zwischen Parkplätzen voller vor sich hindämmernder Lieferwagen eingezwängt ist. Man kann auch ein Hinweisschild finden – wenn man genau hinschaut. Aber schon vorher leiten das lärmende Bellen und der Anblick von Hunden einen Besucher zur Eingangstür.

Drinnen stößt man auf eine Doppeltür zur Verhinderung ungewollter Fluchten sowie eine Kakophonie von Geräuschen. Seit das Zentrum vom ansteckenden Zwingerhusten heimgesucht wurde, werden die betroffenen Hunde (was im Moment die Mehrheit der Hunde sowie alle Welpen sind) getrennt im Vorraum gehalten und ihr Bellen hallt von den nackten Böden und Wänden wider. Cindy Otto, Profession der Veterinärmedizin an der „Penn", der Pennsylvania State University, erscheint sofort, um mich zu begrüßen. Das hier ist ihr Zentrum, ihr geistiges Kind: Ein Trainingszentrum für Hunde, die Spürhunde werden sollen und ein Rehazentrum für Diensthunde, die schon im Job sind. Professor Otto scheint sich von dem Lärmpegel nicht stören zu lassen. Schließlich sind das hier keine unerzogenen Hunde, sondern im Gegenteil wahrscheinlich die besterzogensten Hunde, die man sich vorstellen kann. Wie ich in Kürze sehen werde, sind es Super-Hunde, die schon als Jugendliche in der Lage sind (oder es bald sein werden), eine in einem dreistöckigen Gebäude versteckte Person zu finden, jemanden zu orten, der in einer großen Röhre feststeckt oder bösartige Gewebeproben von gutartigen zu unterscheiden.

Professor Otto trägt ein Shirt mit dem Motto des Zentrums: „Die Kunst und Wissenschaft der Diensthunde." Das Zentrum hat sich einerseits seit seiner Eröffnung im Jahr 2012 in klassischen Forschungsprogrammen engagiert, aber andererseits von Beginn an auch immer hochqualifizierte Trainer und Hundeführer beschäftigt, die ihr Wissen durch Praxiserfahrung anstatt nur aus der Literatur gewonnen haben. „Wir wollen es festhalten," sagt Professor Otto über das Wissen der Trainer. „Es stehlen. Es reproduzieren." Die praktische Weisheit der Hundeführer nehmen und verdinglichen, sie zur Politik machen.

Aber einen Moment mal an dieser Stelle: Es gibt doch heute Tausende von Diensthunden im Land. Hunde arbeiten an Flughäfen, beim Grenzschutz, bei verschiedenen Polizeieinheiten. Es gibt Sprengstoffspürhunde und Drogenspürhunde. Und es gibt immer mehr Hunde, die in der Schädlingsbekämpfung oder in Artenerhaltungsprogrammen eingesetzt werden. Es gibt Hunde, die mit vergleichbarer oder sogar besserer Trefferquote als die herkömmlicher medizinischer Diagnoseverfahren Krebszellen aufspüren. Gibt es also nicht schon ausreichend erprobte wissenschaftliche Erkenntnisse, wie man einen Spürhund ausbildet? Gibt es nicht schon eine Standardmethode, nach der man feststellt, welcher Hund zum Einsatz taugt und welcher nicht? Es existieren zwar schon föderale und staatliche Zertifizierungsstandards, aber, so erklärt Professor Otto, „Wir haben noch nicht genügend Forschungsergebnisse, um die optimale Trainings- oder Testmethodologie für Spürhunde zu validieren."

Es gibt also weder ein Standardvorgehen für das Training eines Spürhundes noch für die Überprüfung, wann er einsatztauglich ist. Professor Ottos Zentrum arbeitet daran, genau das zu ändern. Ein großer Teil der hier geleisteten Arbeit ist vorbereitender Natur: Man verstärkt bestimmte Verhalten und trainiert die Fitness eines Hundes, um damit seine Erfolgschancen zu verbessern, wenn er später seinen Job zugeteilt bekommt.

Der Aufenthaltsraum des Zentrums ist eine kleine Küche mit einer Tür auf jeder Seite. Jemand hat einen Geburtstagskuchen (für einen Hund) auf der Arbeitsplatte abgestellt; die Hundetrainer gehen langsam vorbei und tun ihre Bewunderung kund. In dem extragroßen Spülbecken liegen mehrere angekaute Kongs, diverse Näpfe und Kaffeetassen. Auf dem Tisch daneben stehen Tüten mit Marshmallows neben Tüten mit Hundefutter; auf einem Glas Erdnussbutter klebt ein handgeschriebenes Etikett: „Menschenerdnussbutter." Ein in dringlichen Großbuchstaben beschriebener angepinnter Notizzettel besagt: BITTE BEI PACKER KEINE PLASTIKTÜTEN BENUTZEN. ER FRISST SIE.

Um die Ecke dient ein Flur als provisorische Einsatzzentrale: Auf einem Whiteboard sind die Namen der Hunde, verschiedene Projekte und Hinweise vermerkt – *Hydration; Welpenspaziergang, Patenbesuch.* Während Pat Kaynaroglu etwas an das Board schreibt, gehen Trainer ein und aus, nehmen Leinen und Futterbeutel mit. „Ich nehme Osa und Rookie, die mittleren Hunde," sagt Kaynaroglu und geht die Einteilung des Tages durch. Niemand stimmt ihr laut zu, aber jeder hat sie gehört. Drei Minuten später ist der Flur leer und jeder Trainer ist unterwegs zu seinem Hund.

Kaynaroglu scheint in ständiger Bewegung zu sein. Sie ist jeden Tag schon da, wenn ich komme und bleibt noch, wenn ich gehe. Als Trainingsleiterin des Zentrums verfolgt sie einen ganz klar praxisgeprägten Ansatz: Nur selten sieht man sie ohne Hund, ohne Helm auf dem Kopf oder knisterndes Funkgerät. Sie trägt ihr perfekt blondes, schulterlanges Haar zum Pferdeschwanz gebunden und hat ihre Sonnenbrille oben auf den Kopf geschoben. Sie ist Rettungshundeführerin, aber schon fast seit der Gründung zählt sie auch zu den Schlüsselfiguren des Zentrums.

Ich folge ihr nach draußen, wo die Welpen spielen. Es ist nicht viel mehr als nur ein umzäuntes Stückchen unbefestigter Erde mit einem Planendach und einem Plastikpool darin. Aber egal. Fünf gelbe Labradore, elf Wochen alt, amüsieren sich darin köstlich. Ein paar Trainer und Freiwillige stehen um sie herum und lächeln darüber, wie die Welpen albern herumtoben und sich gegenseitig Sachen abjagen, ohne beim Laufen aus dem Takt zu kommen. Dies ist der erste Wurf des Trainingszentrums. Die Zucht von Arbeits- und Diensthunden hat zwar schon eine lange Tradition und viele Organisationen kaufen ihre Nachwuchshunde nur bei spezialisierten Züchtern und aus speziellen Blutlinien, aber der Vorteil, sich seine Welpen selbst zu ziehen, liegt darin, dass man sie von Anfang an beobachten, formen und modellieren kann. Hunde, die einmal Diensthunde werden sollen, werden erst ab einem Alter von zwölf oder achtzehn Monaten ausgebildet. Während sie aufwachsen, ist es sinnvoll, sie bereits auf ihr künftiges Leben vorzubereiten, mögliche Probleme im Keim zu ersticken oder sie bereits in Richtung der Aufgabe zu lenken, für die sie am besten geeignet zu sein scheinen.

Vor uns befindet sich der P-Wurf mit den komisch benannten Pak, Packer, Patterson, Parsons und Pinto, die momentan nur durch die Farbe ihres Halsbandes voneinander zu unterscheiden sind. Aber je länger wir ihnen zuschauen, desto mehr kleine Unterschiede beginnen wir auch in ihrem Verhalten zu entdecken: Parsons (rosa Halsband, Hündin) ist oft Anführerin der Truppe; Packer (dunkelblaues Halsband, Rüde) versucht, sein Maul um *alles* herumzubekommen – Hunde eingeschlossen. Zusätzlich zu diesen Fünfen gibt es noch Punches, Philip, Pierce und Pearl, die derzeit in Patenfamilien leben. Sie kommen einmal pro Woche ins Zentrum zu Besuch und dienen als eine Art Kontrollgruppe für dieses unkontrollierte Experiment der eigenen Welpenaufzucht. Die Zentrumswelpen werden früh gefördert und eingeschätzt und bekommen täglich sozialen Umgang. Die Welpen bei den Patenfamilien werden einfach als Familienhunde aufwachsen. Ob sie dadurch weniger geeignet für spätere Diensthundeaufgaben sein werden, bleibt abzuwarten.

Für den Moment spielen die Welpen einfach. Später in dieser Woche wird die erste Beurteilung ihrer sich entwickelnden Persönlichkeiten stattfinden. Kaynaroglus Funkgerät quäkt und sie geht in Richtung einer großen Rasenfläche, wo ein Hund sich lang ausgestreckt hat und mit aus dem Maul hängender Zunge daliegt. Zwei Männer messen gerade seine Werte, was er sich ohne Protest gefallen lässt. Kaynaroglu tritt zu ihm heran: „Wie geht's dir denn, Kumpel?" Sie lächelt ihn an.

Ohlin, ein schokobrauner Labrador mit glänzenden Augen und glänzendem Fell, nimmt an einer Studie teil. Im Grunde geht es darum, dass man so lange mit den Hunden Ballwerfen spielt, bis sie müde sind und dann ihre Körpertemperatur und Blutwerte misst, um daran die Effizienz verschiedener Möglichkeiten der Flüssigkeitsversorgung zu sehen. „Einhundertvierundvierzig", teilt ein Techniker den Pulswert mit, als Kaynaroglu ankommt. Neben Ohlin liegt ein gut durchsabberter Ball. Er hat mit dem Zurückbringen aufgehört, was ein sehr deutlicher Verhaltenshinweis auf „mir ist heiß" ist. Kaynaroglu wirft einen Blick auf ihn und fragt: „Vierzig?" Der Techniker lächelt: „Neununddreißig neun." Sie hat gerade seine Körpertemperatur geschätzt. „Ich achte auf ihre Atmung und auf ihre Zunge – ist sie zum Löffel gebogen, wie weit ist sie herausgestreckt? Kneifen sie die Augen zusammen?", erklärt sie mir. „Einfache Dinge – wie lange sie gearbeitet haben..." Das Äußere eines Hundes verrät ihr viel über sein Inneres.

Eine andere Trainerin kommt vorbei und bemerkt das Pinkelmuster eines Hundes auf dem Gehsteig. „War Jesse hier?" fragt sie. Sie erkennt den Hund sogar in seiner Abwesenheit.

Alle Mitglieder des Teams haben diese Art von siebtem Sinn für die Hunde. Sie wissen, wo sie waren, spüren ihre Temperatur und sprechen über ihre Werte, als ob sie Teil ihrer selbst wären. Und tatsächlich ist es ja so, dass die Hunde für die Zeit, die sie im Zentrum verbringen, ständig unter Aufsicht dieser aufmerksamen Beobachter leben. Alle beobachten ständig, wie die Hunde sich verhalten und alle Gespräche drehen sich um die neuesten Vermutungen und Einschätzungen zu deren Persönlichkeit, Talenten und Innenleben.

Wir gehen herüber zu dem alten DuPont-Laborgebäude. Sie nennen es „227" nach seiner früheren Adresse. Hier werde ich mich verstecken, um von Gus gerettet beziehungsweise gestellt zu werden. Am Eingang verteilen Annemarie DeAngelo und Bob Dougherty, zwei erfahrene Hundeführer, die Aufgaben: Einer soll filmen, einer auf die verschiedenen Zerrspielzeuge achten, ein anderer sich verstecken und „Zielperson" sein. DeAngelo hat vor ihrer Rente bei der Polizei von New Jersey gearbeitet, Dougherty ist noch Polizeibeamter im aktiven Dienst und als Freiwilliger hier. Sie funken herüber zum Zentrum, dass einer den ersten Hund herbringen soll. Der zur Zielperson bestimmte Dougherty verschwindet im Gebäude, bevor einer der beiden „Stehohren", wie hier jeder die beiden jungen Deutschen und Holländischen Schäferhunde nennt, herübergebracht wird. Die sieben Monate alte Felony ist klein für ihre Rasse und hat ein dunkles, freundliches Gesicht. Der Hundeführer hält sie kurz. Als Dougherty in seinem Versteck ist, funkt er herüber, Felonys Führer sagt „Such!" und Felony sucht. Dieses Spiel ist zwar noch neu für sie, aber sie hat schon die Ausrufungszeichen-Begeisterung ihres Führers in Verbindung damit gebracht, dass sie durch das Gebäude rennen darf, und das tut sie nun, Hundeführer im Schlepp.

Im Erdgeschoss herrscht im Flur durch die offene Türe Zugluft. Felony zieht kräftig und steckt ihre Nase in ein paar Räume, strebt aber dann in Richtung Treppe. Alle zockeln hinter ihr her. Sie zerrt an ihrer Leine. Das Treppenhaus riecht muffig, hier steht die Luft. Der Geruch hat sich tief in die Wände eingefressen. Im ersten Stock hält sie inne und ihr Hundeführer ermuntert sie, in einen der ersten Räume zu schauen. Plötzlich taucht Dougherty hinter einer Tür auf und hält ihr seinen mit einem Beißschutz versehenen Arm hin. Diesem verlockenden Angebot kann Felony nicht widerstehen und stürzt sich auf ihn.

Nachdem ich ein paar Hunden beim Suchen zugeschaut und mich selbst suchen gelassen habe, dämmert es mir, dass in 227 kein „Riechtraining" als solches stattfindet. Zwar kommt kein Hund mit dem Wissen auf die Welt, wie man eine Person sucht, aber was die Trainer tun, ist nicht etwa, dem Hund beizubringen, wie man eine Person *riecht*. Wie das geht, weiß der Hund schon von alleine.

Was er stattdessen weiterentwickeln muss ist der Antrieb, jederzeit auf Aufforderung einer Person nach diesem Geruch zu suchen. Auch dann zu suchen, wenn andere Hunde in der Nähe sind und gern mit ihm spielen möchten; an lockenden Menschen und allen möglichen anderen intensiven Gerüchen vorbei zu suchen; auch dann noch zu suchen, wenn er dem Ziel kein bisschen näher zu kommen scheint. Einfach zu suchen, sodass er am Ende sein Lederzerrspielzeug oder den sich bewegenden Beißarm der Zielperson bekommt

Das Suchtraining beginnt in kleinen Schritten. Die Hunde werden anfangs zur Haupteingangstür des Gebäudes geführt und das „Ziel" taucht unmittelbar dahinter auf. Dann geht es mit kleinen Steigerungen weiter: Die Hunde werden aufgefordert, auch in die Räume zu schauen, während ihr Führer sie an der Leine hält. Die Hunde begreifen schnell, worum es geht. Im Verlauf einer Stunde beobachte ich, wie ein Junghund zuerst draußen mit einem oktopusförmigen Zergel spielt, ihm dann den Flur entlang folgt und schließlich das (von einem Trainer festgehaltene) Spielzeug hinter einer geschlossenen Tür findet. Bei jedem Schritt wird der Hund für seine „Entdeckung" gelobt, egal wie groß oder klein diese war. Er darf mit dem Zergel spielen oder seine Zähne in einen besabberten Tennisball schlagen. Später werden die Leinen weggelassen und die Suchen nach und nach schwieriger gemacht. Die Hunde werden zum „Anzeigen“ aufgefordert, also ihrem Führer mitzuteilen, dass sie die gesuchte Person gefunden haben. Meistens geschieht das durch Bellen.

Bellen ist nicht für alle Hunde etwas Natürliches. Die Trainer rufen nach Rookie, einem weiteren „Stehohr“ und Kandidat für eine eventuelle Ausbildung zum Diabetes-Warnhund. Hierfür werden Hunde gebraucht, die zwar gute Nasen haben, aber nicht so viel Trieb, dass sie versteckten Gerüchen unter allen Umständen folgen würden wie ein Polizeihund einer Sondereinheit. Und, wie in Rookies Fall, ohne besondere Neigung zum aufgeregten Bellen, wenn er die Geruchsquelle findet. Wir schauen zu, wie sie den versteckten Dougherty (Wandschrank in der oberen Etage, hinter drei Türen und um eine Ecke herum) mit Leichtigkeit findet, sich dann aber einfach mit ihrem Hinterteil auf den Boden pflanzt und wartet. Sie hat die klassische Form eines drei Monate alten Welpen: Großer Kopf und große Ohren, kleiner schlaksiger Körper mit nur einer Andeutung der sich entwickelnden Muskeln. Sie starrt geduldig auf die Schranktür, die ihn verdeckt. Irgendwann schaut sie sich nach uns, den Beobachtern, um, die wir halbversteckt draußen vor dem Raum stehen und leise auf sie hoffen. Ihre ausdrucksstarken Augenbrauen verraten echte Besorgnis. Ein perfektes Verhalten für einen Familienhund. Aber Rookie wird hier nicht zum perfekten Familienhund ausgebildet. Wir warten. Sie wartet. Irgendwann lässt sie einen einzelnen, schrillen Laut hören – eine Frage, eine Bitte. Ein Bellen. Alle freuen sich, Dougherty kommt aus dem Schrank, stopft ihr ein Spielzeug ins Maul und lässt sie Spaß haben.

Dies ist das unausgesprochene Mantra der Schaffung eines Diensthundes: Man bildet einen Anti-Familienhund aus. Von unseren Familienhunden möchten wir, dass sie still sitzen; das Haus nicht auf den Kopf stellen, nur, weil sie nach einem Geruch suchen; sich fragend nach uns umschauen; nicht unaufhörlich bellen; ihr Maul auch bei Begeisterung geschlossen halten und nicht beißen. Im Zentrum dagegen bauen die Trainer genau diese schlechten Angewohnheiten Stück für Stück auf, indem sie sie gründlich belohnen. Manche Hunde brauchen für die Bellanzeige besonderes Training. Die Stehohren arbeiten „mit Biss“, was genau das ist, wonach es sich anhört: Die Person, die sie finden, beißen und festhalten (beziehungsweise im Moment noch deren gepolsterten Beißarm). Jede dieser natürlichen Verhaltensweisen ist im Arbeitskontext sehr nützlich. Jede davon hatte in der Evolution der Art eine Funktion für den Hund, und all diese Funktionen sind für einen Familienhund oft fraglich. Wenn wir Hunde zum Arbeiten ausbilden, geben wir ihnen einen Grund dafür, die Verhalten auszuleben, die sie in der Evolution entwickelt haben.

Drinnen im Zentrum kann man die Ergebnisse dieser Anti-Familienhund-Entwicklung sehen: Die Räume zittern nur so von den erfolgreich trainierten Lautgebern. Und während Hunde sonst eher mit Blicken auf Menschen achten, scheint es hier eher so zu sein, dass sie über die Person hinwegschauen, um etwas anderes zu sehen beziehungsweise zu riechen. Die Hunde legen es nicht darauf an, gestreichelt oder gekrault zu werden oder sich neben einem auf dem Boden zusammenzurollen. Außer gelegentlichen Gästen versucht auch niemand, die Hunde zu streicheln oder zu kraulen.

Außerdem interessieren sich die Hunde nach ihrer Welpenzeit auch nicht sonderlich für andere Hunde. Auf den regelmäßigen Pinkel-Spaziergängen draußen um das Zentrum herum werden sie zur Eile und zum Ignorieren anderer Hunde angehalten, Gehorsamsübungen und der Futterbeutel lenken ihre Aufmerksamkeit zurück auf den Trainer. Die Hunde werden getrennt spazieren geführt, getrennt suchen gelassen und getrennt untergebracht, oft sogar noch mit Sichtschutz, damit sie nicht einmal vorbeigehende Hunde sehen können. Als wir vor Nr. 277 auf den nächsten Hund warten, nähern sich ein freundlicher gelber Labrador und seine Führerin. Letztere geht auf jeden seiner Vorschläge, eine Pause zum Herumschnuppern zu machen, mit dem Kommentar „Nein, wir zeigen hier nicht an, wir zeigen hier nicht an" ein. Plötzlich sieht sie uns, dreht sich wie die Besitzerin eines schwierigen Hundes auf dem Absatz um und geht weg.

Die Hunde wissen natürlich, dass andere Hunde anwesend sind – ihre Geräusche sind allgegenwärtig und ihre Gerüche hängen in der Luft – aber sie lernen, dass andere Hunde nicht die wichtigste Sache in ihrem Leben sind. So, wie es später in ihrem Arbeitsleben sein muss. Für den Uneingeweihten muss es so aussehen, als würde das Zentrum ständig eine raffinierte Variante von Hunde-Nachlaufen spielen, bei dem die Hunde ständig umhergeführt werden, aber sich selten gegenseitig einholen können.

Anstatt das Riechen oder Sozialverhalten zu fördern, werden diese Hunde in ihrem *Trieb* gefördert. Trieb zum Verfolgen des Geruchs, zum Suchen des Spielzeugs am Ende der Fährte – und frustriert zu sein, wenn sie nicht dahin gelangen können. Die Hunde werden in vielerlei Hinsicht bei der Arbeit in ständigem Wechselbad zwischen immenser Frustration und immenser Befriedigung gehalten. Es gibt etwas, das sie unbedingt wollen – meistens das Spiel mit dem Zergel – und sie müssen warten und warten und warten, bis sie endlich den Geruch verfolgen dürfen, der sie zum Spielzeug hinführt. Nur zu oft habe ich Hunde vor Aufregung zittern sehen, bis sie endlich zur Suche starten durften.

Tag zwei: „Such Drogen!"

Ich folge Bob Dougherty in ein anderes, kleineres DuPont-Gebäude. Dougherty ist aktiver Hundeführer und kommt an seinen freien Tagen ins Zentrum. Er trägt schwere Arbeitsschuhe und ein leichtes Auftreten zur Schau. Es ist offensichtlich, wie wohl er sich in der Gegenwart von Hunden fühlt.

An seiner Seite läuft PApa Bear, ein großer und starker schokobrauner Labrador.*

Heute wird er in die Welt der Drogen eingeführt werden: PApa Bear wird dazu trainiert, Rauschmittel zu erschnüffeln. Bis jetzt war er Generalist, jetzt hat Dougherty die Aufgabe bekommen, einen Spezialisten aus ihm zu machen, damit er danach einem ständigen Hundeführer zugeteilt werden kann. Abgetretene Treppenstufen hinauf, durch eine verwirrende Anzahl von Türen und kleinen Vorräumen und wir kommen in einen großen Raum, an dessen Längsseite eine Chemielabor-Küchenzeile installiert ist. Auf dem Fußboden befindet sich ein riesiger strahlenförmiger Farbklecks, wohl das Ergebnis irgendeines spätabendlichen „Farbversuchs".

Dougherty kramt eine große Plastiktüte heraus und zieht ein Handtuch daraus hervor. Es hat über Nacht zusammen mit einer kleine-

* *Alle Hunde des Zentrums sind zu Ehren von einem Menschen oder Hund benannt, die am Tag der Explosion oder danach im World Trade Center waren. PApa Bear heißt nach einem Rettungshund namens Bear aus Pennsylvania („PA").*

ren Tüte gelegen, die eine kleine Menge des Zielgeruchs enthielt. Die Menge ist hierbei wichtig: Wenn ein Hund auf einen schwachen Geruch trainiert wurde, zeigt er möglicherweise nicht an, wenn er später den Geruch in großer Stärke findet: dies ist dann fast ein ganz anderer Reiz für ihn. Andererseits ist es auch zu viel, wenn man mit einer großen Menge des Geruchs in einem Raum beginnt. „Wenn ich hier zwei Pfund Marihuana auslege", erklärt Dougherty, „verteilt sich der Geruch überall hin." Ein Hund, der gerade erst lernt, wäre dann nicht in der Lage, ihn zu orten.

Trotzdem kann selbst ich die benebelten und kichernden Teenager im Park riechen, als die Tüte geöffnet wird. Jeder kann das riechen, da bin ich fast sicher. Die Aufgabe, die PApa Bear gestellt wird, besteht aber darin, zu lernen, dass dieser süßliche Geruch – egal ob stärker oder schwächer – der Geruch ist, den er finden muss, um einen Partner für ein ausgelassenes Zerrspiel zu finden.

Da Dougherty PApa Bear das nicht erklären kann, zäumt er das Pferd von hinten auf und beginnt mit dem gewünschten Ergebnis: Er startet ein derbes Zerrspiel mit dem Handtuch, das er zuvor zusammengerollt und mit Gummibändern gesichert hat. Während PApa Bear intensiv auf dem Handtuch herumbeißt und seine starke Rute die Luft durchschneidet, erklärt mir Dougherty: „Hunde können das Zeug fressen, ohne Schaden zu nehmen. Was bei anderen Drogen nicht so ist, dann benutzen wir Pseudo-Drogen fürs Training. Außerdem sind Drogen wie Heroin manchmal mit Rattengift versetzt" – nicht unbedingt etwas, das der Hund ins Maul nehmen sollte. Dann wirft Dougherty das Handtuch, PApa Bear rennt willig hinterher und bringt es ihm für ein weiteres Zerrspiel zurück. Danach beginnt Dougherty, das Werfen nur noch anzudeuten und lässt PApa Bear arbeiten, um die Geruchsquelle zu finden. Der Hund ist begeistert und hechelt stark vor Aufregung und Anstrengung. Aber wenn er zu suchen beginnt, schließt er seinen Fang fast ganz und hält seinen Kopf nachdenklich schief. Etwas ist geschehen: Der Hund hat verstanden, dass er den Geruch „bekommen" und dem Führer „bringen" muss. Der Beginn der Drogensuche.

Wie alle Hundeführer des Zentrums probiert Dougherty ständig neue Variationen und Schritte aus, je besser er den Hund kennenlernt und weiß, wie er sich im Vergleich zu anderen Hunden im Training anstellt und wie die Bedingungen sind – ist der Hund überhitzt, überanstrengt, abgelenkt, krank? PApa Bear wirkt, als hätte er das Spiel verstanden und Dougherty beginnt, den Schwierigkeitsgrad hochzuschrauben. Innerhalb von Minuten legt er das Handtuch mal gut sichtbar, dann außer Sicht hin und versteckt dann nur die Tüte alleine. „Such Drogen!" instruiert er und führt mit dem neuen Spiel auch ein passendes neues Vokabular ein. PApa Bear findet das Zielobjekt jedes Mal ohne Vertun. Er sucht nun Drogen. Dabei ist es gerade mal fünfundvierzig Minuten her, seit er die Treppe in diesen Raum hochgekommen ist und dieses Zeugs noch nie zuvor gerochen hat.

Sobald das Ziel definiert ist, geleitet Dougherty PApa Bear durch den Raum und arbeitet an der „Detaillierung": Er hilft ihm zu lernen, dass er die Geruchsquelle im Detail untersuchen muss, nachdem er einen Raum gestürmt hat, der nach dem Zielobjekt riecht. Für Hunde, die keine gewohnheitsmäßigen Möbelnutzer sind (außer, wenn sie sich auf Ihr Sofa schleichen) sind die Gegenstände der Menschenwelt mit ihren Ober- und Unterseiten, Innenseiten und Unterteilungen nicht so ohne weiteres erschließbar. Indem man ihm aber beispielsweise die Oberseite, Mitte und unteren Fächer einer Anrichte zeigt, kann ein Hund lernen, dass ein allgemeiner „Anrichtengeruch" auf verschiedenen Höhen, innen oder dahinter verschieden sein kann. Wenn er dann – BÄM! – auf die Quelle trifft, ist dies ein starker und anderer Geruch.

Wir gehen zurück zu Nr. 227, um PApa Bear in einer neuen Umgebung „auszuprobieren". Dougherty wird die Tüte an einem halben Dutzend neuer Orte verstecken, bevor er Feierabend machen und dem Hund eine Pause gönnen wird. Ich stehe mit einer Videokamera in der Mitte des ersten Raums, einem der alten Labore, und hoffe, gleichzeitig mit dem Hund mithalten und ihm nicht im Weg stehen zu können. Eine lose Rohrleitung mit Wasserhahn und eine Verbindungsmuffe mit der Aufschrift STICKSTOFF baumeln, in abgeschnittene Kabel verwickelt, von der Decke. PApa Bear betritt den Raum in vollem Lauf. Er rennt bis zur Rückwand, hält die Nase in die Luft, dreht dann auf der Stelle um und kommt zurückgestürmt. Er würdigt mich kaum eines Blickes. Die Art und Weise, wie er die Arbeitsflächen und jede Schublade darunter untersucht, macht einen routinierten Eindruck, als ob er nur kurz überprüfen wolle, wo er bloß dieses Reagenzglas oder jenes Versuchsprotokoll liegengelassen hätte. Nur mit dem Unterschied, dass seine Durchschau rasend schnell geschieht. Er stellt sich auf die Hinterbeine und scheint eine Luftwolke zu betrachten, die knapp zwei Meter über dem Boden schwebt. Seine Nase führt ihn zur nördlichen Wand. Dann dreht er um, findet einen Schrank, läuft dahinter, kommt dann zurück zur Vorderseite und zeigt mit Bellen an. Er starrt auf die obere Schublade, seine Kiefer schnappen nach jedem Bellen kräftig zusammen, als ob er den Geruch damit fassen wolle. Und ja, PApa Bear, stimmt, die Tüte ist da oben in der geschlossenen Schublade.

Während das Team mit der nächsten Suche weitermacht, gehe ich in den Raum zurück, um den liegengelassenen Geruchsgegenstand einzusammeln: Nachdem PApa Bear ihn gefunden hatte, hatte Dougherty ihm sein Spielzeug hingeworfen, woraufhin der Geruchsgegenstand für ihn auf der Stelle vergessen war. Weil ich weiß, wo er angezeigt hatte, halte ich inne und schnuppere selbst an der Stelle. Die Schublade ist geschlossen und ich rieche gar nichts. Ich ziehe sie ein paar Zentimeter weit auf; sie ist mit Klebeband für den Umzug gesichert, der dann nie stattgefunden hat. Ich kann immer noch nichts riechen, aber auch nichts sehen. Ich wechsle zur visuellen Suche, schaue tiefer in die Schublade hinein und öffne dann die anderen drei daneben. Dann gehe ich zur ersten zurück und schaue nochmals genau hin. Die Tüte liegt ganz vorne, wo ich sie einfach übersehen habe. Die Schublade stand halb offen, ich hatte meine Augen darauf und ich wusste, wo der Gegenstand war, und trotzdem ist er mir entgangen.

Während PApa Bear weiter sucht, wandere ich am Zentrum vorbei zu einer Wiese, auf der mehrere Geräte zur Förderung von Balance, Kraft und Geschicklichkeit aufgebaut sind. Es riecht nach frisch gemähtem Gras. Kaynaroglu und DeAngelo stehen zu beiden Seiten einer Klappleiter, die in flachem Winkel aufgestellt ist und nirgendwohin führt. Kaynaroglu hält an einem Ende einen Ball hin, und Gus möchte ihn unbedingt haben. Um daranzukommen, steht er schon auf den Sprossen und arbeitet sich vorsichtig vor. Er sieht nicht gerade glücklich damit aus, wo er gerade ist.

Den Hunden „Körperbewusstsein“ zu vermitteln ist eins von Professor Ottos großen Anliegen. Die Hunde sollen nicht nur eine Eigenwahrnehmung haben, sondern fit, agil und körperlich selbstbewusst sein. Jeder Diensthund wird da draußen in der realen Welt auf unebene Untergründe und schwieriges Gelände stoßen und mit unbequemen Wegen zurechtkommen müssen. Professor Otto möchte, dass sie darauf vorbereitet sind. Während ihrer Tätigkeit als Tierärztin hatte sie immer wieder Diensthunde gesehen, deren erhebliche Verletzungen daher kamen, dass sie nicht fit genug waren oder ihren Körper nicht gut genug beherrschten.

Während der wenigen Tage, die ich im Zentrum war, sah ich viele Male, wie die Leiter herausgetragen wurde. Sie scheint als Inbegriff für die Fitness eines Hundes zu stehen: Es kann zwar sein, dass ein Hund in seinem Arbeitsleben später nie eine Leiter hochklettern muss (obwohl das bei vielen der Fall sein wird), aber wenn er es kann, dann nur deshalb, weil er seinen eigenen Körper meisterlich zu beherrschen gelernt hat.

Oder, wie die Trainer sagen: „Hunde müssen erst verstehen, dass sie Hinterbeine haben.“ Gus käme vielleicht auch so an den Ball, weil er so muskulös ist und einfach mit Kraft und Gewalt irgendwie die Leiter hochkäme. Aber die Trainer lassen ihn nicht vorwärts, bis er nicht Pfote für Pfote bewusst bewegt und sich erst sicher auf einer Sprosse hält, bevor er die nächste Pfote vorsetzt. „Er muss das hier“ – Kaynaroglu zeigt auf Gus‘ Hinterpfote – „und das hier“ – sie zeigt zwischen seine Ohren – „miteinander verbinden.“ Ein Trainer benutzt einen Clicker, um ihn jedes Mal zu belohnen, wenn er eine Hinterpfote bewegt. Ich verlasse die Gruppe nach einer strapaziösen, mehreren Minuten lang dauernden Übung, in der Gus es zwei Sprossen weit geschafft hat. Noch vor Ende des Monats wird er die Leiter entlanglaufen, als ob das gar nichts wäre.

Tag drei: "Feiiiiines Mädchen!"

Heute sind die Hunde auf dem „Platz", einem westlichen Teil dieses alten Campus, von dem die Zentrumsmitarbeiter sagen, dass er viel besser war, als noch große Erdhügel auf ihm lagen. Jetzt wurde er begradigt und ist eine etwa ein halbes Fußballfeld große Fläche rissigen Betons, über dessen Eroberung die Unkräuter nachdenken, und mehreren großen Containern und Autowracks, die darauf herumstehen. Ein paar große Kunststofffässer stehen hier und da verstreut und wirken wie blaue Bojen in dieser Trostlosigkeit. Auf der anderen Seite des Zauns und hinter einem marginalen Stück Wildnis befindet sich eine Mülldeponie: man kann erst hören, dann sehen, wie ein kleiner Radlader auf dem Gelände herumfährt. Kaynaroglu prüft die Windrichtung: Auf dem Platz gibt es nur wenig, das im Wind wehen könnte, aber plötzlich trifft uns der Gestank der Mülldeponie. Der Wind kommt aus Südwesten. Der Geruch ist anfangs süßlich und wird dann ekelerregend: Unsere Nasen haben keine Chance, uns durch Gewöhnung Erleichterung zu verschaffen, weil der Wind sich ständig dreht und immer wieder neue Geruchsschwaden heranweht.

Die Hunde werden einzeln aus ihren Zwingern hergebracht. Keiner scheint ein Auge für irgendetwas in dieser Szene zu haben – außer für die Fässer. Denn heute könnte in den Fässern oder einem anderen großen Gegenstand eine Person stecken – Kaynaroglu oder ein anderer Trainer, vielleicht auch ein Besucher oder ein Freiwilliger, der sich bereit erklärt hat, sich in einen engen, heißen Hohlraum zu zwängen, den Deckel über sich zu schließen und darauf zu warten, gefunden zu werden. Einige der Hunde sind schon einmal hiergewesen, für andere ist es das erste Mal. Aber alle wissen, dass das Spiel darin besteht, die Person – irgendeine Person – zu finden, die hier außer Sicht irgendwo versteckt ist.

Sirius ist als erster dran. Er ist mit zwei Jahren einer der älteren Hunde hier; sein Hecheln verleiht ihm einen lächelnden Gesichtsausdruck. „*Such!*" Als er auf den Platz gelassen wird, stürmt er an den Beobachtern vorbei und interessiert sich nicht für die „schon Gefundenen". Kaynaroglu hat sich in einem Fass auf der anderen Seite des Platzes versteckt, bevor der Hund herkam. Er findet sie nach zweiundvierzig Sekunden und bellt. Sie wirft ihm einen an einem Seil befestigten Ball entgegen und macht mit ihm zur Belohnung ein Zerrspiel. „Du bist ein Musterknabe!“ lobt sie ihn.

Kaynaroglu sucht sich ein neues Versteck, während der nächste Hund gebracht wird. Gus. Er startet schnell, dreht ein paar mehr Runden um den Platz und hockt sich plötzlich hin, um sich zu lösen. Während er gerade damit beschäftigt ist, fängt er einen Geruch ein und läuft schnurstracks auf Kaynaroglu zu. „Hi! Schön, dich zu sehen! Jippieh!“ freut sie sich. Eine Minute zweiunddreißig Sekunden. Erst als er langsamer wurde, konnte er etwas erkennen.

Als nächstes kommt Jake herausgeschossen, ein gelber Labrador wie Sirius, mit asymmetrischen Ohren und einer tiefdunklen Nase, die sich von seinem hellen Fell abhebt. Als er vorbeiläuft, können wir sehen, wie seine Augenbrauen sich bewegen und hören, wie er vor Aufregung winselt. Er stupst mit seiner Nase an jedes Fass, hält dann die Nase in die Luft und leckt sie sich. Er fischt nach Geruchsmolekülen im Wind, das steht fest. Vierunddreißig Sekunden nach dem Losmachen der Leine umkreist er Kaynaroglus Fass und bellt es an. „Noch jemand!“ sagt sie. Er dreht ab und findet eine zweite Trainerin, die sich in einer großen Betonröhre zusammengekauert hat und ein Zerrseil in der Hand hält.

Es kommen weitere Hunde heraus. Jeder hat seinen eigenen Suchstil und jeder ist ein Musterbeispiel für Effizienz. Quest (helläugiger junger Deutscher Schäferhund mit großen Ohren): siebenundzwanzig Sekunden in einem großen, unaufgeregten Bogen gelaufen.

Logan (auch ein junger Schäferhundrüde mit weichem Blick und dunklem Gesicht): Eine Minute neunundvierzig. Sein Schnüffeln ist unmöglich zu erkennen, wenn er rennt, aber wenn er plötzlich wendet, ist es seine Nase, die ihm den Weg weist. *Sie* wendet und stupst an den Boden oder in die Luft.

Felony (eine dunkelgraue holländische Schäferhündin, das Baby der Gruppe): siebenunddreißig Sekunden.

Diese Hunde, die sich ihren Weg über den Platz suchen, tun eigentlich im Grunde nichts anderes, als für uns Zuschauer ein Bild zu zeichnen: Ein Bild davon, wie sich die Luft auf dem Platz bewegt. Als Logan beginnt, läuft er zuerst zu einem Kipper und einem Haufen Müll, weit entfernt von Kaynaroglus Versteck. Aber dieser Bereich liegt in Windrichtung des Bereichs, wo alle Suchen bis jetzt stattgefunden haben, und ein schwacher Geruch davon muss hier übriggeblieben sein. Da er hier niemanden findet, hält er seine Nase in den Wind. Er bewegt sich weiter auf den Platz hinaus, und wieder geht seine Nase nach oben. Schließlich befindet er sich in Windrichtung hinter Kaynaroglu auf einer dreieckigen Fläche, die von Betontrümmern begrenzt ist – und auf der sich eine große Menge Kaynaroglu-Geruch gesammelt haben muss. Sekunden später hat er sie aufgespürt.

Sie zeichnen uns ein Bild davon, wie Hunde Gerüche verarbeiten. Indem sie zuerst auf die Fässer schauen, benutzen sie Sichtmarken als Hilfe für ihre Geruchssuche. Indem sie sich von älteren, schon schwächer werdenden Gerüchen abwenden (die von einer Person stammen, die sich hier versteckt hatte, aber nicht mehr da ist), benutzen sie Menge und Alter des Geruchs als Information, die ihnen etwas über den jetzigen Moment verrät. Indem sie an den Zuschauern vorbeilaufen und sie kaum eines Blickes würdigen, wenden sie ihr Wissen darüber an, bei welcher Art von Suche man den sehr deutlichen Geruch der schon da stehenden Menschen, die nicht mehr gesucht werden müssen, ignorieren kann.

Sie zeichnen ein Bild davon, wie es im Kopf des Hundes aussieht. Sich an der Nase zu orientieren heißt, in einem unbeständigen Raum zu leben, in dem scheinbare „Objekte“ (die für uns mit unserer visuellen Orientierung fest fixiert sind), nur so lange fix sind, wie ihr Geruch dableibt.

Die Hundeführer kommen mit Quest um die Ecke und bleiben mit ihm am äußeren Rand des Geländes. Von einem Zaun vor unseren Blicken versteckt fließt der Schuylkill auf seinem Weg durch Philadelphia. An seinem gegenüberliegenden Ufer arbeiten zwei ehemalige Zentrumshunde, Socks und ZZisa, heute bei der Campuspolizei der Universität.

Hinter einem abgeschlossenen Zauntor befindet sich ein Schatz: Der Trümmerberg. Hügel aus Stahlbeton und Steinplatten, Holzpaletten, Kunststoffrohren, diversem Schutt und einem zerbeulten Autowrack, dessen Kofferraum irgendwie unheimlich offensteht, so, als hätte jemand nach einem schlimmen Autounfall noch schnell seine Sachen herausgeholt. Ein paar große Kunststoff-Drainagerohre sind nach unten in das Chaos gesteckt wie Tore ins Innere der Erde. Der Trümmerberg ist nicht etwa ein unansehnliches Versäumnis, sondern er wurde sorgfältig konstruiert, um den Rettungshunden Suchübungen zu ermöglichen und ihnen gleichzeitig Furchtlosigkeit und körperliche Flexibilität beizubringen. Hier gibt es Dutzende von Stellen, an denen eine Person verschüttet oder versteckt sein könnte. Der Berg ist voller merkwürdiger Spalten, Ritzen und Hohlräume, die das Chaos eines plötzlich eingestürzten Gebäudes nachstellen. Falls Sie der Frage des Trainers *Wollen Sie sich mal verstecken?* zustimmen, verlassen Sie die Annehmlichkeit menschlicher Gesellschaft und frischer Luft und zwängen sich ins Innere einer rutschigen großen Plastikröhre. Sie ist innen zu glatt und rund, als dass Sie festen Halt bekämen und Sie rutschen tiefer hinein, als Sie eigentlich wollten. Dann ziehen Sie von innen einen provisorischen Deckel über die Öffnung. Er passt nur halbwegs und durch ein zerkratztes Fenster sehen Sie ein Stückchen azurblauen Himmel. Die Unterseite des Deckels ist der einzige Hinweis darauf, dass Sie nicht *tatsächlich* in einer Katastrophe verschüttet wurden. In Ihrem düsteren Aussichtspunkt fangen Sie allmählich an zu schwitzen und hören Ihren eigenen Herzschlag. Dann wird dieses Geräusch plötzlich durch die galoppierenden Vibrationen ersetzt, die ein Hund ganz in der Nähe verursacht. Vielleicht sehen Sie die wunderschöne feuchte Nase eines Hundes wie Quest in dem Schlitz zwischen Deckel und Röhre erscheinen, die sich fast um die Ecke biegt, um hineinzuriechen. Dann hören Sie schnelle, kräftige Schnüffellaute *Eff-fuh-fuh-fuh*, dann die Anzeige, zwanzig Mal Bellen. Guter Hund.

Drüben, wo Gus gestern über die Leiter geklettert ist, purzeln sechs Welpen übereinander, ziehen sich gegenseitig an Ohren und Ruten, rempeln sich an und winden sich im Gras des kleinen umzäunten Welpengeheges. Fünf von ihnen sind die zwölf Wochen alten gelben Labradore, der sechste ist einer der Stehohren, Drago, der eine Woche älter ist und sich weniger wie ein „niedlicher Welpe", sondern vielmehr als „Profispürhund" gibt. Sie alle werden gleich ihren ersten Hindernisparcours kennenlernen. Plötzlich hat eins der Gitter eine Öffnung und der am nächsten sitzende Welpe (Parsons, pinkes Halsband) schlüpft hindurch. Sie ist zum „Welpenrennen" gestartet, wie die Trainer es nennen: eine improvisierte, schmale Bahn entlang, auf der ihr Hindernisse begegnen werden. Diese müssen übersprungen (mit einem Reifen an der Seite) oder vorsichtig durchquert werden (eine flach liegende Leiter). Manche erfordern auch etwas Mut wie ein wenige Zentimeter über dem Boden aufgehängtes Wackelbrett oder die Durchquerung eines dunklen Tunnels. Die anderen Welpen toben munter weiter, bis auch noch ein weiterer den Durchschlupf bemerkt und Parsons Schwänzchen durch das Loch hindurch folgt. Dann noch ein Welpe, und dann drängeln sie alle hindurch.

Ein halbes Dutzend Trainer und Freiwillige beobachtet die Szene. Annemarie DeAngelo steht ein wenig abseits. Sie ist eine weitere Schlüsselfigur des Zentrums. Als frühere Polizeibeamtin hat sie das Diensthundeprogramm der New Jersey State Police auf die Beine gestellt. Selbst ohne Uniform – „Ich bin jetzt Zivilistin", sagt sie – macht sie den Eindruck, dass es hier nicht um eine Spaßveranstaltung geht. Dummköpfen gegenüber ist sie nicht tolerant. Aber wenn einer der goldhaarigen Welpen auch nur einen Moment lang desorientiert aussieht, geht DeAngelo an den Zaun und säuselt in hohen Tönen „Feiiiiner Welpe fein fein fein," um ihn weiter voranzulocken.

In diesem Alter erfahren die Welpen noch kein richtiges Training. Aber ihre Tagesaktivitäten sind sehr clever so organisiert, dass sie durchs Hintertürchen darauf vorbereitet werden, später besser trainierbar zu sein, egal, welche Arbeit konkret man für sie auswählen wird. Der Hindernisparcours ist so angelegt, dass sie neue Umgebungsbedingungen – Schatten, unebene oder wacklige Untergründe, Tore – auf ungefährliche Art und Weise und ohne Druck kennenlernen können, und zwar in so frühem Alter, dass sie lernen, auf neue und unbekannte Dinge nicht ängstlich zu reagieren.

Beim Durchlaufen des Parcours profitiert man außerdem von dem Lernen, das zwischen den Hunden stattfindet. Wenn ein Hund sich in den dunklen Tunnel vorwagt, wird ein zuschauender Welpe mit größerer Wahrscheinlichkeit danach auch hineingehen. Kognitionsforscher nennen das social facilitation, soziale Erleichterung. Hier nennt man es einfach „Welpen machen alles nach".

„Kommt schön, Knirpse", lockt eine der Trainerinnen die Welpen, die unentschlossen vor dem Tunneleingang stehen. Zwar unterscheiden sich alle Hunde in der Bereitwilligkeit, mit der sie den Parcours angehen, aber spätestens bei der vierten Runde sausen alle über das Wackelbrett, über die Hindernisse und in den Tunnel. Einfach nur die Tatsache, dass sie die Chance bekommen haben, diese neuen Dinge kennenzulernen und anderen dabei zuzusehen, hat eine wilde Spielstunde in eine Gelegenheit für echte Weiterentwicklung verwandelt.

Als die Zungen lang heraushängen, werden ein paar Welpen zur Seite genommen und in einen ruhigeren Bereich gebracht: Auf dem zu 227 führenden Gehweg wartet schon ein Trainer auf sie, ein Klemmbrett in der einen und einen Korb mit sehr seltsamen Dingen darin in der anderen Hand. Das ist der erste Wesenstest der Welpen, wobei man aber nicht etwa ihr Riechtalent testet. Zwar hat der Freiwillige, bei dem die Welpen geboren wurden und bei dem zuhause sie die ersten Wochen lang aufgewachsen sind, sie schon früh mit Gerüchen bekanntgemacht (ein aufgeschnittener Tennisball, Leder oder andere neue Gerüche), um zu sehen, wie sie reagieren, aber man weiß nicht mit Sicherheit, ob solche Riechübungen im Welpenalter zu Unterschieden bei den erwachsenen Hunden führen. In der Zwischenzeit nutzen die Trainer einen Frühtest für „Mut und Triebstärke", der von den US Grenzsicherungstruppen entwickelt wurde. Auf seiner ersten Stufe präsentiert man dem Welpen einfach verschiedene laute oder überraschende Dinge und der Trainer bewertet seine Reaktion auf einer Skala von eins bis fünf.

Ein Welpe aus dem Wurf wedelt fröhlich, als der Trainer eine mit Münzen gefüllte kleine Flasche schüttelt, eine Kinderrassel in einen leeren Tupperware-Behälter wirft, kleine Metallröhrchen auf den

Boden fallen lässt oder einen Schlüsselbund über eine Metallrampe zieht. Ein Regenschirm wird plötzlich geöffnet und auf den Boden fallen gelassen. Der Welpe springt hinter den Metallröhrchen her, bepfötelt die Tupperdose und verfolgt den Schlüsselbund die Rampe hinauf, bis er ihn erwischen und festhalten kann. Auch der Regenschirm lässt ihn unbeeindruckt. Bis jetzt volle Punktzahl auf der ganzen Linie.

Tag vier: „Faulendes Fleisch und Anstecksträußchen"

Als ich am letzten Tag meines Besuchs das Zentrum betrete, trägt der Wind einen Hauch nach Schwefel über den Fluss. Das wird nicht der schlechteste Geruch sein, den ich heute noch zu riechen bekomme.

Heute gehen wir zurück in 227 hinein. „Möchtest Du Gus mal LSH laufen lassen?" fragt Kaynaroglu Dougherty, der schon die Leine in der Hand hat und nach draußen strebt. Ich laufe ihm nach.

Eines Tages wird dieser Teil des Campus sicherlich zu Wohnungen oder neuen Räumen für die Uni umgebaut werden, aber im Moment ist das alte Industriegebäude ein tolles Trainingsgelände für die Hunde des Zentrums. Es ist nicht nur weitläufig mit Hunderten von Räumen, sondern die Räume bieten auch noch alle unterschiedliche geruchliche Herausforderungen. „Wenn Sie eine Weile hier arbeiten, lernen Sie alle möglichen Luftströmungen in diesem Gebäude kennen", sagt DeAngelo. Sie kann zwar nicht genau erklären, was sie über diese Luftströme weiß, aber alle Trainer, die schon lange dabei sind, wissen, dass bestimmte Räume und bestimmte Zeiten für die Hunde schwieriger sind. Wie die Luft strömt, bestimmt, ob der Hund schon an der Tür riechen kann, ob jemand im Raum ist oder ob sich der Geruch hinten in einer Raumecke sammelt, dort festhängt und nur bei näherem Absuchen zu finden ist.

Ein Raum ist ganz besonders schwierig für die Hunde: Ein Labor im ersten Stock mit alten Abzugshauben in der Mitte und geschlossenen Türen rundum. Über eine Stunde lang schaue ich zu, wie drei Hunde immer wieder an der Tür vorbeilaufen, hinter der sich Dougherty versteckt, bevor sie ihr überhaupt erkennbare Aufmerksamkeit schenken und sie untersuchen, anstatt nur oberflächlich darüber hinwegzugehen. Dann aber, wenn sie erst einmal konzentriert schnüffeln, finden sie ihren Mann sofort.

„Manchmal zerstäuben wir Babypuder, um den Luftstrom zu verfolgen“, sagt Dougherty: im Grunde behilft man sich also mit einer Pulverpistole, um zu sehen, was der Hund sieht, oder anders gesagt, um ein Gefühl dafür zu bekommen, wie sich die Luft im Raum bewegt. Wo sammeln sich die Gerüche, wo werden sie nach oben oder gar direkt zum Fenster heraus getrieben? Man kann dem Hund folgen, oder man kann etwas in die Luft hinzugeben. Draußen im Freien waren die Hunde unsere Quelle. Hier drinnen macht eine Pulverpistole oder etwas Ähnliches das Unsichtbare für uns sichtbar.

Wenn man einmal darüber nachdenkt, dann haben wir alle schon einmal Luftströme beobachtet. Das Faszinierende an einem angezündeten Streichholz geht zum Teil natürlich von seiner phosphorhaltigen Flamme aus, aber auch von der kleinen Rauchfahne, die davon aufsteigt. Wir sehen Luftbewegung, wenn auf einer Theaterbühne „Nebel“ eingesetzt wird, um das Atmosphärische einer Szene zu steigern. Rauch und andere Partikel verteilen sich, wenn die Luft turbulent ist – was sie die meiste Zeit über ist. Andere Methoden zur Visualisierung von Luftströmen nutzen einen „neutral auftriebsfähigen“ Hilfsstoff wie zum Beispiel Heliumbläschen, die im Windschatten der Luft dahinsegeln. Zusammen mit einem Speziallicht kann man so nachvollziehen, wie sich die Luft in einem Raum bewegt. In einem normalen, leeren Raum steigt die über Tag erwärmte Luft an den Wänden zur Decke hoch, von wo aus sie wieder nach unten gedrückt wird und wie eine Welle auf die von der anderen Seite kommende Luft trifft. Die beiden Luftströme stoßen auf- und ineinander und erinnern an die wilden Farbwirbel auf den Ölgemälden des halluzinierenden Van Gogh.

Im Grunde ist das gleichzeitig auch der Weg der Gerüche, den die Hunde in jedem Raum sehen, den sie betreten.

Dougherty hält ein kleines Schraubdeckelglas in der Hand. Wir sind im ersten Stock von 227 und verstecken „LSH“. Wie sich herausstellt, ist dies eine der Initialkürzungen, die in Kurzform einfach netter klingen als in Langform: Leichenspürhund. Im Glas befinden sich kleine Stückchen menschlicher Überreste, genauer gesagt des Knies einer Leiche. Der Bezugskatalog, den diese Leute hier haben, muss sich wirklich fantastisch lesen.

„Möchten Sie mal dran riechen?“ fragt er und schraubt den Deckel auf. Möchte ich nicht, aber ich tue es. Ich beuge mich über das Glas und streiche mir instinktiv die Haare aus dem Gesicht. Zuerst bemerke ich nichts. Dann: ein süßlicher und Würgereiz hervorrufender Hauch, ein bisschen wie eine Nelke, die in der Tonne verfault ist. Dougherty lächelt mich an. Dies ist einer der wenigen Momente, in denen man ganz genau weiß, was im Kopf des anderen vorgeht.

Upton ist weit entfernt und sehr an irgendetwas auf dem Boden interessiert. Ich eile zu ihm hin. Seine Nase zeigt auf ein kürzlich verendetes Eichhörnchen, das von einer kleineren Anzahl an Fliegen besucht wird. Er wedelt, als er den Kopf zur Seite dreht und in den Vorderbeinen einknickt, um sich gleich darauf zu wälzen. Ich ziehe ihn davon weg, komme dann aber wieder zurück. Ich muss einfach daran riechen. Ich beuge mich darüber. Es ist nicht schwierig zu riechen. Süß und faul zugleich – nicht die Art von Duft, die angemessen für ein Eichhörnchen ist, das kürzlich noch keckernd die Baumstämme hochgesaust ist.

Die meisten Menschen mögen sich davon nicht so angezogen fühlen, wie Hunde es tun, aber der Geruch des Todes birgt eine gewisse Tiefe und die Faszination des Vergänglichen in sich. Hemingway hat seine Bestandteile beschrieben, als ob es sich um ein Parfüm handeln würde: eine Kombination aus dem Kuss einer Frau, die Blut geschmeckt hat; die morgendlichen Straßen mit ihrem Gemisch aus alten Zigarettenkippen und schmutzigem Seifenwasser; verrottete Blumen – und all das wahrgenommen mit dem flauen Magen eines Seekranken. Diese „zuckrige Fäulnis“, so schreibt P.J. Rourke über das *Eau de Leiche*, erinnert an „faulendes Fleisch und Ansteckstäußchen“ und macht uns umso kränker, weil wir ihre Herkunft kennen: Der Tod selbst macht uns krank.

Die Pathologin Carla Valentine erklärt: „Bei einer Autopsie *muss* man riechen, was vor sich geht, denn man kann Dinge anhand des Geruchs diagnostizieren...kein professioneller Rechtsmediziner würde jemals auf die Idee kommen, den Geruch zu verdecken." Für einen Pathologen ist der „natürliche Geruch" der Verwesung weniger ekelerregend als vielmehr einfach nur im Zusammenhang passend. Und der Zusammenhang ist für Gerüche nun einmal sehr wichtig, wenn nicht sogar unverzichtbar. Jeder eigentlich angenehme Geruch, den wir im falschen Zusammenhang riechen, wie etwa Lavendel in einem Café oder Grillgeruch an unserem Liebsten, kann unangenehm werden.

Was die Hunde riechen, egal ob an einem verwesenden Eichhörnchen im Park oder als professionelle Leichenspürhunde, ist der Tod: Der Tod der Zellen und der Geruch der biologischen Prozesse, die abzulaufen beginnen, sobald die Zellen sterben. Dass Hunde diesen Geruch bemerkenswert finden, macht sie zu besonders guten Aufspürern des Todes und ist womöglich zum Teil auch für ihre Fähigkeit verantwortlich, kranke Körperzellen bei ihren lebenden Besitzern wahrzunehmen.

Das offensichtliche Interesse der Hunde am Geruch des Todes heißt aber noch nicht, dass Sie einen instinktiv zu diesem Todesgeruch in einem Raum hinführen würden. Im Diensthundezentrum wird der Leichengeruch genauso eingeführt, wie es mit allen neuen Gerüchen geschieht: in sehr kleinen Schritten. Das Verhalten des Hundes wird langsam so geformt, dass er den Geruch zuerst überhaupt nur wahrnimmt, ihn dann von anderen Gerüchen unterscheidet und sich dann etwas daraus macht, das auch seinem Menschen mitzuteilen. Am Ende jeder Suche wartet ein Tennisball oder Zerrspielzeug. Die zuverlässige Zufriedenheit des Hundes mit seiner Entlohnung ist an seinem kräftigen Wedeln gut erkennbar.

Ein Jahr später schreibe ich an Professor Otto und erkundige mich nach den Hunden. Sie berichtet, dass PApa Bear, dessen erste Begegnung mit Marihuana ich miterlebt hatte, inzwischen als Drogenspürhund von der Polizei in Gloucester, New Jersey eingesetzt wird. Gus, der mich und seine Hinterbeine entdeckt hat, arbeitet genau wie Felony und Sirius als geprüfter Rettungshund in New Mexico; Jake betreibt Flächensuche in Pennsylvania. Quest und Logan sind Polizeihunde bei den Verkehrsbetrieben von Philadelphia; Rookie ist ebenfalls Polizeihund geworden. Die ehemaligen Welpen Packer und Parsons sind Rettungshunde; Pinto ist ein Leichenspürhund. Pak und Patterson arbeiten im Rettungsdienst, bereiten sich aber noch auf ihre Prüfung zur Einsatzfähigkeit vor. Im Moment lernt ein neuer Wurf Welpen, der Q-Wurf, im Zentrum das Einmaleins.

Wenn man den größten Teil einer Woche mit diesen Hunden verbracht hat, ist man infiziert. Wenn ich nach Hause zu meinen liebenswerten, ungeschickten, nicht-Leiter-kletternden Hunden zurückkomme, die meine Augen von Nahem beschnüffeln und mich hilfesuchend anschauen, um ihre Probleme mit Tennisbällen unter dem Sofa zu lösen, dann sehe ich jetzt, wie sehr sie keine Arbeitshunde sind. Diese Tatsache wirkt in beide Richtungen: unsere Hunde sind arbeitslos, aber sie erleben in unserer Familie viel Zuneigung und Bewunderung. Was ihre einzige Beschäftigung zu sein scheint. Aber ob das genug ist?

Was mich an den Zentrumshunden am stärksten beeindruckt, ist, wie sehr sie um ihrer Leistung willen geschätzt werden. Man geht mit ihnen wie mit Mitgliedern einer Spezies mit ganz besonderen Fähigkeiten um, nicht wie mit bepelzten vierbeinigen Menschen. Dieser Punkt ist auch etwas, das mich in meinem eigenen Forschungsfeld – komparative Kognition, also grob gesagt Intelligenzvergleich – stört: Dass man von der Prämisse ausgeht, das interessanteste Forschungsthema sei immer die Frage, ob Tiere bei verschiedenen Aufgaben so gut abschneiden können wie Menschen.

Die Zentrumshunde bringen mich dagegen dazu, den Vergleich umzudrehen. Angesichts dessen, was diese Hunde können – innerhalb von zwei Minuten einen Fremden in einem dreistöckigen Gebäude finden, einen neuen Zielgeruch in einer einzigen Lektion lernen – denke ich, es wäre angemessener, zu fragen, ob *wir* das leisten können, was Hunde leisten.

Und so nahm ich mir vor, zu schauen, was einige dieser Spürhunde außerdem noch können – und dann zu prüfen, ob auch Menschen (mich selbst inbegriffen) lernen können, zu riechen, was die Hunde riechen. Komparative Kognition, von Hunden verfasst.

Kapitel 8

Naseweis

Als ich langsam aus dem Schlaf aufwache, bemerke ich Finnegan, der seine Nase nur wenige Millimeter vor meinen Mund hält und schnüffelt. Als ich die Augen öffne, wirkt er überrascht, dass ich an diesem merkwürdigen Geruch dranhänge. Ich beschließe, dass ich demnächst den Arzt anrufen sollte.

Es war Ende der Achtziger Jahre in Großbritannien, als einem Border Collie-Dobermann Mix etwas auffiel. Der linke Oberschenkel seiner Besitzerin. Gleichzeitig begann seine Besitzerin, eine vierundvierzig Jahre alte Frau, das extreme Interesse ihres Hundes an einem Muttermal zu bemerken, das sich kürzlich gebildet hatte – auf ihrem linken Oberschenkel. Minutenlang untersuchte der Hund das Mal mit seiner Nase, selbst während des Hechelns. Als es draußen wärmer wurde und sie kurze Hosen trug, begann der Hund an dem Muttermal zu knabbern, als ob er es herausbeißen wolle.

Ein paar Jahre später begann ein Labrador namens Parker, dem linken Oberschenkel *seines* Besitzers besondere Aufmerksamkeit zu schenken. Der sechsundsechzig Jahre alte Mann war ständig damit beschäftigt, die Nase des Hundes aus seinem Hosenbein herauszuschieben, weil Parker versuchte, an die Stelle mit dem juckenden Ekzem heranzukommen, das sich dort gebildet hatte.

In den USA begann ein Dackelwelpe ungewöhnliches Interesse an der linken Achselhöhle seines Frauchens zu zeigen. Die vierundvierzig Jahre alte und kerngesunde Frau ließ sich dieses Beschnüffeln eine ganze Zeit lang gefallen, wenn die beiden zusammen auf der Couch vor dem Fernseher saßen. Eines Tages spürte sie in ihrer Achselhöhle, als sie den Hund wegschob, einen Knoten.

In jedem dieser Fälle war das, was die Aufmerksamkeit des Hundes erregt hatte, bösartiger Krebs. Im ersten Fall entdeckte man ein Melanom, dessen Entfernung der Frau vermutlich das Leben rettete. Das Ekzem des Mannes entpuppte sich als Karzinom. Und der Achselhöhlenknoten stellte sich in der Biopsie als Brustkrebs heraus. Nach der Brustentfernung galt das Interesse des Dackels immer noch der Achselhöhle. Die Frau bekam Strahlen- und Chemotherapie, starb aber ein Jahr später an ihrer Krebserkrankung.

Die Autoren des Artikels, der in der medizinischen Fachzeitschrift *Lancet* erschien, schrieben: „Möglicherweise sondern bösartige Tumore wie Melanome mit ihrer abweichenden Proteinsynthese charakteristische Gerüche ab, die für Menschen nicht wahrnehmbar sind, von Hunden aber mit Leichtigkeit entdeckt werden können." Bevor dieser Fall 1989 an die Öffentlichkeit kam, wäre die Vorstellung, dass Hunde Krebs erkennen und im Grunde sogar *diagnostizieren* könnten, bestenfalls lächerlich gewesen. Aber all diese Hunde, von denen keiner je trainiert worden war, etwas auch nur entfernt Medizinisches zu tun, waren in der Lage, das Leben ihrer Besitzer zu retten oder zu verlängern, und das einfach nur dadurch, dass sie sie selbst waren.

Es gibt kaum bessere Beweise dafür, dass es die Nase ist, die Spürhunde zum Entdecken ihrer Beute befähigt, als ihre Verfolgung der unsichtbarsten und gemeinsten Schufte überhaupt – der Krebszellen. Zwar haben die Autoren all der genannten Berichte streng darauf geachtet, ihre Fallstudien als „nur anekdotisch" zu beschreiben. Aber die Geschichten waren provokant. Mehr noch, die Standardverfahren zur Krebserkennung waren teuer, langwierig und manchmal schmerzhaft. Die Hoffnung, dass man Praxisbesuche, Biopsien und CT-Untersuchungen vielleicht durch Hundenasen ersetzen könnte, war unwiderstehlich. Diese ersten anekdotischen Berichte waren Anregung für ein kleines Forschungsfeld und man versuchte in Studien herauszufiltern, was genau die Hunde wahrnahmen und ob man sie dazu trainieren könnte. Krebswachstum produziert mit Sicherheit Bestandteile, die flüchtig sind und die sich in Blut, Urin oder Atemluft lösen. Abgesehen von der merkwürdigen Tatsache, dass die Hunde stets schwanzwedelnd die medizinische Arena betraten, gab es keinen Grund dafür, warum Hunde nicht in der Lage sein sollten, zu Diagnostikern zu werden.

Im Diensthundezentrum der Pennsylvania State University gibt es ebenfalls einen Trainer, der „Krebs macht": Jonathan Ball. Genauer gesagt führt er die Hunde durch Versuchsreihen, die sie mit dem Geruch von Krebszellen vertraut machen sollen und trainiert sie anschließend, diesen Geruch anzuzeigen.

Die Tür zum Trainingsraum öffnet sich und Ball lässt mich herein. Er hat eine jungenhafte Frisur, trägt Jeans und einen Futterbeutel um die Hüfte. Der Raum wird von einem speziell gebauten „Trainingsrad“ beherrscht, das auf der Seite liegt und zwölf Speichen besitzt. Am Ende jeder Speiche ist ein kleiner Glasflakon befestigt, der etwa so groß wie ein Salzstreuer ist. Sie sind mit Netzgewebe abgedeckt, um jede mögliche visuelle Hilfe auszuschließen und die überenthusiastischen Hunde am Lecken zu hindern. In dreien von ihnen befinden sich winzige gespendete Gewebeproben. Im Zielflakon befinden sich fünfzig Mikroliter Plasma, das aus einer Gruppe von Patientinnen mit bösartigem Eierstockkrebs stammt. Die übrigen neun Flakons sind leer.

Ich blinzle in die Flakons. Sie sehen alle leer aus: Fünfzig Mikroliter sind keine sichtbare Menge. Ich rieche die Pizza aus der Küche nebenan, ich rieche das scharfe Aroma von Isopropylalkohol, den man zum Reinigen des Rades benutzt; ich rieche die Seife auf meinen eigenen Händen; aber das Plasma rieche ich nicht. Eine lang gebaute und schlanke gelbe Labradorhündin, Ffoster, kommt zusammen mit ihrer Hundeführerin elegant durch die Küche stolziert. Unterwegs beschnüffelt sie die Behälter mit Essen extra sorgfältig. Sie macht einen kurzen Rundgang durch den Raum: Der einzelne Schrank, die beiden diskret an einer Wand sitzenden Menschen. Ball wendet sich zu ihr hin, und sofort ist ihre ganze Aufmerksamkeit nur noch bei ihm. Er lockt sie mit Leckerchen und sagt „Pass auf“, bis sie ihm ins Gesicht schaut. Sie scheint ihm direkt in die Augen zu sehen und zehn Zentimeter weit in den Schädel hinein, ihren feuchten braunen Blick irgendwie ein wenig nachdenklich nach innen gerichtet. Ganz leicht neigt sie den Kopf. „Such!“ sagt er und sie läuft gehorsam zum Rad.

Ffoster wischt mit ihren Lefzen in weniger als einer Sekunde sanft über die Netzabdeckungen. Ohne aus dem Trott zu kommen, wiederholt sie ihre Analyse beim nächsten und übernächsten Flakon, bis sie an einem eine kaum wahrnehmbare Pause einlegt. Sie schaut Ball an, der unbeirrt nur auf die Mitte des Rades starrt. Er hat seine Augen zusammengekniffen, seine Körperhaltung ist starr. Er ist, wie sie hier sagen, „blind“ für die Position des Zielflakons auf dem Rad (nur eine andere Person im Raum, die mit dem Rücken zu ihm steht, weiß, welches das richtige ist), aber er achtet auch darauf, dem Hund keine ungewollten Hinweise zu geben. Seit dem „Klugen Hans", dem Pferd, das angeblich rechnen konnte, in Wahrheit aber nur außerordentlich gut geübt im Lesen der unabsichtlichen Körpersprache seines Besitzers war, achtet jeder, der Tiere trainiert oder studiert, peinlichst darauf, keine Hinweise zu geben. Bei Versuchen wird sichergestellt, dass sie immer „blind" sind: dass der Trainer nicht weiß, welchen über ein Leckerchen gestülpten Becher der Hund umkippen soll oder an welche Person der schlaue Hund sich wenden sollte, um eine Belohnung zu bekommen. Entsprechend möchte man im Training, dass der Hund lernt: Das Signal, das der Trainer festlegt (oft ein Wort oder eine Geste) ist eine Instruktion, nicht irgendein zufälliges Geräusch oder eine zufällige Bewegung. Im Gegensatz dazu geben sich viele Hunde sehr schlau, indem sie eben nur die unabsichtlichen Signale ihrer Besitzer genau beachten. Daher also ihr hellseherisches Wissen, wann es Zeit zum Essen, Spazierengehen, Schlafen, für den Tierarztbesuch, zum Bürsten oder zum Baden ist: Sie lesen ihre Besitzer, und die Besitzer lassen sich bereitwillig lesen.

Ffoster bekommt keinen Hinweis von Ball und umrundet weiter im leichten Trab das Rad. Sie findet den Zielflakon zweimal sorgfältig heraus, zeigt aber nicht an. Dann niest sie und schnüffelt besonders kräftig, was sich beinahe anhört, als ob sie *Hmm-huh-huhn-mm-huhn* und dann *Ffrun* sagen würde. Sie setzt sich hin. Anzeige. Der eingeweihte Assistent stimmt zu, Ball erwacht aus seiner Starre und belohnt die Hündin für ihren Fund.

Ball schickt Ffoster aus dem Raum, um einen kleinen Mittagsimbiss zu nehmen. „Wir müssen nächstes Mal daran denken, Krebs nicht um die Mittagszeit zu machen", sagt er. Er ist der Meinung, dass ihre leicht verzögerte Reaktion der Ablenkung durch die Essensdosen und die vier Pizzakartons geschuldet ist, an denen sie auf dem Weg hierher in der Küche vorbeigekommen ist.

„Komm schön, Mädchen", sagt ihre Hundeführerin, als sie sie zurückführt. Zeit für eine neue Rad-Tour. Ffosters Training ist eine Übung im *Formen*: Man fördert nach und nach ein gewünschtes Verhalten, indem man alle Bestandteile belohnt, die zu diesem Verhalten führen. Um einem Hund das Wasserskifahren beizubringen, setzt man ihn nicht an den Strand, damit er anderen wasserskifahrenden Hunden zuschaut und man zerrt ihn auch nicht einfach mit sich aufs Wasser hinaus. Stattdessen beginnt man mit dem allerkleinsten Schritt: Den Hund auf die Skier zu bekommen – am Strand. Allein schon die Annäherung an die Skier bringt ihm eine Belohnung ein. Sobald der Hund sich zuverlässig den Skiern nähert, zögert man die Belohnung hinaus, bis er mit einer Pfote darauf tritt. Sobald er das gerne tut, bittet man ihn (wieder durch Zurückhalten der Belohnung, bis er etwas anbietet) jetzt zwei Pfoten auf die Skier zu setzen, dann vier. So kann der Hund erstaunlich schnell lernen, auf den Skiern zu stehen und dort zu bleiben, ohne dass man ihn je explizit dazu aufgefordert hätte oder er überhaupt weiß, was er da eigentlich tut. Später kommt dann noch der Schritt „Wasser" dazu. Wenn ein Hund Wasserski fährt, wurde sein Verhalten geformt.

Auch hier werden Ffoster und die anderen Hunde durch einen tagelangen Prozess der Formung geleitet. Anstelle Wasserski zu fahren, bittet man sie lediglich, auf einen bestimmten Geruch zu achten und ihn dann später zu finden und sich neben ihn zu setzen. Ball und die anderen Trainer des Zentrums beginnen damit, dass sie den Hunden eine Probe kranken Gewebes (kombiniert von mehreren Patienten) zeigen. Wenn der Hund schnüffelt, wird er mit einem Click und mehreren kleinen Leckerchen belohnt. Schnupper, click. Schnupper, click. Irgendwann wird das kranke Gewebe neben Gewebeproben von gesunden Menschen präsentiert. In diesem Fall besteht das Spiel darin, die krankhafte Probe zu finden und die gesunde zu ignorieren. Schnupper, click. Schnüffelt der Hund an der anderen Probe, gibt es keine Belohnung. Dies wird Hunderte Male wiederholt, wobei aber jeder Übungseinheit kurz bleibt, um die Hunde nicht zu ermüden, entmutigen oder zu langweilen. Sobald sie damit anfangen, den Geruch auf dem Rad zu finden, geht das Training weiter: zwei Mal täglich zehn Mal zum Rad.

Irgendwann werden Hunde wie Ffoster und McBaine, ein schwarzweißer Springer Spaniel mit dem für die Rasse typischen schmachtenden Blick, so gut, dass der Trainer weiß: Wenn sie eine Probe nicht finden, dann lag das nicht an ihnen, sondern an etwas anderem wie zum Beispiel einem knurrenden Magen oder einer Erkältung im Anmarsch.

Nachdem Ffoster weggebracht wurde, kommt McBaine mit seiner Hundeführerin Annemarie DeAngelo herein. Vor dem nächsten Hund wurde im Raum Staub gewischt, die Behälter und die Netzabdeckungen mit Isopropylalkohol eingesprüht. „Wo sind wir denn?" plaudert DeAngelo mit McBaine, als die beiden hereinkommen. „Was machen wir hier?" McBaine schnüffelt in den anderen, radlosen Bereichen des Raums: An dem Boden zwischen Küchentür und Außentür, den Besucherstühlen, einem Besucher (flüchtig). „Hallo Hund", sagt sie, um seine Aufmerksamkeit zu bekommen. „Willst du mal ein bisschen rumschnuppern, Großer?"

Nachdem er sich hingesetzt hat, tritt DeAngelo hinter eine Sichtblende – clever! – und sagt „Such!" McBaine macht sich an die Arbeit. Er nähert sich dem Rad in einem nicht übermäßig eiligen Trab. Er wischt mit seinem Fang über die Gazeabdeckung jedes Behälters und hinterlässt dabei feuchte Streifen. Lange Wimpern rahmen sein Gesicht, seine fedrigen Ohren hängen herab. Irgendwie drängt sich einem die Frage auf, ob er in einem dieser Glasflakons vielleicht ein Rebhuhn zu finden hofft. Beim ersten Durchgang setzt er sich zur Anzeige vor eine Ablenkung – gesundes Plasma. Keine Belohnung. Die Flakons werden geleert, neu befüllt und er setzt zu einem neuen Durchgang an. Beim zweiten Durchgang passiert das Gleiche. Aber beim dritten Mal findet er dann die richtige Plasmaprobe und erntet von DeAngelo freudige Begeisterung sowie ein kleines Leckerchen als Belohnung.

Später schaue ich über Skype zu, wie Tsunami – Tsu, wie jeder hier diese hübsche, langohrige Schäferhündin nennt – ihren Trainingslauf absolviert. Sie ist „reaktiv", sagen ihre Trainer, und meinen damit in diesem Fall, dass sie nicht begeistert von fremden Menschen oder Hunden in ihrem Umfeld ist. Also schaue ich von einem Nebenraum aus zu. Selbst auf dem kleinen Computerbildschirm ist Tsu fabelhaft. Sie läuft um das Rad wie ein Zirkuspferd um die Manege und wirkt kaum interessiert. Die Zunge hängt ihr lässig aus dem Maul. Dann plötzlich dreht sie um und findet die Probe. DeAngelo wirft ihr einen Ball am Seil hin und sie trabt stolz mit ihm davon. Anschließend umrundet sie das Rad noch neun weitere Male und findet die Probe jedes Mal im Nullkommanichts, als ob es das Leichteste von der Welt wäre.

Im Diensthundezentrum muss ein Hund in mindestens 83% der Versuche richtig liegen, bevor er zur nächsten Schwierigkeitsstufe weitergehen kann. Das heißt, dass er in zehn von zwölf Durchgängen die gesunde Gewebeprobe korrekt ignorieren muss. Dieses Leistungsniveau unterscheidet sich statistisch gesehen deutlich vom zufälligen Raten, bei dem der Hund der Wahrscheinlichkeit nach im Schnitt nur einen von zwölf Versuchen richtig absolvieren würde. Tatsächlich finden die Hunde in den nächsten Monaten in mehr als 85% der Fälle die korrekte Probe (Sensibilität) und zeigen bei den falschen Proben nicht an (Spezifität). Aber...warum sind sie nicht *perfekt*?

Ein Rätsel. Das erste Plasma, auf das die Hunde treffen, ist „gepoolt“, sprich kombiniert von mehreren Patienten, weshalb es sein könnte, dass das Training mit gepoolten Proben das Generalisieren auf individuelle Proben erschwert. Es könnte sein, dass die Hunde nur einige, aber nicht alle Geruchsprofile der Proben aufnehmen.

Oder es könnte einfach sein, dass das Spiel einfach nicht *jedes Mal* für sie interessant genug ist. Wir Menschen erreichen selbst in Fähigkeiten und Aufgaben, die wir schon seit langem beherrschen, nur selten 100 Prozent – daher ist es allgegenwärtig, dass wir beim Gehen stolpern, uns selbst Buchstabendreher wie „Luppengreiter“ oder „hütende Britze“ sagen hören oder jedes Jahr aufs Neue nachschauen müssen, ob die Uhr bei der Umstellung auf die Sommerzeit vor- oder nachgestellt werden muss. Wir lassen uns ablenken, wir haben schlechte Tage, wir werden müde – und Diensthunden geht es nicht anders. In diesem Fall handeln die Hunde einfach nur menschlich.

Man hat noch viele weitere Hunde in vielen anderen Forschungsgruppen auf ihre Fähigkeit zur Krebserkennung getestet. Und selbst wenn das Training weniger sorgfältig durchgeführt wurde wie am Diensthundezentrum der Penn, waren die Ergebnisse erstaunlich.

Die Forschungsergebnisse zum Thema haben größtenteils gezeigt, dass Hunde über verschiedene Mittel und Substrate hinweg eminent gute Krebsdetektoren sind. In Anbetracht der Tatsache, dass es nicht eine, sondern viele Krebsarten gibt – in der Lunge oder anderen inneren Organen, in der Haut oder im Blut – arbeiten die Wissenschaftler in der Regel mit Proben, die der jeweiligen Quelle entnommen wurden.

Kaum verwunderlich war, dass die Hunde reichlich Interesse an den Bechern mit Urinproben zeigten, die man ihnen zum Riechen präsentierte. Überraschender dagegen war, dass sechs Mischlingshunde den Urin von Patienten mit Blasenkrebs mit deutlich besserer Trefferquote, als nach dem Zufallsprinzip erklärbar gewesen wäre, von gesundem Urin unterscheiden konnten. Urin als der finale Träger der Abfallstoffe aller möglichen Stoffwechselprozesse, die im Körper stattgefunden haben mögen, scheint eine andere Geruchsnote zu haben, wenn eine Krankheit im Körper steckt. Auch Prostatakrebs kann Spuren im Urin hinterlassen – in einer Studie zeigte ein Malinois die Krankheit in 91 Prozent der Fälle richtig an. Zwei Deutsche Schäferhunde, die zuvor als Sprengstoffspürhunde eingesetzt gewesen waren, verbrachten sechs Monate mit dem Beschnuppern von Urinproben hunderter kranker und gesunder Menschen und waren am Ende der Studie so gut wie perfekt darin, die Proben der Krebspatienten herauszufinden.

Die Forschungsstudien gehen weiter und man testet Hunde an Gewebeproben aus Biopsien oder sogar direkt an der Person selbst. Weitere zwei Hunde waren unglaublich zuverlässig darin, die Melanome unter Verbänden zu finden, die man dreißig freiwilligen Testpersonen angelegt hatte. Das vermutlich beste Medium für diese Forschung war aber die Atemluft. Linus Pauling, der sowohl den Nobelpreis für Chemie als auch den Friedensnobelpreis erhielt, war weniger bekannt für seine 1971 gemachte Entdeckung, dass in der ausgeatmeten Luft einer Durchschnittsperson Hunderte volatiler organischer Bestandteile enthalten sind. Für diejenigen, die sich damit wissenschaftlich beschäftigen, ist „schlechter Atem“ oder einfach nur „Atem“ nicht nur ein einfaches Phänomen. Die Bestandteile des Atems repräsentieren eine Reihe von Dingen: Was sich in der eingeatmeten Luft befindet und ein gasförmiges Abbild der Stoffwechselprozesse, die im Körper vor dem Ausatmen vor sich gegangen sind. Es sieht nun so aus, dass der Atem eines jeden Menschen anders ist und ihn selbst und sein Innenleben widerspiegelt. Etwa zwei Dutzend Komponenten sind bei allen Menschen gleich, aber ungefähr weitere zweihundert oder so unter all den Tausenden, die die Wissenschaftler mit ihrem Leimklebeband eingefangen haben, sind einzigartig nur für Sie.

Atem beinhaltet auch Informationen über Krankheiten im Atmungsorgan, der Lunge. Um Atemproben zu gewinnen, bitten die Wissenschaftler die Versuchspersonen, in ein Reagenzglas auszuatmen, das zuvor mit ein wenig Polypropylenwatte „ausgestopft“ wurde. Genau wie Rauch an der Kleidung oder Chlor in den Haaren hängen bleibt, so bleiben auch die volatilen Bestandteile der Atemluft an der Watte haften. Das Reagenzglas wird mit einem Deckel verschlossen und dann in einem Plastikbeutel versiegelt. Ein paar Wochen Clickertraining und die fünf jungen Hunde einer Studie – Labrador Retriever und Portugiesische Wasserhunde, die als Blindenführhunde ausgebildet wurden – hatten kein Problem damit, die Proben von Patienten mit Lungenkrebs herauszufinden.

Und noch ein Rätsel: Was genau ist es, das die Hunde riechen? Krankhaftes Gewebe kann Hunderte volatiler Moleküle enthalten – gibt es eins darunter, das den Krebs „verrät“? Und wenn ja, könnte man es isolieren und ohne die umständlichen Zellproben präsentieren? Und können wir eigentlich sicher sein, dass das, was die Hunde finden, überhaupt die Krankheit ist? Ein Körper, der mit einer Krankheit kämpft, wird mit entzündlichen und immunologischen Vorgängen reagieren, die wiederum ihrerseits riechfähige Stoffe absondern. Und selbst die Depression oder Angst, die mit einer schweren Krankheit einhergeht, könnte als Geruch wahrnehmbar sein.

Am Monell Chemical Senses Center versucht George Preti, den Kern der Sache herauszuschälen. Nach seinen Forschungen zu den caniden Analbeuteln analysiert er nun die wesentlich angenehmeren Plasmaproben, an denen die Hunde der Penn Universität trainieren. Als ich ihn an einem heißen Augustnachmittag im Westen von Philadelphia besuche, wo das Monell-Institut sich befindet, riecht die Luft stechend scharf. Aus den Lüftungsschlitzen der Gullideckel in der Straßendecke steigen die Dämpfe der da unten in den Kanälen gefangenen stinkenden Drachen. Das Institut ist im Kontrast dazu glänzend antiseptisch. Ich unterhalte mich mit Preti in einem kühlen Raum, dessen Bücherregale Titel zu Geschmack, Geruch und Olfaktion enthalten: *Zuckerforschungen 1943-1972* kämpft um Platz mit *Ich war Gastro-Journalist für die C.I.A.* und *Hunger: Eine biopsychologische Analyse* sowie *Umami: Tagungsbericht des zweiten internationalen Umami-Symposiums.*

Als ich frage, wie er wohl die einzelnen Bestandteile von Krebsgeruch analysiert, wird Preti munter: „Kommen Sie, ich zeige es Ihnen." Er schiebt seinen Stuhl zur Seite und geht aus dem Lesezimmer in einen Flur. Ich folge ihm die Treppe hinab in ein klassisch aussehendes Labor: Messbecher, Tischleuchten, stapelweise Kartons mit allen möglichen Gegenständen. Er bleibt an einem Gerät stehen, das aussieht wie ein Bürokopierer, von dem man hofft, dass man nie in die Verlegenheit kommen wird, seine Bedienung lernen zu müssen. Ich muss aber gar keine Kopien machen. Stattdessen bin ich dabei, die spannendste Technik kennenzulernen, von der Sie je gehört haben: „Das", sagt Preti mit einem Moment dramatischer Pause, „ist ein Gaschromatograph."

Ein großer, versiegelter und wie ein Safe aussehender Kasten mit einer komplizierten Tastatur an der Seite. Die Vordertür geht auf wie bei einer Mikrowelle und gibt den Blick ins Innere frei. „Er ist nicht eingeschaltet", versichert er mir und öffnet eine dick isolierte Tür. Was er in der Wissenschaft der Gerüche bewirkt, ist schlechterdings futuristisch: Man gibt eine Probe von irgendetwas Riechendem hinein – eine Orange, ein altes Buch, ein Veilchen, die über dem Kopf eines Babys eingefangene Luft – und der „GC" spuckt eine Liste aller volatilen Moleküle aus, die er darin gefunden hat.

„Das Herzstück darin ist die Trennsäule", erklärt er. Sie besteht aus fünfzig Metern Glasspule, einen halben Millimeter dick, die im Inneren mit einem Polymer beschichtet ist. „So. Sie injizieren die Probe hier oben" – zeigt er oben auf den Gaschromatograph – „in den Einspritzblock." Dieser wird auf einer Temperatur zwischen 90 und 150 Grad gehalten. Dann wird Helium in die Spule geleitet, woraufhin das

Probenmaterial und das Polymer interagieren. „Dann erhöht man die Temperatur der Trennsäule langsam um ein festes Maß, sagen wir vier Grad pro Minute. Wenn die Temperatur steigt, beginnen viele der Stoffe, die sich in der Trennsäule befinden, sich zu verflüchtigen. Sie setzen sich in der Trennsäule ab, was sie je nach ihrem Molekulargewicht in unterschiedlichem Tempo tun. Dann werden die Bestandteile separiert, so, als ob man einen Akkord in die Einzelnoten trennen würde“, schreibt Avery Gilbert über den Vorgang.

„Dieser spezielle GC hier ist als Gaschromatographie mit Olfaktometrie konzipiert.“ Petri zeigt auf eine Art Auslasshahn, der das Helium-Geruchsstoff-Gemisch wieder ins Freie leitet. Da die Lösung des Gemisches in seine einzelnen Bestandteile zerlegt wurde, strömt jede Komponente auch zu einem anderen Zeitpunkt heraus. „Wenn Sie eine sehr komplexe Mischung haben und wissen möchten, wann bestimmte Geruchsstoffe oder Gerüche herauskommen, können Sie sich hierher setzen und ihre olfaktorischen Sinneseindrücke notieren“, erklärt er.

Ich bin etwas verwundert. Diese ganze komplizierte Maschine mit Helium, Polymeren und Temperaturkurven, und am Ende sitzt da einfach nur eine Person und…*riecht?* “Du meine Güte, Sie müssen ja gut geübt sein, um das zu können“, meine ich.

„Ach was, ich kann Ihnen das in fünf Minuten beibringen. Es ist ganz einfach. Setzen Sie sich einfach her und riechen. Das Problem ist eher, die richtigen Vokabeln zur Beschreibung zu verwenden.“

Er zeigt mir ein Blatt Papier, auf dem in drei Spalten mögliche Geruchsbeschreibungen notiert sind. Dazu zählen auch Mengenangaben (*leicht* oder *nichts*), geläufige Lebensmittel (*Pizza, Gewürzgurken, Hot Dog, Popcorn, Kaffee*) und qualitative Eindrücke (*Schwimmbad, sauber).* „Olfaktometrie“ ist eine Person, die mit einem nasenförmigen Inhalator am Ende des Auslasses sitzt und riecht.“

Alternativ kann der Gaschromatograph auch mit einem Massenspektrometer gekoppelt werden und heißt dann GC-MS. In diesem Fall werden die verschiedenen Bestandteile von einem Gerät identifiziert, das sie bei ihrem Austritt grafisch darstellt. Der Geruch wird also in ein Bild übersetzt, seine Bestandteile werden zu Messkurven auf Papier. Je höher die Kurve, desto mehr der Komponente befindet sich im

Gemisch. Der GC-MS verrät einem alle volatilen (und damit potenziell riechbaren) Bestandteile einer beliebigen Substanz: Kaffee, Zitrus, Erde, Flieder. Würde man Urin in den GC geben, wird er ebenfalls in vielen verschiedenen Bestandteilen wieder herauskommen – einschließlich der Lebensmittel, die sein Spender zu sich genommen hat.

Was der GC-MS uns hingegen nicht mitteilt, ist, welcher Bestandteil für uns oder für Hunde am stärksten riecht. Die höchste Kurve ist nicht unbedingt der stärkste Geruch und nicht alle Kurven tragen gleich viel zum Geruchserlebnis bei. In manchen Fällen ist tatsächlich nur die kleine Spur einer Komponente für den Geruch verantwortlich. Unsere Geruchswahrnehmung *Kaffee* kann größtenteils von gerade einmal einer Handvoll der etwa sechshundert Komponenten verursacht sein, die der GC separiert hat.

Bis zum Tag unserer Unterhaltung hatte Preti den Bestandteil, der die Plasmaproben von Krebspatienten für Hunde unterscheidbar macht, noch nicht gefunden. Sollte ihm das gelingen, würde dieser Biomarker nicht nur das Hundetraining effizienter machen, sondern auch die Diagnose der Erkrankung verändern.

Das Innere der Hundenase mit ihren Rezeptorzellen, die volatile Geruchsstoffe im eingeatmeten Luftstrom an verschiedenen Orten in der Nase festhalten, funktioniert im Grunde nicht anders als ein biologischer Gaschromatograph. Der Detektor am Ende, der die Proben analysiert, ist das Gehirn des Hundes. Wenn man doch nur einen Blick auf seine Liste der Geruchsbeschreibungen werfen könnte!

Wäre es angesichts der Fähigkeiten von Hunden nicht vielleicht eine gute Idee, das Buch jetzt hinzulegen, sich auszuziehen, auf den Boden zu legen und Ihren Hund zu bitten, Sie jetzt sofort nach Melanomen abzuschnuppern? Ich kann es Ihnen nicht empfehlen. Es mag zwar sein, dass er in der Tat ein entartetes Muttermal an Ihrem Körper entdeckt – aber er weiß nicht, dass oder wie er Ihnen das mitteilen soll. Wenn er mit Ihrem Geruch vertraut ist (was jeder Hund zwangsläufig ist, der Zeit auf dem Schoß, Sofa oder im Bett seines Menschen verbringt), wird er den unterschiedlichen Geruch des Melanoms wahrnehmen. Es kann sogar „krank" für ihn riechen: Ein Wissenschaftler, der zum Geruchssinn der Hunde forscht, meinte sogar einmal leicht ironisch zu mir, dass die Fähigkeit der Wölfe, stets die schwächsten und kränksten Beutetiere herauszufinden, durchaus mit der Reaktivität der Hunde gegenüber menschlichen Krankheiten verwandt sein könne. Allerdings hat der Hund keine Vorstellung von Krankheit: wir müssen ihm diese erst vermitteln. Wenn er eine Hautverletzung riecht, wird er das einfach bemerken und nichts sagen.

Es ist nicht nur der Krebs, der das Interesse von Spürhundetrainern geweckt hat. Man arbeitet inzwischen verstärkt daran, Hunde auch zum Erkennen von Über- oder Unterzuckerung bei Diabetikern oder zum Warnen vor epileptischen Anfällen einzusetzen. Ein wissenschaftlicher Artikel beschreibt Hunde sogar begeistert als „zur Gänze biokompatibles und patientenfreundliches Warnsystem" für Hypoglykämie.

An der Penn hatte Jonathan Ball, der Trainer, den ich bei der Arbeit mit Krebserkennungshunden beobachtet hatte, einen speziellen „Diabetesanzug" entwickelt – Overalls mit vielen aufgenähten Taschen, in die Geruchsproben zum Suchen gesteckt werden können. „Was riechen die Hunde?" hatte ich ihn gefragt. „Gute Frage", antwortete er schulterzuckend. Trotzdem hatte das Zentrum zum Zeitpunkt meines Besuchs gerade seinen ersten fertig ausgebildeten Diabeteswarnhund an seine neue Besitzerin abgegeben: Bretagne, einen freundlichen jungen Golden Retriever. Bretagnes Ausbildung hatte damit begonnen, dass man sie auf den Geruch von Speichelproben von Personen prägte, deren Blutzuckergehalt sich im Bereich von 50-70 ml bewegte – unterhalb des Normalen. Nicht-Diabetiker erleben diesen Blutzuckerwert als das leicht niederdrückende, träge Gefühl, das uns oft etwa eine halbe Stunde nach einer großen Mahlzeit beschleicht, wenn das ausgeschüttete Insulin einen Moment lang den Zuckerspiegel übersteigt, für dessen Regulierung es zuständig ist. Im Training wurde Bretagne mittels Formung beigebracht, Blutzuckerwerte von 80ml und darunter anzuzeigen. Die Testproben und die Kontrollproben wurden in Gläschen gefüllt und in die Taschen gesteckt. Bretagne beschnüffelte daraufhin den Overallträger so lange, bis sie zuverlässig die richtige Probe anzeigte.

Aber *was* genau in der Speichelprobe es nun ist – welcher volatile Geruch, welche Komponente oder welche Kombination von Komponenten den entscheidenden Hinweis trägt – wissen wir noch nicht. Genau wie beim Krebs muss man auch hier weiterhin mit biologischen Proben arbeiten, solange man die genaue Signatur des Geruchscocktails der Erkrankung nicht kennt.

In Philadelphia verlagerte sich nur der Trainingsschwerpunkt etwas, nachdem Bretagne bei ihrer neuen Besitzerin lebte. Es war weiterhin wöchentliches Geruchsunterscheidungstraining erforderlich, damit der Hund auch weiterhin gelegentlich für seine Anzeige belohnt wurde. Im Gegensatz zu vielen anderen Spürhunden hat der Diabeteswarnhund möglicherweise über längere Zeit keinen „Erfolg" in Form der Identifikation von bedrohlich fallendem Blutzuckerspiegel, wenn sein Besitzer stabil ist. Das ist zwar gut für den Besitzer, kann aber frustrierend für einen Hund sein, der ausgebildet wurde, etwas zu tun – und das gut! – und nun auch die Möglichkeit haben möchte, das zu zeigen. Trainingseinheiten mit Geruchsproben außerhalb des Körpers sind deshalb sinnvoll, um die Motivation und Konzentration des Hundes zu erhalten.

In Großbritannien wurde der erste empirische Versuch zur Erfolgsquote von Diabetes-Warnhunden im Jahr 2013 veröffentlicht. Der erste Hinweis darauf, dass Hunde Hinweise aus dem Atem ihrer Besitzer ziehen könnten, kam von Hundebesitzern selbst, die berichteten, dass ihre Hunde spontan auf ihre Unterzuckerungen reagiert hätten; auch von Epileptikern gab es ähnliche Berichte. Nun mag es natürlich sein, dass die Besitzer sich nur an diejenigen Begebenheiten erinnerten, in denen ihr Hund sie scheinbar warnte – und nicht an die, in denen er es nicht tat oder wenn er das gleiche Verhalten auch ohne nahenden Anfall zeigte: eine typisch menschliche Schwäche. Aber wenn das der Fall wäre, hätte es zu viele Besitzerberichte über erfolgreiche Hunde geben müssen. Deshalb baten die Wissenschaftler die Hundebesitzer, mehrmals am Tag ihren Blutzucker zu messen und außerdem aufzuschreiben, wenn sie der Meinung waren, dass ihr Hund anzeigen würde – etwa durch Anstupsen mit Nase oder Pfote oder sogar Bringen der Teststreifen. Wie sich herausstellte, befand sich der Blutzuckerspiegel immer dann, wenn die Hunde anzeigen, mit größerer

Wahrscheinlichkeit außerhalb des Normalen. Die Hunde zeigten nicht jedes Mal an und auch nicht immer korrekt, aber es sah trotzdem vielversprechend aus. Möglicherweise haben die Hunde eine Veränderung im Schweiß oder sogar im Atem ihrer Besitzer gerochen, aber es kann auch sein, dass sie als die genauen Menschenbeobachter, die sie sind, Veränderungen im Verhalten ihrer Besitzer bemerkt haben, die einer Unterzuckerung oder einem Anfall vorausgingen.

In den Fällen, in denen diese Hunde im Gegensatz zu den meisten anderen Spürhunden mit dem Zentrum ihres „Riechfokus", also ihren Menschen, zusammenleben, kann es durchaus sein, dass die verbesserte Lebensqualität der Diabetiker und Epileptiker auch etwas mit dem allgemeinen positiven Effekt zu tun hat, den das Zusammenleben mit einem Hund haben kann. Eine Person, die zuvor niemals alleingelassen werden durfte, kann nun (mit dem Hund) alleine bleiben oder Menschen, die vorher nie verreisen konnten, können dies nun tun. All das haben Hunde bewirkt.

Die Fähigkeiten der Hunde in der Krebserkennung sind meiner Meinung nach ein perfektes Beispiel dafür, was uns an der Hundenase am Geheimnisvollsten erscheint. Krebs ist nicht nur etwas, das wir fürchten, sondern auch etwas für unseren Verstand schwer Fassbares – er ist oft unsichtbar und mit Sicherheit für uns nicht zu riechen. Für den Hund, der frei von unserer Angst vor Sterblichkeit und unserer Besessenheit ist, alles sehen zu wollen, ist Krebs einfach nur ein Geruch.

Andererseits ist hier aber auch ein bisschen etwas von unserer eigenen, größtenteils in Vergessenheit geratenen Geschichte relevant: Wir Menschen haben Tausende von Jahren lang Krankheiten über den Geruchssinn diagnostiziert. Erst in neuerer Zeit haben wir mehr oder weniger mit dem Riechen aufgehört.

Folglich muss ich hier ein wenig in die Geschichte zurückschauen. Wir sind heute dermaßen antiseptisch und maschinenabhängig geworden, dass wir nicht mehr auf die Idee kommen, Patienten zu beriechen (und manchmal noch nicht einmal, sie anzuschauen). Das ist nicht immer so gewesen. Antike Denker und Kultur waren sich der

Rolle des Geruchs bei Krankheiten sehr bewusst. Das Riechen eines Patienten und seiner Erkrankungen geht mindestens bis zu Hippokrates zurück, der Ärzten riet, stets eine „offene Nase“ zu haben. Die alten Griechen betrachteten Geruch als ein Symptom: nach Plato entstand er aus der Transformation zweier Elemente. „So wie Wasser sich in Luft wandelt und Luft in Wasser, so sind auch alle Gerüche dazwischen entstanden.“ Der Arzt Galenos von Pergamon charakterisierte Mundgerüche von Menschen als entweder „der Natur entsprechend“ oder „wider die Natur“.

Das Interesse an Gerüchen führte im Altertum auch zu einigen bizarren medizinischen Behandlungsformen. Der Glaube, dass der Uterus einer schwangeren Frau durch ihren Hals nach oben steigen und sie ersticken könne, brachte einige Ärzte dazu, mit fürchterlich stinkenden Dingen vor ihrem Mund herumzuwedeln (um die Gebärmutter wegzuschicken) und mit angenehm duftenden Dingen vor ihren Genitalien (um sie heranzulocken). Plinius berichtete, dass der „ranzige“ Achselgeruch durch das Trinken weißen Falerner Weins und anschließendes Auspinkeln des Geruchs bekämpft werden könne. Ob diese Methode den Schweißgeruch durch Weingeruch ersetzte oder den Trinker einfach nur zu beschwipst machte, um seinen Körpergeruch nicht mehr zu bemerken, ist nicht überliefert. Andere Rezepte rieten zu Kaugummi und auch Duftwässer wurden als gesundheitsfördernd angesehen.

Carl von Linnés ursprüngliche Klassifizierung der Blüten- und Blattdüfte aus dem 18. Jahrhundert war ebenfalls medizinisch beeinflusst: Er interessierte sich für pflanzliche Düfte und die heilende (oder krankmachende) Wirkung, die diese auf ihren Konsumenten ausübten. Während eine „duftende“ Pflanze bzw. Frucht wie eine Lilie oder Limette gesund war, sollten „abstoßend“ oder „übel“ riechende Pflanzen (wie etwa der hochgiftige Germer) unbedingt gemieden werden.

Trotz der von Hippokrates geforderten „offenen Nase“ war die Befürchtung, dass schlechte Gerüche selbst Krankheiten verursachen könnten, weit verbreitet. Galenos warnte die Menschen, „diejenigen zu meiden, die solch faulige Gerüche absondern, dass die Häuser, in welchen sie in den Betten liegen, zu stinken beginnen.“ Vielleicht ist es angesichts des kontinuierlichen Einflusses von Hippokrates auf die moderne Medizin nicht überraschend, dass sich auch heute noch so manch einer sorgt, schlechte Gerüche könnten ansteckende Krankheiten verbreiten. Ein hilfreiches Handbuch für Ärzte aus dem sechzehnten Jahrhundert riet, sich vor der Annäherung an einen übelriechenden Patienten mit einem duftenden Wacholderzweig zu bewaffnen und „aus gewisser Entfernung" mit ihm zu sprechen. Wenn man sich denn nähern müsse, so heißt es weiter, solle man dies mit dem Rücken zum Patienten tun, dessen Puls mit hinter den Rücken gestreckter Hand fühlen und niemals näher heranzugehen, als unbedingt nötig. Ferner sollte ein Assistent einem derweil den Wacholderzweig direkt unter die Nase halten.

Trotzdem ging es mit dem diagnostischen Riechen weiter. Nach etwas Forschungsarbeit an Meerschweinchen war das Schnuppern an Atemluft zum medizinischen Verfahren geworden (wobei kaum etwas zum Atemgeruch der Meerschweinchen gesagt wurde). Im achtzehnten Jahrhundert bildete sich sogar ein inzwischen vergessenes medizinisches Spezialfach namens Osphresiologie, das eine Reihe typischer Krankheitsgerüche verdinglichte. Gerüche der Haut sowie der Körperflüssigkeiten – Erbrochenes, Urin, Schweiß, Kot – waren allesamt informativ. Ein süßlicher Zwiebelgeruch deutete auf Pocken hin (übrigens ein Geruch, von dem sich weit entfernt aufhaltende Geparden offensichtlich angezogen fühlen – falls Sie je bemerken sollten, dass ein Gepard hinter Ihnen herschnüffelt)*; frischer Brotgeruch war ein Zeichen für Typhus, der Geruch einer Metzgerei für Gelbfieber.

Ein fruchtiger Geruch nach reifer Banane oder „falscher Frucht" deutet auf diabetische Ketoazidose hin. Seitdem sind Dutzende von Erkrankungen zu der Liste hinzugefügt worden. Riecht nach Katze? Ringelflechte. Ein Geruch nach frisch gerupften Gänsefedern in der Luft? Masern. Schales Bier, saures Brot, altes Stroh oder süßliche, harnige oder faulige Gerüche sind allesamt Indikatoren. Selbst psychische Störungen können charakteristische Gerüche haben: faulige Gerüche oder solche nach Schweiß, Urin oder Essig wurden bei Patienten mit Schizophrenie, Psychosen und Angststörungen wahrgenommen.

* *„Es ist festzustellen, dass der von einem Pockenpatienten ausgehende Geruch Geparden von weither anzieht" (The Lancet, 1906). Das mag weit hergeholt erscheinen, woran wir aber sicher alle gewöhnt sind, ist, dass sich Fliegen von unserem Geruch angelockt fühlen.*

Oft können Gerüche auch darauf hinweisen, dass etwas Giftiges aufgenommen wurde: Arsen riecht im Atem nach Knoblauch, Jod metallisch, Mottenkugeln oder Eukalyptus weisen auf Kampfer hin und Klebstoffschnüffeln wird vom Körper als Benzingeruch ausgeschieden. Blausäure kann nach den Bittermandeln riechen, aus denen sie stammt und eine Alkoholvergiftung nach dem Getrunkenen: Wacholderbeeren (Gin), fermentierte Trauben (Wein) oder Hopfen (Bier).

Im neunzehnten Jahrhundert war das Riechen in der medizinischen Diagnostik nicht unüblich. Infektionen, insbesondere septische wie bei Zahn- oder Knochenfäule, waren häufig und hatten typische Gerüche. Dann aber wendete sich das Blatt: Das professionelle Interesse an Gerüchen verminderte sich schnell, als die Infektionen – mitsamt ihren fauligen Gerüchen – zusehends im Zaum gehalten wurden. Der Niedergang der geruchlichen Diagnosetechniken ging mit dem ständig wachsenden Stigma von Gerüchen und dem Riechen einher. In vielen Kulturen begann man sich darum zu sorgen, wie man die Umwelt von Gerüchen befreien könnte und parallel dazu begannen sich Techniken zu entwickeln, die den Job des Riechens von Körperflüssigkeiten erledigen und damit die menschliche Nase ersetzen könnten. Im zwanzigsten Jahrhundert verdrängte dann der Gaschromatograph mit seiner Fähigkeit, die Moleküle in komplexen Gerüchen aus Mündern, Achselhöhlen, Aftern oder von Handflächen zu separieren und identifizieren, alle bis auf die mutigsten Nasen.

Heute schenkt man Gerüchen in der westlichen Medizin kaum Aufmerksamkeit. Ärzte und Krankenschwestern sprechen zwar häufig von „Patientengeruch“ (besonders von schlechtem), aber was diese Gerüche vom Unangenehmen abgesehen bedeuten könnten, wird mehr und mehr vergessen. Wenn ich Ärzte und Krankenschwestern befrage, wie sie Gerüche für ihre Arbeit nutzen, sind sich die bedauernden Antworten oft bemerkenswert ähnlich: „Leider …“, „Tut mir leid zu sagen…“ und so weiter. Dr. Jane Orient, Herausgeberin des Meisterwerks *Sapira's Art and Science of Bedside Diagnosis*, das einen ganzen Abschnitt über das „Bouquet“ von Gerüchen enthält, welche man aus dem Atem eines Patienten herauslesen kann, berichtet mir, dass sie *niemanden* kennt, der Geruch in seiner ärztlichen Praxis vorrangig einsetzen würde. „Das ist ein sehr vernachlässigtes Thema“, sagt sie.

Zeitgenössische medizinische Texte spiegeln dieses schwindende Interesse an Geruch zur Diagnose wider. Lediglich im Bereich infektiöser Erkrankungen gibt es eine Ausnahme. Infektion ist ganz einfach der Zustand, in einem ansonsten gesunden Körper von nicht-endogenen Organismen wie beispielsweise fremden Bakterien befallen zu werden. In Lehrbüchern zu Infektionskrankheiten wird über Geruch geschrieben, als sei es eine ganz natürliche Sache, ihn in der Diagnose einzusetzen. So heißt es in einem: „Wenn man herauszufinden versucht, ob eine anaerobe Infektion beteiligt ist, ist nur der eitrige oder faulige Geruch einer Läsion oder ihrer Absonderung spezifisch." Andere Hinweise sind bestenfalls suggestiv.

„Der typisch faulige Geruch des Auswurfs deutet auf anaerobe Beteiligung hin" ist ein häufig in der medizinischen Literatur zu lesender Satz. „So gut wie jeder Arzt hat schon diesen wirklich fauligen Geruch nach Eiter oder Kadaver aus der Lunge, einem Abszess oder einer Wunde kennengelernt, der auf die Präsenz anaerober Bakterien hinweist", sagt Dr. Bennett. „Faulig" ist anscheinend eine der Hauptkategorien medizinischen Riechens. Selbst die Petrischalen mit Bakterienkulturen, die durch die Hände der Mikrobiologen gehen (Lorber ist Professor für Mikrobiologie und Immunologie an der Temple-Universität) können gerochen werden. Manche erinnern an Weintrauben, andere an Bleichmittel und wieder andere riechen „mausig", fügt Lorber hinzu. Auch wenn die Proben heute in der Regel eher von Geräten als von der Nase untersucht werden: Immer, wenn Lorber eine dieser Agarplatten in die Finger bekommt, schnuppert er daran.

Also ist es schon auf jeden Fall so, dass Ärzte riechen. Die gleichen Doktoren, die von sich behaupten, in ihrer Praxis nicht bewusst ihren Geruchssinn einzusetzen, erwähnten samt und sonders beiläufig im Gespräch, dass sie Patientengerüche wahrnehmen. „Natürlich Alkohol; bestimmte Gifte wie Organophosphate; Urämie; Nierenversagen; Blut im Stuhl bei gastrointestinalen Blutungen…" sprudelt eine ganze Liste aus Dr. Orient hervor. Andere erwähnen den unverkennbaren Geruch der Kombination von Alkohol mit Tabak, der darauf hindeuten kann, dass möglichweise auch noch andere Drogen genommen werden. Dr. Abraham Vergese, der ausführlich über den Wert von Diagnosetechniken am Patientenbett geschrieben und referiert hat, zögert ebenfalls, wenn er über den Einsatz des Geruchssinns in seiner Praxis befragt wird. Schon in der nächsten Sekunde merkt er aber an, dass er Geruch sehr wohl „im Verlauf medizinischer Untersuchungen bemerkt hat“ – so wie den fruchtigen Geruch des diabetischen Komas.

Was es derzeit in der westlichen Medizin nicht gibt, ist ein Verfahren zum *Lehren*, wie man den Geruchssinn in der Diagnostik einsetzt. Dabei wäre das durchaus machbar: Dr. Orient schlägt zum Beispiel vor, dass man ein Set von Schraubdeckelgläsern mit Substanzen wie Chloroform, dem in Feuerlöschern vorhandenen Tetrachlorkohlenstoff oder anderen Toxinen für das eigene Riechtraining vorrätig halten soll. Am Bellevue Hospital hat man tatsächlich einmal die Notärzte an einem „Riechbrett“ mit zehn Reagenzgläsern trainiert, in denen die charakteristischen Gerüche bestimmter Gifte enthalten waren. In den 1970er Jahren nutzte man an manchen Universitäten ähnliche Methoden, um den Medizinstudenten mögliche Gerüche nahezubringen, allerdings scheint man nicht lange daran festgehalten zu haben. Angesichts der Möglichkeiten für Exkursionen zum Riechtraining, die sich hierdurch geboten haben, ist das kaum nachzuvollziehen. Welcher angehende Arzt hätte schon etwas gegen den Besuch in einer Brauerei einzuwenden gehabt, um sich mit dem gerstenartigen Geruch des Oasthouse-Syndroms, einer angeborenen Stoffwechselerkrankung bekannt zu machen? Oder sich wieder mit dem Geruch von Hopfen vertraut zu machen?

Ein aufmerksam beobachtender Arzt wird sich sicherlich im Verlauf seiner Untersuchung auch einmal näher zum Patienten beugen und zur Kenntnis nehmen, was diese Intimität ihm an Informationen vermittelt. Aber größtenteils werden Gerüche von den westlichen Medizinschulen ignoriert. Dafür gibt es ja Maschinen.

Auftritt fernöstliche Medizin. Oder besser gesagt – erneuter Auftritt, denn die Heiltraditionen des Fernen Ostens sind natürlich erheblich älter als die des Westens. In der traditionellen chinesischen Medizin, kurz TCM, war Geruch immer von Bedeutung – und ist es noch. Der Körper selbst ist die Informationsquelle dafür, was mit ihm nicht stimmt. Die Mittel, das herauszufinden, sind Fragen, Anschauen, Anfassen, Riechen und Hören. Auf den Atem, den Schweiß, den Speichel, den Nasenschleim, den Urin und den Kot zu achten oder sogar auf den

Geruch des Raums, in dem sich der Patient befindet – all das sind in der TCM Bestandteile des Diagnoseverfahrens.

Wenn Sie in Northampton, Massachusetts, von der Hauptstraße abbiegen, tritt der wahre Charakter der Stadt zutage. Viktorianische Häuser mit Erkerfenstern und kleinen, gepflegten Rasenflächen, bummelnde Bürger und ein vegetarisches Restaurant, das seinen Mitarbeitern das Auflegen von Parfüm untersagt. Zwei Blocks weiter, an der Ecke State und Central Street, befindet sich das Büro von Leta Herman. Ihr Wartezimmer ist angenehm kühl an diesem heißen Tag. Irgendwo brennt ein Räucherstäbchen und ich höre Wasser tropfen. Herman praktiziert Akupressur und den von ihr so benannten „Fünf-Elemente-Strang" der chinesischen Medizin, der sich von der TCM in einigen Punkten unterscheidet.* Aber meine Herren, kann die Dame riechen!

„Ich habe acht Jahre gebraucht, um dahin zu kommen", berichtet sie fröhlich über ihren scharfen Geruchssinn. Herman hat eine freundlich-überschwängliche Art: Sie nähert sich einem mit einem Lächeln, ihr lockiges braunes Haar rahmt ein jugendliches Gesicht. „Als ich anfing, war ich nicht gerade ein Hund." Als die chinesische Medizin ihr damals eine hartnäckige Erkrankung vom Hals schaffte, meldete sie sich anschließend zu einem Kurs an, um zu verstehen, wie all das funktionierte. Schon kurz darauf schmiss sie ihren Job in der Computerbranche und führt heute, sechzehn Jahre später, ihre eigene Praxis. Und sie riecht eine Menge.

Nach dem Konzept der TCM bestimmen fünf Elemente – Holz, Feuer, Erde, Metall und Wasser – das Gleichgewicht oder Ungleichgewicht eines Systems (wie etwa eines Körpers). Für Praktiker wie Herman *riechen* die Elemententypen, das heißt, sie haben jeweils einen charakteristischen Geruch, der trotz aller Unterschiede in Rasse, Alter, Körperhygiene, Vorliebe für Parfüms oder trotz kürzlichen Laufens in einem Polyester-Jogginganzug bei allen Menschen dieses Typs ähnlich ist. Beschreibungen von Gerüchen können sehr unverblümt sein (eine

* *So spricht man in der Terminologie der TCM zum Beispiel eher von den „Fünf Wandlungsphasen" (wu-hsing).*

Person kann verbrannt, verfault oder ranzig riechen), aber manchmal auch geradezu impressionistisch: Manche Menschen verbreiten den sprudelnden Duft von „Ginger Ale oder Essig", ein Duft, der einen „päng – auf die Nase trifft und dann wieder verschwindet", sagt Hermann. Oder der Geruch von „Wäsche, die auf der Leine trocknet" oder eine Heckenkirschenblüte, die einem „die Straße entlang folgt und sich an einem verfängt."

Nachdem ich mich eine Weile mit Herman unterhalten habe, frage ich: „Rieche ich denn nach irgendetwas?"

Hermann bittet mich, mich auf einen Tisch zu legen und hebt dann sanft mein Handgelenk an, um meinen Puls zu fühlen. Sie schaut mich durchdringend an – schnuppernd, wie ich feststelle. Viele ihrer Patienten merken gar nicht, dass sie von ihr berochen werden: „Ich binde es den Leuten nicht so auf die Nase", sagt sie. Was angesichts der Tatsache, wie befremdlich wir es finden, von jemand berochen zu werden und angesichts unserer Eigenwahrnehmung in Bezug auf Körpergerüche auch eine vernünftige Entscheidung zu sein scheint. Sie und ihre Kollegen haben deshalb einige Tricks entwickelt, wie sie sich einen Eindruck vom Geruch einer Person verschaffen können, ohne gleich ihre Nase an ihrem Hals vergraben zu müssen. Erstens verlassen sie den Raum für eine gewisse Zeit – etwa zwanzig Minuten sind hierfür nötig. Wenn sie dann zurückkommen, hat der Geruch der Person den Raum gefüllt und steigt ihnen ganz offensichtlich in die Nase. Einen anderen Trick hat Herman für Gerüche auf Lager, die sie als „dicht" bezeichnet und die in der Luft nach unten sinken („oft riechen sie nach Vitaminen oder Sportkleidung, die lange Zeit in der Sporttasche gelegen hat"). Sie lässt „versehentlich" einen Kugelschreiber auf den Boden unter dem Behandlungstisch fallen. Wenn sie sich dann zum Aufheben bückt, kann sie alle Sporttaschen – und Vitaminduftnoten in der Luft da unten wahrnehmen.

Sie zieht ihre Augenbrauen leicht zusammen und richtet ihren Blick irgendwo auf die Mitte meiner Stirn. „Ich bekomme einen leichten Hinweis auf Wasser", sagt sie. Das bedeutet im Fachjargon Ammoniakgeruch – *stechend.* Ich nicke und versuche, nicht vor den Kopf gestoßen auszusehen. Herman wechselt auf die andere Tischseite und atmet tief aus: „Sie sind noch nicht lange hier drin." Zumindest habe ich also den Raum noch nicht mit Uringeruch gefüllt. „Ich kann noch an Ihrem Nacken riechen, wenn Sie Ihr Hauptelement wissen möchten," schlägt sie vor.

Ich stimme zu, setze mich hin und mache die ungewöhnliche Erfahrung, dass eine fremde Person sich absichtlich vorbeugt und an meinem Nacken schnuppert.

„Hmm. Hmm. Nein, ich glaube es ist doch kein Wasser. Ja, Gut, also Metall und Erde sind bei Ihnen dominant."

Ich frage, was man davon hat, jemandes Geruch zu kennen. „Dann kann man sagen, ob der Geruch abweicht", sagt sie. „Ich könnte mir zum Beispiel den Magen anschauen und merken *Oh, er wird sauer, er gärt; er hat Fußgeruch.* Der Metallgeruch verändert sich dann zu faulig, oder der schwere Erdgeruch wird krankhaft süßlich. Dann versuche ich, die Menschen wieder zu ihren guten Gerüchen zurückzubringen."

Bestimmt ist die TCM nicht die einzige Bastion menschlicher Geruchsdiagnose, überlege ich. Also grabe ich, nach Erde riechend, weiter in der medizinischen Fachliteratur. Ein paar Berichte über Geruchsdiagnose finden sich tatsächlich noch in Zeitschriften aus dem einundzwanzigsten Jahrhundert. Sie beziehen sich alle auf einige der klassischen Gerüche – Blausäure, der fruchtige Diabetes-Geruch, der „Abwasseratem", der auf eine gastrointestinale Infektion oder eine Zahnfleischerkrankung hinweist. Gemeinsam ist ihnen auch eine Art freudiger Überraschung angesichts der Entdeckung. Die Ärzte und Schwestern sind zu wahren Geruchsdetektiven geworden, die an ihren Patienten etwas Unsichtbares und schwer Fassbares riechen können. Ein Alkoholiker, der nicht offen zu trinken versucht, riecht fruchtig und verrät damit seinen Konsum des Reinigungsmittels Isopropylalkohol, einem starken Nervengift. Ein Maisfarmer, der schwitzt und sich übergibt, riecht nach Knoblauch – was den Hinweis darauf liefert, dass er sich mit dem Pestizid vergiftet hat, mit dem er seinen Mais gespritzt hat. Mehrere Kohle-Bergarbeiter werden bewusstlos ins Krankenhaus eingeliefert. Ihr Geruch nach faulen Eiern weist zusammen mit den schwarz verfärbten Geldmünzen in ihren Hosentaschen darauf hin, dass sie unter Tage tödlichen Schwefelwasserstoff eingeatmet haben.

Man rät Ärzten immer noch dazu, sich von ihren Nasen leiten zu lassen, wenn sie eine der Erkrankungen vermuten, die einen typischen Geruch hervorbringt: Bei der Phenylketonurie (PKU) riecht der Urin nach Maus und bei der Ahornsirupkrankheit, wie der Name schon sagt, nach Ahornsirup. Verschluckte Gifte können mitunter am Geruch erkannt werden, ebenso manche Infektionen. Ein früher Verdacht, der weitere Untersuchungen anstößt, kann dann schlimmere Erkrankungen verhindern oder sogar lebensrettend sein.

Aber ansonsten sind Berichte über „Krankheitsschnüffler" äußerst dünn gesät. Als einer der wenigen leistet George Preti am Monell-Institut seinen Anteil am Beriechen von Menschen, auch, wenn er nicht speziell dazu ausgebildet wurde. „Sie wären überrascht, wie viele Menschen mir schreiben und Anliegen haben wie *Mein Kopf stinkt, er sondert irgendwas ab, es kommt über die Haare raus.*" Preti rät ihnen, sich ein paar Tage lang nicht die Haare zu waschen und dann herzukommen. Und dann? „Oh ja, dann berieche ich sie, ja", sagt Preti. „Wir beschnuppern die Patienten. Wahrscheinlich ist dies der einzige Ort auf der Welt, an dem Menschen auf diese Weise diagnostiziert werden." Von Kopfgeruchproblemen über sehr schlechten Körpergeruch finden Menschen ihren Weg nach Monell. „Oft überschätzen die Leute auch sehr, wie schlimm sie ihrer Meinung nach riechen", beruhigt er. Einer der Forschungsschwerpunkte am Institut ist eine Stoffwechselerkrankung namens Trimethylaminurie (TMAU), eine seltene und stark einschränkende Erkrankung, die man sehr leicht am Geruch erkennen kann. Warum? Nun ja, sie ist auch als „Fischgeruch-Syndrom" bekannt.

Im Jahr 2012 berichtete eine schottische, nicht speziell ausgebildete Frau, dass sie die Parkinsonerkrankung ihres Mannes riechen könne – eine Bewegungserkrankung, die oft mit Veränderungen im Sinnesapparat einhergeht. Er roch plötzlich „muffig", hat sie den Berichten nach gesagt. Als man ihre Diagnosefähigkeiten an zwölf T-Shirts testete, von denen sechs von Parkinson-Patienten und sechs von gesunden Menschen stammten, lag sie bei beeindruckenden elf Shirts richtig. Eins ordnete sie fälschlicherweise in die Kategorie „hat den Parkinson-Geruch" ein, obwohl es von einem gesunden Träger stammte. Vor allem die Kragen der T-Shirts, wo sich fettige Absonderungen der Talgdrüsen am ehesten ansammeln, dienten ihr als Referenz.

Und das eine falsch zugeordnete T-Shirt? Sein Träger erhielt die Parkinson-Diagnose acht Monate später.

Geruch wird aber auch noch auf eine andere Art diagnostisch genutzt: Wenn ein Patient ein plötzliches Nachlassen seines eigenen Geruchssinns bemerkt, ist dies oft ein Hinweis auf eine mögliche Erkrankung – insbesondere gilt das für das Frühstadium von Parkinson. Aber auch das Alzheimer-Syndrom ist, obwohl es eine Erkrankung des Gedächtnisses ist, oft durch olfaktorische Dysfunktion geprägt. Wenn sich Patienten unsicher sind, wie es um ihren Geruchssinn bestellt ist, können sie heutzutage auch einen standardisierten Riechtest an sich durchführen. Dabei wird eine Technik benutzt, die man eher von Rubellosen kennt: Freireiben und dann schnuppern. Um solche Riech-Rubellose herzustellen, beschichtet man Papier mit winzigen Kapseln, die verdünntes Öl enthalten und dann darauf warten, von einem Fingernagel aufgekratzt zu werden.

Während ich noch über Finnegans geruchliche Nahinspektion meiner Person am Morgen nachdenke, wühle ich im Schrank herum und fördere ein dreiundvierzig Jahre altes Brettspiel zutage, das *Smell&Tell* (Riech es und sag es) heißt und in dem ebenfalls Rubbelkarten enthalten sind. Unglaublicherweise haben darin die Gerüche von Banane, Schokolade, Kräuterlimonade und Knoblauch jahrzehntelang geduldig gewartet, bevor sie auf die besorgten Nasen meiner Familie trafen. Finnegann für seinen Teil möchte sich das Spiel nicht antun und zieht sich in einen anderen Raum zurück.

(Finnegan hatte übrigens glücklicherweise keine schwere Erkrankung an mir erschnüffelt – auch wenn manche eine Schwangerschaft als Krankheit verstehen. Denn genau das war es, was er bemerkt hatte, wie ich später feststellte.)

Der deutsche Philosoph Friedrich Nietzsche, der gerne roch und einst schrieb „Mein Genie ist in meinen Nüstern“, sprach beiläufig über die „Schärfe“ der Nase: Die Fähigkeit, nicht nur etwas zu riechen, sondern auch etwas herauszuriechen. Diese Form der Nasen-Weisheit findet sich in der deutschen Sprache im Wort „naseweis“ verkörpert, das seine ursprüngliche Bedeutung „eine gute Nase haben“ erst viel später zu „neugierig“ oder „vorwitzig“ verändert hat. Die Nasenweisheit hat aber immer noch einen Platz in unserer Gesellschaft – man muss ihr nur wieder den Respekt entgegenbringen, die man auch der Nase des Hundes zollt.

Kapitel 9

Stinkwellen

Der ansonsten fröhliche Musical-Film *Tschitti tschitti bäng bäng* mit Dick van Dyke in der Rolle des leicht schrulligen Caractacus Potts nimmt ungefähr in der Mitte eine düstere Wendung. Die zwei Potts-Kinder finden sich im Reich eines bösen Barons gefangen, in dem Kinder als Gesetzlose gelten und in dem der Baron einen „Kinderfänger" beschäftigt. Dieser besitzt eine spektakulär lange, kolbenförmige Nase, mit der er Kinder riechen kann. Im Handumdrehen spürt er die arglosen Kinder auf und lockt sie dann mit Süßigkeiten in seinen Gefängniswagen, der aussieht wie eine Zuckerbude. Im Rückblick überrascht es nicht, zu erfahren, dass das Drehbuch für diesen Film von Roald Dahl geschrieben wurde.

Dahl erdachte groteske Nasen. Von einem der namensgebenden, kinderhassenden Subjekte in *Hexen hexen* schreibt er: „Sie kann sogar ein Kind riechen, das in stockfinsterer Nacht auf der anderen Straßenseite steht." Als ein Junge protestiert, dass er doch sauber (da frisch gebadet) ist, erfährt er: „Es ist ja nicht der Dreck, den die Hexe riecht. Sondern das bist du. Der Geruch, der eine Hexe verrückt macht, kommt direkt aus deiner eigenen Haut. Du atmest ihn sozusagen aus, in Wellen, und diese Wellen, Stinkwellen, wie die Hexen sie nennen, schweben durch die Luft und treffen die Hexen wie ein Faustschlag in der Nase.*

– HUND –

Spürhunde spüren natürlich sehr viel mehr als Krankheiten auf. Wie viel mehr genau, hat man allerdings noch nicht entdeckt. Bis vor kurzem nahm man noch an, dass die Hundenase nur so gut sei, wie unsere Vorstellungskraft bezüglich des Aufspürens von Dingen reicht. Erst in letzter Zeit hat sich unsere Vorstellungskraft als fruchtbarer erwiesen – daher die Ausweitung von Drogen- oder Sprengstoffspürhunden zu Suchhunden für illegal eingeführte Agrarprodukte, Schmierläusen oder gefährdeten Bändernattern. Man hat Hunde dazu trainiert, winzige Mengen von Umweltgiften zu finden: Derivate der Benzinproduktion und verschiedene toxische Stoffe an Industriestandorten

* *Zweifellos zur großen Freude aller Dahl-lesenden Kinder besteht die Taktik gegen Hexen darin, „niemals zu baden" und die Ausdünstung der Stinkwellen durch mehrere Schichten Dreck zu verhindern. In Dahls Version des Märchens Hans und die Bohnenranke entgeht Hans nur deshalb der Nase des Riesen, weil er täglich badet und „wie eine Rose duftet".*

und Müllhalden. Hunde spüren illegal von den Galapagosinseln mitgebrachte Seegurken auf oder geschmuggeltes Elfenbein oder Nashorn.

Und Hunde finden *uns*: In Flächen-, Personen-, Trümmer-, Lawinen- oder Wassersuche verfolgen sie die Vermissten, Fliehenden, Verirrten oder Toten; die Kriminellen, die Verwirrten, die Unbekannten oder die Unglücklichen. Die Autorität ihrer Nase wird vom US-amerikanischen Rechtssystem anerkannt: Niemand geringerer als der Oberste Gerichtshof beschrieb die Nasenarbeit eines Spürhundes als Instrument „sui generis", ein Instrument wie kein anderes. Die ersten Fährtensuchen unter den Caniden fanden zweifellos als *Jagden* statt: Beutegreifer wie Caniden können nicht einfach warten, bis ihre Beute direkt unter ihren Krallen auftaucht oder ihnen ins Maul hüpft. Den Spuren einer (erhofften) Beute folgen zu können, ist eine natürliche Anpassung. Seit der Zeit ihrer wilden Vorfahren haben Haushunde die Jagd in eine Jagd ohne Fressen umgewandelt. Plinius berichtet von Jägern, dass sie selbst ihre alten und gebrechlichen Jagdhunde noch mit auf die Jagd trugen, so gut waren diese darin, die Beute durch „Wittern im Wind" zu finden. Aber was Hunde mit hungrigen Wölfen gemeinsam haben, ist: Sie finden uns hauptsächlich anhand unserer Stinkwellen.

Der Geruch einer Person ist so stark, dass Hunde ihn auch nach langer Zeit noch riechen können – unter Wasser, nachdem die Person lange fort ist oder sogar nachdem der Gegenstand, den die Person angefasst hat, in die Luft geflogen ist. In einer Studie stellte man fest, dass ausgebildete Bluthunde identifizieren konnten, wer eine Rohrbombe angefasst hatte – *nachdem* sie explodiert war. Der Geruch, den der Bombenleger beim Anfassen auf die Bombe übertragen hatte, „überlebte", obwohl nur wenig von derselben übrigblieb. Man bildet auch Hunde zum Finden von Ertrunkenen aus: Der Geruch der Verwesung steigt an die Oberfläche des Sees oder anderen stillen Gewässers auf; manche Hunde können sogar in fließenden Gewässern suchen. Wo Sonar, Taucher und Unterwasserkameras versagen, kann ein Hund bereits vom Bootssteg aus anzuzeigen beginnen und dann vom Boot aus den Suchbereich bis auf etwa sechs Meter im Umkreis eingrenzen. Die Leichenspürhunde – Führerin Cat Warren schreibt über den Moment der Anzeige eines Hundes bei einer Wassersuche, es sei „wie von einem Raum in einen anderen zu gehen": vom Herumstolpern im Halbdunklen zum Eintreten in ein hell erleuchtetes Zimmer. Lawinenhunde haben Menschen gefunden, die sieben Meter tief unter Schnee lagen: der Personengeruch dringt an die Oberfläche und der Hund zeigt, nachdem er sich durch ein bisschen Buddeln vergewissert hat, an dieser Stelle an.

Bei der Personensuche gibt man dem Hund in manchen Fällen einen Geruchsgegenstand der konkreten Person, die er suchen soll; aber meistens muss der Hund in der Rettungshundearbeit lediglich wissen, dass er *irgendeine* Person suchen soll. Denn jeder von uns sondert einen für den Hund laut und deutlich wahrnehmbaren Geruch ab. Geruchsforscher haben uns gezeigt, dass es wirklich unmöglich ist, keine Spur zurückzulassen: wir hinterlassen immer Spuren. Sobald wir uns bewegen, segelt ein Schauer von Hautschuppen von uns herab. Und selbst wenn wir relativ bewegungslos sind gehen Geruchswellen von unserer Haut und den Dingen darauf und darin aus. Nicht nur das – sie sind sogar noch lange da, nachdem wir gegangen sind. Für einen Hund sind Sie immer noch da, egal, wo Sie hingegangen sind.

Sollte sich das in Ihren Ohren unwahrscheinlich anhören, denken Sie an die einfache Stechmücke. Man könnte sagen, dass auch sie Menschen „aufspürt". Leslie Vosshall hat erforscht, was Menschen für Stechmücken so unterschiedlich anziehend macht, indem sie Hunderte von Freiwilligen in einen sogenannten Tropenraum brachte und überprüfte, wie viele Mücken gegen den Wind flogen, um in ein zwei Quadratzentimeter großes Stück entblößter Haut zu stechen. (Freiwilliger in den Vosshall-Labors zu sein ist wirklich nichts für schwache Nerven.) Ihre Körperchemie bestimmt die Anzahl der Stiche, die Sie kassieren, aber man kann deren Anzahl auch reduzieren, indem man einfach nur für einen Luftzug sorgt. „Ein sehr hilfreicher Nebeneffekt (von Deckenventilatoren) ist, dass die Moskitos sehr verwirrt werden", bietet sie an: die Luft verwirbelt, und obwohl die Mücken einen ganz in der Nähe riechen, können sie einen nicht finden.*

* *Wenn Sie wie die Autorin jemand sind, der nicht nur viele Stechmücken anzieht, sondern auch die anfänglich nur auf Sie versessenen Biester auf Freunde und Familie umlenkt, nehmen Sie sich diese beiden weisen Ratschläge aus Vosshalls Arbeit zu Herzen: Halten Sie sich in Windrichtung von den Insekten auf und bleiben Sie in der Nähe von Ventilatoren.*

Der Spürhund dagegen kann nicht so leicht in die Irre geführt werden. Im Gegensatz zu dem von Paul Newman verkörperten Held in „Der Unbeugsame", der die ihn verfolgenden Bluthunde erfolgreich mit Chilipulver, Pfeffer und Curry verwirrt, haben echte Gefängnisflüchtlinge es nicht so leicht, einen Spürhund abzulenken. Dessen Fähigkeit besteht nämlich nicht nur darin, nur den Geruch der gesuchten Person zu finden, sondern auch noch darin, diesen von den Tausenden anderer Gerüche zu unterscheiden, die seine Nase reizen und kitzeln. Ein bisschen Pfeffer mag ein Niesen bewirken, aber bestimmt keinen Systemkollaps.

Sollte eine Spur schwach werden, suchen Hunde nach dem „Geruchskegel", dem unsichtbaren Schleier riechender Luft, der sich von einer Geruchsquelle weg ausdehnt. Geruch strahlt immer von seiner Quelle ab, wobei er schwächer wird, sich aber breiter ausdehnt. Deshalb bewegen sich Spürhunde im Zickzack über die Mittellinie des Geruchskegels und grenzen so die Position der Geruchsquelle ein. Unterwegs stellen sie noch schnell eine Art geometrischer Berechnung an, um festzustellen, wann der Geruch im Vergleich zum vorhergehenden Atemzug so viel schwächer geworden ist, dass ein Richtungswechsel in der Suche angezeigt ist.

Wir geben nicht nur einen starken Geruch ab, sondern dieser haftet auch noch unglaublich lange an allen möglichen Dingen: an Mulltupfern, Papier, Plastik oder Metall. Wir berühren Gegenstände hauptsächlich mit unseren Händen, und Handgeruch kann an manchen Materialien monatelang hängenbleiben. Poröse Gegenstände wie Handschuhe oder Kleidungsstücke sind durch und durch von Ihrem Geruch gesättigt, aber selbst Ihre Edelstahl-Armbanduhr oder Ihr goldener Ehering trägt ihn auf sich. Im Training benutzen Hundeführer „Geruchsproben", die ganz einfach aus einem

Stofflappen bestehen, den die Zielperson fünfzehn Minuten lang in der Hand gehalten hat. Die besser ausgerüsteten Hundeführer benutzen ein spezielles Vakuum, das die Luft oberhalb einer Person einfängt und sie auf ein Stück Mulltupfer überträgt. Das reicht.

Nach dem Sprachgebrauch der Wissenschaftler ist unsere Stinkwelle mehrschichtig. Da wir biologische Wesen sind, tragen wir die ganze Zeit über einen Primärgeruch an uns. Allein wenn wir nur sitzen und kaum mehr tun, als die Seiten eines Buchs umzublättern, werfen wir pro Tag rund zwei Milliarden polygonale Hautzellen mitsamt ihrer Bakterien- und Pilzpopulation ab und produzieren außerdem einen halben Liter Schweiß (bis zu zweieinhalb Liter pro Stunde, wenn wir aufstehen und Sport treiben).*

Dazu zählen auch Carbonylverbindungen wie Aldehyde und Ketone sowie organische Fettsäuren, und es ist das Mengenverhältnis dieser Stoffe zueinander, das uns von anderen Menschen unterscheidet. Darüber hinaus tragen wir noch einen Sekundärgeruch an uns, der verrät, wo wir waren und was wir gegessen haben. Unglaublicherweise fügen wir oft auch noch tertiäre Geruche hinzu – Parfüms, Seifen, Handdesinfektionsmittel, Lotionen, Haarpflegemittel, Aftershaves – , weil wir entweder versuchen möchten, unsere anderen Geruchsschichten zu verdecken (was natürlich nicht funktioniert) oder weil wir vielleicht meinen, noch nicht *genug* zu riechen.

Der Spürhund nimmt all das wahr. Lavendellotion behindert ihn in keiner Weise, das schrille Rockkonzert ihres bakteriengekrönten Aldehyd-Fettsäuren-Alkan-Geruchsmixes zu genießen. Und dann hinterlassen Sie natürlich auch noch Fußspuren. Fußabdrücke liefern jede Menge Hinweise: Schuhgröße, Gewicht des Läufers (führt zu einem flacheren oder tieferen Abdruck), Sohlenprofil. Die Fußtritte selbst verletzen den Boden und das Gras und hinterlassen kleine Partikel Schuhgeruch und Eigengeruch des Läufers.

Sie meinen, Ihr Eigengeruch könne doch gar nicht durch die Schuhsohle dringen? Hier ein Experiment für Sie: Stecken Sie ein paar Schuhe in Ihre Sporttasche, machen den Reißverschluss zu, fahren nach Hause, öffnen die Tasche und stellen die Schuhe in den Schrank.

* *Ein Wissenschaftler hat einmal spaßeshalber die „Geruchsverschmutzung" gemessen, die von einer „Standardperson" (1,8 Meter Hautoberfläche, duscht im Schnitt 0,7 Mal täglich) im Sitzen ausgeht, und nennt diese Einheit „1 olf". Jemand, der sich bewegt, produziert bis zu 11 olfs und ein Raucher 25 olfs.*

Gehen Sie dann zur Tasche zurück und riechen daran. Riecht sie nach Schuhen?

Wenn Sie immer noch nicht überzeugt sind, könnten Sie das Experiment von zwei Hundetrainern nachstellen, die herausfinden wollten, wie viel Flüssigkeit (als möglicher Geruchsträger) durch Schuhe dringt. Also nahmen sie einen wasserfesten Wanderschuh aus Leder und gossen bis zum Schaft Wasser hinein. Nach einer halben Minute drang das Wasser nach außen durch. Beim Gehen wurde die Außenseite des Schuhs noch stärker durchnässt. Ein Schuh lässt Flüssigkeit oder Gas von innen nach außen durch, selbst wenn sein Träger nicht wie verrückt schwitzt und beides nach draußen drückt. Und so kommt der Fußgeruch (ebenfalls gasförmig und damit noch heimlicher als Flüssigkeit) nach draußen: Menschliche Fußsohlen besitzen Hunderte ekkriner, Schweiß absondernder Drüsen pro Quadratzentimeter, mehr als irgendwo sonst am Körper. Auch die Talgdrüsen sondern Geruch ab und die dort ausgeschiedenen Fettsäuren wandern durch Socken und Schuhen hindurch auf den Boden, der betreten wurde. Über Ihren Fußschweiß, den Sie ganz normal ständig produzieren, wird Ihr Eigengeruch mit jedem Schritt nach außen gepresst.

Die Fährtensuche ist also einfach eine Angelegenheit der Geruchsverfolgung. Erstaunlicher hingegen ist, dass man Hunde nicht trainieren muss, anhand von Geruch einer Fährte zu folgen. Natürlich wird gutes Verhalten auf der Fährte geformt, indem man viel Geruchstraining absolviert. Im Grundlagentraining motiviert man zum Beispiel den Hund, auch dann noch weiterzusuchen, wenn der Geruch verschwunden ist. Oder die Hundeführer laufen rechtwinklig zum Wind, um Ihren Hunden zu helfen, leichter einen windgetragenen Geruch zu erhaschen. Oder die Hunde lernen, all die anderen Gerüche um sie herum auszublenden und sich hier und jetzt nur auf diesen einen relevanten Geruch zu konzentrieren. In diesem Training geht es ebenso sehr darum, dass der Hundeführer lernt, seinem Hund bei der Erfüllung seiner Aufgabe zu helfen, wie darum, dem Hund das Suchen beizubringen.

Das einzig wichtige Merkmal, das jeder Spürhund haben muss, sei es angeboren oder antrainiert, ist Motivation. Und zwar fast endlos starke, unerschütterliche Motivation. Erfolgreiche Spürhunde sind nicht deshalb so versessen aufs Suchen, weil sie ihren Hundeführern gefallen, den stärksten Geruch oder den Verbrecher finden möchten. Nein, sie sind deshalb so verrückt danach, weil die Fährte sie am Ende zu einer Sache führt, die sie mehr als alles andere haben möchten: zu einem schmuddeligen Tennisball oder einem zerfetzten Zerrspielzeug. Dr. Simon Gadbois, Geruchsforscher an der Dalhousie-Universität in Halifax, nennt geborene Arbeitshunde die „Dopaminhunde" – Rassen wie Border Collies, Jack Russell Terrier, Malinois oder Huskies. Sie sind beharrlich und motiviert und können ihre Aufmerksamkeit ganz darauf konzentrieren, was sie tun müssen, um an ihren Ball zu gelangen.

Es muss allerdings kein Rassehund sein. Eine Leidenschaft für Spielsachen sowie für Apportieren und Zerrspiele: Das sind die Eigenschaften eines Hundes, der zu allem nur Denkbaren trainiert werden kann, damit er sein Spielbedürfnis befriedigen kann. Wenn ein Welpe nicht sonderlich interessiert an Zerrspielen ist, kann ein Trainer ihm das beibringen – und dann darauf vertrauen, dass er, wenn er darauf anspricht, auch der Rest des Suchtrainings leicht vonstattengehen wird.

Geübte Diensthundeführer sprechen fast in Tautologien, um ihre Arbeit zu beschreiben: „Der Kern der Such - und Fährtenübungen", heißt es in einem Lehrbuch, „liegt vorrangig darin, den Wunsch zum Suchen und Fährten zu wecken." Der Punkt ist der: Hunde sind geborene Sucher, Jäger, Nachspürer und Verfolger. Man muss nur die Voraussetzungen für sie schaffen, damit sie das tun können, sie darin bestärken und sicherstellen, dass sie dieses Spiel auch weiterhin mögen. Diese Bestärkung läuft dem entgegen, wie die meisten von uns mit ihren Hunden umgehen. Beinahe ist es so, als ob die meisten Besitzer ihren Hunden sorgfältig beibringen würden, *nicht* zu suchen. Der Hund, der geduldig vor der Ladentür auf Sie wartet, der brav bei Fuß geht und höflich die Nase nach vorn erhoben trägt, wenn Sie mit ihm gehen – dieser Hund ist nicht zum Spürhund geschaffen. Nachdem man Spürhunde bei der Arbeit gesehen hat, wie sie selbstvergessen auf der Suche nach einer vermissten Person einer Spur folgen und vor ihren Führern im Zickzack kreuzen, wirkt der vertraute Anblick eines Menschen, der seinen Hund an der Leine den Gehweg entlangführt, wie das Ergebnis eines langwierigen Such-Abgewöhntrainings.

Aber Training oder nicht: Einem Hund dabei zuzusehen, wie er anhand unsichtbarer Spuren sein Ziel findet, ist so, wie in den dunklen Nachthimmel zu schauen und zu wissen, dass das Universum einen sieht, aber man selbst das Universum nicht sehen kann. Unser einziger Zugang zu dem, was der Hund da tut, ist – nun ja, ihm einfach zuzuschauen. In Norwegen schnallten Wissenschaftler vier Deutschen Schäferhunden Mikrofone über die Nase und setzten sie auf die Fährte von Personen an, die einige Stunden zuvor ungesehen über Gras- und Betonboden gegangen waren. Dass die Hunde die Aufgabe lösen konnten, war nicht die Frage (sie konnten, und zwar innerhalb weniger Sekunden). Vielmehr untersuchten die Forscher drei unterschiedliche Phasen des Suchens: Eine anfängliche „Orientierungsphase“, die zehn bis zwanzig Sekunden lang dauerten und während der die Hunde die Spur zu finden versuchten. Nachdem sie die Spur aufgenommen hatten und etwa zwei Schritte auf ihr gelaufen waren, verlangsamten sie deutlich das Tempo und wechselten in die „Bestimmungsphase“, wie die Forscher sie nannten und in der die Hunde bestimmten, in welche Richtung die Spur weiterführte. Mit der Nase in nahem Kontakt zu Gras oder Beton brauchte jeder Hund weniger als fünf Sekunden, um seine Entscheidung zu treffen und schnell zur eigentlichen „Verfolgungsphase“ überzugehen. Die Kopfmikrofone zeichneten jedes Schnüffeln, Schnorcheln und Niesen auf und übermittelten den Forschern die Neuigkeit, dass die Hunde die ganze Zeit über sechs Mal pro Sekunde schnüffelten. Tatsächliches Atmen machte nur zehn Prozent dessen aus, was sie mit ihren Nasen und Schnauzen machten. Wie schon in anderen Studien nachgewiesen, verglichen die Hunde die Stärke des Geruchs in jeder Fußspur miteinander – in Fußspuren, die viele Minuten zuvor im Abstand von nur wenigen Sekunden hinterlassen wurden.

Die Goldmine

Es war ein Garten für Blinde: Das Auge wurde dauernd verletzt, für den Geruchssinn aber war es ein intensiver, wenn auch keineswegs delikater Genuss. Die Paul-Neyron-Rosen, deren Stecklinge er persönlich in Paris gekauft hatte, (...) hatten sich in eine Art obszöne fleischfarbene Kohlköpfe verwandelt, die dafür einen betäubenden, ja fast erotischen Duft verströmten, den kein französischer Züchter zu erhoffen gewagt hätte. Der Fürst hielt sich eine unter die Nase, und ihm schien, als rieche er den Schenkel einer Ballerina der Pariser Opera. Bendicò (der Hund), dem die Rose ebenfalls hingehalten wurde, schüttelte sich angewidert und lief schleunigst gesündere Sinnengenüsse und besonders delikate tote Eidechsen im Kompost suchen.

– Giuseppe di Lampedusa, Der Gattopardo

Während Hunde zwar gut trainiert werden können, um Blasenkrebs oder Diabetes zu erspüren, Bettwanzen, Metamphetamin oder vermisste Personen zu finden, so weiß doch jeder Hundebesitzer, dass diese Aufgaben nicht ihre wahre Spezialität sind. Wenn es etwas gibt, wozu Hunde von Natur aus eine echte Neigung besitzen, dann ist es stattdessen das Finden von *Fäkalien*. Jeder mit einer Katze in einem Haus lebende Hund weiß bestens, wo sich die Katzentoilette befindet, und sollte draußen ein Nachbarshund unerwartet seinen Darm geleert haben, wird Ihr Hund dies mit großem Eifer lokalisieren. Ein Stadthund kann Ihnen auch ohne Aufforderung die Losung eines streunenden Kojoten oder die Hinterlassenschaften eines Menschen hinter einem Baum anzeigen. *Schön, oder?*

Zum Glück gibt es heute auch Hunde, die ihrer natürlichen Begabung nachgehen dürfen. Nein, Upton, tut mir leid, ich meinte nicht „Obdachlosen-Kot im Park hinter Bäumen finden". Vielmehr werden Spürhunde dazu eingesetzt, die Ausscheidungen verschiedener bedrohter oder schwierig zu lokalisierender Tierarten oder Artenpopulationen zu finden.

An der Universität von Washington baut Dr. Sam Wasser in aller Stille ein Trainingszentrum für Hunde auf, die er „professionelle Kackejäger" nennt. Oder, in der prägnanten Wissenschaftssprache, „Losungsspürhunde". Ich bin früh morgens gekommen, um Dr. Wasser auf dem Universitätsgelände von Seattle zu treffen, dessen weite, offene Flächen zu dieser frühen Stunde noch weitgehend frei von Studenten sind. Ein dichter Nebel verdeckt dem Mount Rainier, der stolz südöstlich von mir aufragen sollte, als ich die Johnston Hall betrete.

Ich bin zwar gekommen, um mit Dr. Wasser über Hunde zu sprechen, aber sein wahres Interesse gilt den Wildtieren. Sein Spürhundeprogramm namens „Conservation Canines" erwuchs nicht aus einem Interesse an Hunden heraus. In den späten 1970er Jahren hatte Dr. Wasser im Mikumi-Nationalpark in Tansania gearbeitet, um dort Steppenpaviane zu erforschen. Wie vielen anderen Naturforschern ging es ihm darum, Informationen über Verhalten und Gesundheit einer ausgewählten Tierpopulation zu beobachten – in seinem Fall die Fortpflanzungsrivalität zwischen den Pavianweibchen. Üblicherweise versucht man, diese Informationen heimlich zu gewinnen, den Tieren aus dem Weg zu gehen und Kamerafallen aufzustellen, die ihre Bewegungen aufzeichnen – oder Lockstöcke, an denen Haarproben hängenbleiben (zur DNA-Gewinnung). Oder man fängt einzelne Tiere ein, beringt sie oder stattet sie mit Sendern aus und lässt sie wieder frei. Jede Methode hat ihre Nachteile, von statistischen Messfehlern (manche Tiere lassen sich mit größerer Wahrscheinlichkeit fangen als andere) über die Zeit und das Geld, das man zum Einfangen und Wiederfreilassen der Tiere benötigt, bis hin zu dem Stress oder manchmal sogar den tödlichen Verletzungen bei der Kennzeichnung. Lockstoffe können das Verhalten der Zieltiere beeinflussen; Fallen können sie verletzen und selbst das Tragen einer Beringung oder Markierung kann die Populationsdynamik fundamental beeinflussen.*

Eine bessere Methode, um etwas über lebende Populationen herauszufinden, wäre, sie archäologisch zu behandeln: zu schauen, was sie hinterlassen. Wie sich danebenbenehmende Hotelgäste hinterlassen auch Tiere Beweise für ihre Aktivitäten. Sie grasen, geben Nistplätze auf, zertrampeln den Boden – und kacken schamlos, wo sie gehen und stehen. Es ist dieser Kot, der Dr. Wassers Interesse weckte.

Ein paar Worte über natürliche Hinterlassenschaften: In der Regel halten wir Exkremente für etwas Wertloses. Etwas *Scheiße* zu nennen meint prägnant, dass wir es für nutz- und sinnlos halten. Nicht Wildtierscheiße. Wildtierbiologen dagegen sehen Exkremente und denken: *Eine Goldmine!* Diese Losung enthält jede Menge Informationen: Über Gesundheit und Reproduktionsstatus, was das Tier frisst und wie es sich fühlt. Die DNA ermöglicht die Identifikation von Einzeltieren – wer es ist, Alter und Geschlecht – und die Feststellung des Verwandtschaftsgrades zwischen Tieren. Losungsproben ermöglichen es den Forschern, zu rekonstruieren, wie groß eine Artenpopulation ist und wie weit sie sich bewegt. Skurrilerweise ist dieses fast perfekte Sammelprogramm so, dass Wildtierbiologen erhebliche Informationen über ihre Subjekte sammeln können, ohne sie jemals selbst zu Gesicht zu bekommen.

Dr. Wassers Hauptsorge gilt der Belastung, die das Wachstum der menschlichen Bevölkerung für die Wildtiere bedeutet. Anhand der

* *Dies wurde eindrucksvoll in einer Studie zum Reproduktionsverhalten von Zebrafinken gezeigt: Die Weibchen bevorzugten nicht etwa die stärksten und mutigsten Männchen, sondern diejenigen, die zufällig mit roten anstatt schwarzen Markierungsringen ausgestattet worden waren.*

Losungsproben kann er nachvollziehen, wie sich die Gesundheit einer Wildtierpopulation verändert. Den Anfang nahm seine Output-Beschäftigung aber mit den Pavianen: „Ich habe damals versucht, DNA aus deren Losung zu gewinnen", erklärt mir Dr. Wasser. Dabei stellte das Sammeln der Exkremente eine echte Herausforderung dar: Er musste entweder im Moment von deren Produktion anwesend sein oder im Schmutz herumwühlen, nachdem die Tiere weitergezogen waren. „Ich dachte, wow, wenn mir eine bessere Möglichkeit zum Sammeln einfallen würde, wäre das wirklich toll." Auf einer Konferenz über Bären, auf der man unter anderem das Verbot des Einsatzes von Jagdhunden auf der Bärenjagd diskutierte, traf er einen Jagdhundeführer, der sich darüber beklagte, was er denn nun mit seinem Hund anfangen solle. Der Hund, so berichtete er, konnte Bärenspuren vor- und rückwärts verfolgen. Dr. Wasser war elektrisiert: *„Meine Güte, das ist es, das ist mein Losungsspürhund!"*

Wie sich herausstellte, brauchte er aber einen Hund, der nach Luftwitterung suchte und nicht einen Bodenfährten verfolgenden Hund wie den besagten Bärenjagdhund. Mit der Zeit lernte Dr. Wasser die Führer von Drogenspürhunden kennen, so zum Beispiel im McNeil Island Corrections Center in Puget Sound, wo er die Hunde und ihre Arbeit beobachtete. „Die Hunde waren un-GLAUB-lich", schwärmt er. „Wenn die Inhaftierten ihre Kleidung ablegten und zur Wäscherei gingen, beschnupperten die Hunde jeden von ihnen und sagten *„jepp, der hier hat was genommen – und der hier – und der hier.* Dr. Wasser war überzeugt.

Er begann, Hunde auszubilden. In seiner ersten Studie suchte er mit seinem Team im Staat Washington an einem Ort namens Goat Peak nach Grizzlybären. Sie sahen den Grizzly nie – aber der Hund zeigte ihnen an, dass einer da war. Anschließend führte er eine große Studie zu Grizzlybären im kanadischen Alberta durch, wo er regelmäßig die Show der unglaublichen Hundenase erlebte: „Ich sitze einfach nur da," erinnert er sich, „und mein Hund steckt seine Nase in dieses Erdloch. Ich fühle mit der Hand hinein – und finde Grizzlylosung." Ein anderes Mal kommen sie an einen reißenden Gebirgsbach – und der Hund springt hinüber und zeigt ein „winziges Häufchen" an, das darin liegt.

Mit der Zeit wurden Dr. Wassers Projekte immer größer, und

schließlich suchten seine Hunde über zweitausendfünfhundert Quadratkilometer in Alberta ab. Selbst im Winter und im tiefen Schnee fanden sie Tausende Losungsproben von Karibu, Elch und Wolf, was Dr. Wasser darauf rückschließen ließ, dass die Ölförderungsaktivitäten und der Straßenbau das Verhalten der Tiere veränderten. Je näher an den menschlichen Aktivitäten sich die Herden befanden, desto höher ihr Stressniveau. Er konnte allein anhand der Losung sagen, was jede Spezies fraß (Wölfe: hauptsächlich Rehwild) und wie die jahreszeitlichen Schwankungen in Ernährung und Stressbelastung aussahen. Wie sich zeigte, hatten die menschlichen Aktivitäten größere Auswirkungen auf die Karibupopulation als die Wölfe, die man doch gemeinhin beschuldigt, die Karibus zu fressen.

Seitdem hat „Conservation Canines“ Hunde zum Aufspüren der Hinterlassenschaften von Jaguaren, Tigern oder Vielfraßen trainiert; von Langohrfledermäusen, dem Sierra Nevada-Rotfuchs und der nur in Kalifornien vorkommenden Pacific Pocket Mouse. Die Hunde sind auch nicht auf Säugetiere allein beschränkt, sondern überqueren auch die Klassengrenzen der Tierarten und finden zum Beispiel die Nester von Seeschildkröten nach einem Ölunfall, bestimmen die Populationsgröße der Fleckenkäuzchen in nordkalifornischen Wäldern oder der gefährdeten Jemez-Bergsalamander, die in toten Baumstämmen leben und nur einen Monat pro Jahr während der Regenzeit dort herauskommen. Ein Hund kann auf bis zu zwanzig Arten trainiert werden: Sobald er eine beherrscht, lernt er die nächste leicht dazu. Und es fällt ihm nicht schwer, deren Losung von der anderer, selbst eng verwandter Arten zu unterscheiden und das Universum an nicht gesuchten Hinterlassenschaften um sich herum zu ignorieren. Um dem Hundeführer anzuzeigen, dass er Losung gefunden hat, setzt er sich einfach hin. Er nimmt sie nicht ins Maul und wälzt sich auch nicht darin. Er sitzt.

Im Gegensatz zu den Hunden in vielen anderen Spürhundeprogrammen sind Dr. Wassers Hunde fast ausschließlich junge Mischlinge aus Tierheimen – denn genau dort landen Hunde mit übermäßiger Energie und Borderline-ähnlichen, obsessiven Persönlichkeiten. Ein Hund mit „Ballsucht“, wie er es freundlich nennt, mit starkem Spieltrieb und hohem Energieniveau ist genau der klassisch motivierte Hund, den man für ein solches Programm braucht. „Das ist die Art von Hunden, von denen die Leute denken *Du meine Güte, den bekommst du nie unter Kontrolle*", sagt er. „Aber sie rennen Ihnen niemals weg – nicht, solange Sie ihren Ball haben."

Neben Dr. Wassers Computer hängt ein Kalender mit Fotos von Hunden aus dem Conservation Canines-Programm. Der Maihund 2015 ist Tucker, der den vermutlichsten unwahrscheinlichsten und spektakulärsten Job von allen hat. Auf dem Kalenderbild sitzt er mit einer neongelben Schwimmweste geduldig in einem Boot. Was dieser freundlich aussehende schwarze Labradormix tut, ist, die schleimigen Exkremente von Orcas zu finden, von Killerwalen, die in der Meeresbucht Puget Sound leben.

Die feste Orca-Population in diesem Gebiet hat sich drastisch verringert und Dr. Wassers Gedanke war, dass Informationen über ihre Ernährung, ihren Hormonstatus und mögliche Giftstoffe vielleicht helfen könnten, herauszufinden, was genau hier vor sich ging. All das lässt sich in ihren Exkrementen finden – aber das Problem ist, dass Killerwallkot zwar streng riecht (ich sage nur: Fisch) und manchmal sogar gelblich oder orange aussieht (obwohl er meistens eher braun oder grün ist), aber nur eine kurze Zeit an der Wasseroberfläche schwimmt und dann sinkt. Folglich ist er in der großen, weiten Bucht nicht leicht zu finden. Nicht so für Tucker. „Tucker ist der Wahnsinn", sagt Dr. Wasser. „Er riecht einen Fund über eine Seemeile weit und kann ihn selbst bei starker Strömung orten." Dr. Wasser spricht leise und macht dann eine Pause, um diese Tatsache wirken zu lassen. Auch wenn Orcas groß sind, ist ihr Kot nicht gut sichtbar. Um ihn zu finden, bevor er sinkt, muss das Team schnell sein: bei bewegter See sinkt er fast sofort, und selbst bei ruhigem Wetter hat man nur etwa eine halbe Stunde Zeit, um ihn zu finden.

Die Forscher fahren Tucker auf dem Boot hinaus und orientieren sich in die Richtung, in der zuletzt Orcas gesehen wurden. Dabei steuern sie im Windschatten der Tiere. So manövrieren sie möglicherweise senkrecht zum Wind in den Geruchskegel hinein. „Tucker schläft im Bug, aber Sie können sehen, wie er dabei seine Nase bewegt" – Dr. Wasser bläht sein eigenes rechtes Nasenloch, was eine schiefe Grimasse ergibt – „und dann plötzlich, sobald wir darauf stoßen" – zack – „ist er auf den Beinen."

„Das ist die überzeugendste Arbeit von allen, die wir leisten", sagt er. „Es gibt keine Anhaltspunkte, die Strömungen treiben den Kot hierhin und dorthin." Aber wenn sie in den Geruchskegel hineinfahren, beugt Tucker sich nach vorn über den Bug und weist mit der Nase nach unten in Richtung der Geruchsquelle. Wenn das Boot zu schnell vorbeifährt, rennt er schnell zur Bootsflanke. Seine Nasenlöcher bewegen sich auf und ab, hin und her und lotsen den Steuermann, wie er das Boot lenken soll, um zur Geruchsquelle zu kommen.

Dr. Wasser erinnert sich, wie schwer es für sie anfangs war, zu erkennen, was Tucker dort tat. Im ersten Jahr ihres Projekts fanden sie überhaupt keinen Kot. Aber wie sich herausstellte, lag dies nicht etwa daran, dass Tucker ihn nicht ausfindig machte, sondern weil sie nicht glauben konnten, dass er ihn über eine so große Entfernung entdeckt hatte und deshalb das Boot vorzeitig wendeten. Erst, als sie begannen, kleine, schwimmende Alu-Kuchenförmchen mit Orcakot zu bestücken und sie von einem Boot visuell verfolgen zu lassen, während das Hundeboot sie seinerseits zu finden versuchte, wurde ihnen klar, dass Tucker sie selbst aus einer Meile Entfernung zu den Förmchen lotste. Wenn die Crew den Kot erreicht hat, wird dieser mit einem kleinen Netz an einer Teleskopstange vorsichtig herausgefischt. In der Zwischenzeit bekommt Tucker seine Belohnung: seinen geliebten Tennisball. Auch Dr. Wasser bekommt seinen Tennisball: ein gut begründetes Ergebnis. Aufgrund des jahreszeitlich schwankenden Hormon- und Ernährungsstatus der Orcas zog er die Schlussfolgerung, dass die Hauptbeute der Tiere, der Königslachs, im Bestand zurückging und damit auch die Population der Orcas gefährdete.

Nun könnte man zwar theoretisch Killerwalkot in einen Gaschromatograph geben, um herauszufinden, welche darin enthaltenen volatilen Elemente Tucker wahrnehmen könnte, aber für Dr. Wasser reicht allein die Tatsache, *dass* er ihn findet. Allerdings gibt er zu, dass es nicht ganz eindeutig sein könnte, welchen Bestandteil des Geruchs die Hunde denken, suchen zu sollen. So fand er zum Beispiel heraus, dass Hunde, die auf die gesunde, ortstreue Orcapopulation trainiert worden waren – die er die „fischfressenden Orcas" nannte – nicht die lediglich durchziehenden Orcas anzeigte. Die durchziehenden Orcas ernähren sich nämlich von Säugetieren. „Wir hatten die Hunde auf Orcageruch plus Fischgeruch trainiert“, so wurde Dr. Wasser klar. Und ohne den Fischgeruch identifizierten die Hunde den Geruch nicht mehr als „Orca“.

Aber die Hunde sind genial: Sie versuchen unbedingt, es richtig zu machen – je nachdem, wofür ihre Trainer sie belohnen. „Der Hundeführer ist der schwierige Teil am Hundetraining“, sagt Dr. Wasser. „*Viel* schwieriger als die Hunde.“ Im Training eines Hundes kommt irgendwann der Punkt, an dem der Hundeführer von der Arbeit mit Proben in kontrollierter Umgebung tatsächlich in freier Wildbahn zu suchen beginnt. Aber in der Wildnis riecht Kot niemals genauso wie das eingefrorene, aufgetaute und wieder eingefrorene Probenstück aus dem Training: Er kann frischer oder älter sein, die Bakterien darauf sind andere, er stammt von einem anderen Tier. Der Hund muss herausfinden, was den beiden Proben gemeinsam ist und dies dann anzuzeigen beginnen. Wenn ein Team längere Zeit nichts findet, kann Folgendes passieren: „Sie haben da diesen hochmotivierten Hund, der mehr als alles andere auf der Welt seinen Ball haben möchte – und einen extrem besorgten Hundeführer, dem seine Arbeit wichtig ist und der denkt *Oh je, ich bin ein Versager.* Und nun hält der Hund inne und prüft irgendwas und fragt dann *Funktioniert das hier*?“ Dr. Wasser sieht mich aus dem Augenwinkel und mit hochgezogenen Augenbrauen an, ganz der fragende, hoffende Hund: *„Ist es das, was du suchst?* Und dann sagt der Hundeführer *Oh ja, lass mich mal sehen*, und der Hund meint *Oh, ich glaube ich liege richtig* und setzt sich hin, und der Hundeführer denkt *Hurra, er liegt richtig* und wirft den Ball. Und schon haben Sie dem Hund die falsche Spezies obendrauftrainiert.“

Selbst mit dieser guten Nase wird ein Spürhund sich immer noch nach seinem Führer umschauen, um sich zu vergewissern, dass er richtig liegt. Der Hundeführer muss seinem Hund genug vertrauen, um ihn den Job zu Ende machen zu lassen. Spürhundearbeit hat nicht nur etwas mit hündischer Anatomie zu tun, sondern auch mit menschlicher Psychologie.

Für Dr. Wasser gibt es keine Nachteile an der Arbeit mit Hunden. Sicherlich mag es manchmal beschwerlich sein, sie herumzutransportieren – man kann sie ja schließlich nicht im Flugzeug unter den

Vordersitz schieben – und sie sind Individuen mit ihrem eigenen Temperament und mit ihren eigenen Launen. Aber irgendein technisches Gerät – eine elektronische Nase – würde niemals den Hund ersetzen können. „Das Tolle an Hunden ist, dass sie sich mit der Zeit verbessern“, sagt er. Und, so möchte ich hinzufügen: Wenn man seine Tage damit verbringt, Tierexkremente zu finden, dann muss es nichts Besseres geben, als einen energiegeladenen, hingebungsvollen pelzigen Ermittlungspartner zu haben.

Lyall Watson schreibt über einen Hund, der einen vermissten Mann suchte, indem er eine eine Woche alte Spur durch eine Bank und einen Lebensmittelladen hindurch verfolgte und durch den Straßenverkehr hindurch schließlich zu einer Bushaltestelle fand, wo die Spur endete. Und zwar genau an der Bank, wo der Mann, wie man später feststellte, gesessen und gewartet hatte, bevor er in den Bus gestiegen war. Wenn ich Geschichten wie diese oder die von dem Orca-aufspürenden Tucker höre und mich im Gegensatz dazu an meine völlige Verblüffung darüber erinnere, wohin mein Hund Pumpernickel an dem Tag gelaufen war, als sie von zuhause ausgebüxt war, dann denke ich, dass Hunde und Menschen nichts gemeinsam haben. Ein Hund kann ein anderes Tier oder einen Menschen finden, aber für einen Menschen scheint es sehr schwierig zu sein, einen Hund zu finden. Aber vielleicht habe ich auch einfach zu viel Zeit mit den falschen Menschen verbracht.

– MENSCH –

Angehörige des Kanum-Irebe-Stamms in Neu Guinea, so beschreiben Anthropologen, haben ein besonderes Ritual, das die meisten Westler eher befremden dürfte. Wenn zwei Freunde sich verabschieden, greift einer in die Achselhöhle des anderen, „riecht an seiner Hand und reibt sich selbst mit dem Geruch ein“, womit er die verstörende Möglichkeit ausschließt, dass er den anderen vielleicht „nicht riechen“ könne.

Dabei nutzen wir durchaus den Geruch des jeweils anderen – wenn auch eher unbewusst. Im Grunde wissen wir sehr wohl, dass unser Eigengeruch das widerspiegelt, was wir essen, dass wir unser Alter riechen und dass wir nach unseren Rauch-, Trink- oder Schwimmgewohnheiten riechen, und genauso geht es auch den anderen. Unser Körpergeruch spiegelt unsere Stimmung, unsere Gesundheit, unsere Tätigkeit und unsere Medikation wider.

Allerdings achten wir nur selten bewusst auf diese Gerüche der anderen. Aber genau wie die Kanum-Irebe können auch wir die Gerüche der anderen einsammeln, wenn auch wesentlich dezenter. Das inzwischen allseits bekannte Forschungsergebnis, dass sich die Menstruationszyklen von zusammenlebenden Frauen miteinander synchronisieren, illustriert im Grunde genommen nichts anderes als die Wahrnehmung der Körpergerüche anderer mit einem bestimmten physiologischen Ergebnis. Kürzlich filmten Psychologen mit versteckter Kamera das Verhalten mehrerer hundert Testpersonen, bevor diese an einem (Schein-)Experiment teilnahmen. Der eigentliche Versuch fand in dieser Versuchsvorbereitungsphase statt: Die Testpersonen wurden mit Handschlag vom Versuchsleiter begrüßt, und wie sich zeigte, rochen sie danach fast alle an ihrer berührten Hand. Besonders, wenn Versuchsperson und Versuchsleiter das gleiche Geschlecht hatten, führten erstere kurz nach dem Handschlag ihre Hand in die Nähe ihrer Nase und rochen daran. Es war, als würden sie Geruchsproben nehmen – das, was Wissenschaftler als „chemosensorische Erkundung von Artgenossen“ bezeichnen. Man riecht einander.

Sicherlich geschieht diese chemosensorische Erkundung größtenteils unbewusst. Können Menschen bewusst andere Menschen oder Tiere anhand von deren Geruch nachverfolgen und finden? Ich beschloss, es herauszufinden.

Das Stachelschwein ist ein unordentliches Tier. Sein kompakter Körper ist von Zehntausenden zu Stacheln umgebildeten Haaren bedeckt, die es, wenn es gereizt ist, blitzschnell in das Fleisch von jemand schießen kann, der so unvorsichtig war, sich ihm zu weit zu nähern. Es ist also gut bewaffnet. Bevor es das tut, warnt es den potenziellen Angreifer aber vor, indem es mit den Zähnen klappert und einen durchdringenden Geruch aus den Drüsen auf seinem Rücken absondert. Es bevorzugt auf jeden Fall, *nicht* in einen Streit zu geraten.

Es sind vielleicht diese vielen verschiedenen Verteidigungsstufen, die es dem Stachelschwein, dem *Erethizon dorsatum**, ermöglichen, so liederlich zu sein.

Es pinkelt, wo es ihm gerade passt, oft mitten im Gehen und sieht es nicht ein, deswegen etwa langsamer zu werden oder stehenzubleiben. Die Trittspuren eines Stachelschweins können mit Kotpartikeln gepfeffert sein, weil es in einer Höhle schläft, in der sich seine eigenen Exkremente stapeln. Da überrascht es nicht, dass es sich auch nicht selbst säubert. Wenn Tiere eigene Körperpflege betreiben, dann tun sie das weniger aus einem Bedürfnis nach Reinlichkeit als aus Angst vor Fressfeinden oder Parasiten, die sie riechen könnten – oder aus Interesse an der Paarung mit Gleichgesinnten. Das Stachelschwein geht souverän mit Fressfeinden um, scheint ein robustes Immunsystem zu besitzen und hat eine Methode ausgeklügelt, sich trotz all dieser Stacheln zu paaren. So kommt es auch ungekämmt straflos davon.

* *Grob übersetzt „Tier mit gekrümmtem Rücken“*

Seine schlampige Lebensart war es auch, die mir eines kalten Januartages verriet, dass sich ein Stachelschwein in unserer Nähe im Wald aufhalten musste. Liebe Leser, es stimmt tatsächlich: Ich roch plötzlich einen Hauch Stachelschweinurin.

Der Tag hatte acht Stunden zuvor begonnen – unter drei Schichten von Dunkelheit, die sich langsam zu einem Morgen erhellten, als ich von New York City in den Westen von Massachusetts fuhr. Ich war früh aufgestanden, um mich auf Tierspurensuche zu machen. Wenn es irgendjemand gab, der den Exkremente-Spürhunden Konkurrenz machen konnte, dann waren es *Animal Tracker*, Tiersucher. Mein Ziel lag zwei Autobahnen und eine Reihe heruntergekommener Industriestädte entfernt. Ich war dort mit Charley Eiseman und Noah Charney verabredet, zwei Naturforschern mit einem ökologischen, philosophischen und rein hedonischen Interesse am Auffinden der Spuren (sprich: oft Kot) von Tieren.

In der Dunkelheit der Stadt küsste ich meinen Sohn auf den Kopf* und machte mich auf den Weg zu meinem Auto.

Ich vergaß nicht, die Nachtluft der Stadt noch einmal bewusst zu schnuppern, weil ich schon bald den Kontrast des klaren, kalten Klimas im Westen Massachusetts erleben würde. Ich musste meine Nase Dutzende Male bewegen, um überhaupt irgendetwas zu riechen. Die Stadt roch aschig – staubig, vielleicht. Sie roch nach … Abwesenheit.

Vor lauter Begeisterung über die Spurensuchfähigkeit der Hunde könnte man vergessen, dass auch wir Menschen eine lange und gut belegte Geschichte als Spurensucher haben. Als omnivore, also allesfressende Art und bevor wir Waffen erfanden, fanden und fingen wir Beutetiere einfach dadurch, dass wir deren Lebensgewohnheiten kannten: wo sie lebten, was sie fraßen, wann sie aus ihrer Deckung herauskamen und wann sie am ehesten verletzlich waren. Von Jägern abgesehen verfolgen Menschen heute nur noch selten Tiere mit dem Ziel, ihr Abendessen zu finden. Die übrig gebliebenen „Tiersucher“ jagen

* *Geruch: süßes, schwitzendes Heu.*

Tiere hauptsächlich, um sie zu fotografieren, um die Population zu beobachten oder um ihren eigenen Entdeckergeist zu befriedigen. Es ist also eher Wissbegier als eine Notwendigkeit. Das gilt im Übrigen auch für die Art der „Suchen“, die unsere heutigen Familienhunde unternehmen: Wenn sich die Hunde des einundzwanzigsten Jahrhunderts von ihrer Nase leiten lassen, dann geht es der großen Mehrheit weniger um das Finden eines Geschlechtspartners, das Abendessen oder das Revier als einfach nur darum, wahrzunehmen, was um sie herum so geschieht.

Der Begriff *Animal Tracker* vermittelt den Eindruck, dass es im Endergebnis um das Finden eines Tieres geht, aber dem ist nicht so. Das Wahrscheinlichste ist, dass man das Tier überhaupt nicht zu Gesicht bekommt. So gut wie jedes Wildtier wird einen in seinem Lebensraum umherwandernden Menschen lange bemerken, bevor der Mensch das Tier bemerkt. Beim Animal Tracking geht es also eher darum, Hinweise darauf zu finden, wo sich das Tier aufgehalten hat. Das klassische Anzeichen sind natürlich die Trittsiegel, die Fußspuren. Da wir uns in einem fast unberührten Wald befanden, in dem es erst vor wenigen Tagen geschneit hatte, sollten sich heute wohl deutlich erkennbare Tierspuren für uns finden lassen. Auch Schlamm ist eine prima Substanz, um die Spuren vorbeikommender Kojoten, Elche oder Truthähne einzufangen. Dagegen nimmt der meiste Untergrund die leichten Spuren der Waldbewohner nicht auf (jedenfalls nicht solche, die der Mensch wahrnehmen könnte) und der Großteil des Wetters – Regen, Schneefall, Wind – ist gut dazu geeignet, alle Spuren zu löschen. Ein Tiersucher hat also oft keine echten *Spuren*, um ein Tier zu suchen, und eigentlich braucht er auch gar keine. Jeder Wald birgt bis in jede kleinste Bodenerhebung, bis in jeden Busch und Baum Hinweise auf dort lebende Tiere. Wir nutzen all unsere Sinne und verschiedenste Hinweise, um den Weg zu verfolgen, den ein Tier genommen hat – und auch Geruch gehört dazu. Hirsche riechen. Eichhörnchen riechen. Bären, Luchse, Füchse und Elche riechen.*

* *In ihrem wunderbaren Buch* A Nosegay *zitiert Lara Feigel eine Geschichte, die Edmund Snow Carpenter in Eskimo Realities (1973) erzählt. Er hatte diese Unterhaltung zwischen einer Inuit-Frau (I) und einem Anthropologen (A) aufgezeichnet. I: „Riechen wir?“ / A: „Ja.“ / I: „Stört Sie der Geruch?“ / A: „Ja.“ / I: „Sie riechen und das ist für uns unangenehm. Wir haben uns gefragt, ob wir auch riechen und ob das für Sie auch unangenehm ist.“*

Wie denn ein Elch riechen könnte, fragen Sie?

„O-kay“, sagt Noah Charney, als er mit erhobener Nase unseren Pfad abkürzt und in einer kleinen Baumgruppe umhergeht. „Ich dachte, ich hätte einen Elch gerochen.“ Er hält inne. „Aber jetzt ist er (sowohl der Elch als auch der Geruch) weg.“ Charney bei der Nasenjagd auf Elche zuzusehen ist so, als ob man einem Kunstsachverständigen zusieht, wie er seine Augen über ein vor ihm aufgestelltes Meisterwerk wandern lässt: Man sieht zwar, dass er *schaut*, aber man hat keine Ahnung, *wonach.*

Was Charney und jeder Animal Tracker tut, ist, das Tier zu verkörpern lernen, das er verfolgt. Um zu verstehen, wo das Tier sein könnte, muss man wie das Tier *denken* und sich sein Leben vorstellen. Die Kunst der Spurverfolgung wurde bereits mit dem Lesenlernen verglichen: Nur liest man nicht die Erstklässlerfibel, sondern den Wald. So wie sich für den jungen Leser die Hieroglyphen der Buchstaben nach und nach zu sinnvollen Sätzen zusammensetzen, so beginnt auch die Wildnis für den Animal Tracker nach und nach so auszusehen, wie sie es wahrscheinlich auch für das in ihr lebende Tier tut. Welcher Busch würde Sie vollständig verdecken, wenn Sie ein Kaninchen wären? Welche Art von Baum hat für einen Bär die ideale Höhe und Sichtbarkeit, damit er mit Scheuern und Kratzen an der Rinde seine Anwesenheit kundtut? Welches geheime Loch wirkt verlockend auf ein Flughörnchen? Zu welcher Tageszeit wird sich wohl das kurzsichtige Opossum am sichersten fühlen, um mit seinen winzigen rosa Babys auf dem Rücken auf Futtersuche zu gehen? Wenn man die Welt erst einmal wie das Tier sieht und sich selbst in *dieser Umgebung* wahrzunehmen beginnt, dann findet man auch Spuren des Tieres.

Aus der Trickkiste der Animal Tracker ist es natürlich vor allem das Verfolgen von Gerüchen, hinter dem ich her bin: Die Geruchshinweise darauf, dass hier ein Tier vorbeigekommen ist. Während ich in meinem abgeschotteten Auto nordwärts fahre, habe ich nur vage Vorstellungen davon, wie diese Hinweise aussehen könnten. Wenn ich meine Nase in den Fellkragen an Finnegans Nacken grabe, nehme ich natürlich seinen Geruch wahr. Wie ich aber gelernt habe, bemerken Gäste, wenn sie bei uns zur Tür hereinkommen, einen deutlichen „Hundegeruch", während wir selbst, die wir im Haus leben, uns so an den Hundedunst gewöhnt haben, dass wir ihn gar nicht mehr wahrnehmen.*

Bestimmt gibt Finn auch noch andere Gerüche ab, aber selbst in unserem engen Zusammenleben bin ich noch nie auf die Idee gekommen, über diese nachzusinnen. Das wird sich nun ändern.

Es ist immer noch früher Morgen, als ich vor dem Gebäude einbiege, das den Klassenraum der „Animal Tracker-Schule" beherbergt. Es ist bitterkalt: minus dreizehn Grad Celsius. Die Schärfe der Kälte wird durch die Stille des Morgens noch verstärkt. Kalte, ruhige Wintertage sind, so sagen die Handbücher für Animal Tracker, gut für die Suche, vermutlich deshalb, weil all die anderen flüchtigen Gerüche der Welt – von Bäumen, Pflanzen und Erde – unter der Schneedecke schlafen. Die warme Berührung eines Tieres ist ein geruchliches Signalfeuer in einer kalten Szenerie: Diese Wärme verdampft sogar den Geruch von allem, was sie berührt und schafft so Geruchsblasen in einer ansonsten öden Landschaft.

Ich möchte meine Nase vernünftig vorbereiten. Ich gebe zu, die Vorbereitung ist eher simpel: Ich puste. Macht Platz, ihr Stadt- und Autogerüche, ich muss Kojoten riechen! Obendrein habe ich noch ein steroides Nasenspray mitgenommen, das ich kürzlich verschrieben bekommen habe, um einen hartnäckigen Druck in den Ohren loszuwerden. Es kann sicher nicht schaden, so denke ich, wenn die Nase auf Steroiden ist. „Wenn ich meine Geruchswahrnehmung verbessern möchte," hatte Stuart Firestein mir gegenüber einmal zugegeben, „benutze ich Steroide." Er meinte dies nicht als ärztliche Empfehlung, sondern einfach als Beobachtung, die er aufgrund einer eigenen Erfahrung gemacht hatte: Er hatte nach einer oralchirurgischen Behandlung vorübergehend ein steroides Nasenspray nehmen müssen. „Ich roch Dinge, die ich noch nie zuvor gerochen hatte", schwärmte er.

* *Dieses Phänomen nennt man Habituation oder Gewöhnung: Nachdem man einem Geruch wiederholt ausgesetzt war, bemerkt man ihn nicht mehr. Das ähnelt zwar der Adaptation (Anpassung), aber diese läuft auf der Ebene der Rezeptorzellen ab, während Habituation ein Ergebnis dessen ist, dass das Gehirn sich nichts mehr aus der Wahrnehmung eines Geruchs macht.*

Das Spray fühlt sich an wie eine plötzliche Lilien-Injektion in meine Nase, mitsamt Blütenblättern, Stempeln und Pollen. Als ich einatme, spüre ich, wie sich meine Nasenwege öffnen, ihre Arme ausbreiten und ihre Augen für das Tageslicht weiten. Wenn es irgendeinen Moment gibt, an dem meine Nase eine Supernase ist, dann ist das jetzt.

Drinnen finde ich Charney und Eiseman in einem kleinen, belebten Klassenzimmer, Charney hebt nur kurz seine Augenbrauen zu einer Minimalbegrüßung. Beide haben die gleiche, ruhige Art und beide sind bequem nach dem Zwiebelschalenprinzip gekleidet. Auf den Stühlen liegen zwei offene Rucksäcke mit verstreutem Inhalt. Ihre Ausrüstung ist typisch für jemand, der sich auf lange Aufenthalte im Freien einrichtet, aber sich nicht überladen möchte.

Kurz darauf kommt ein halbes Dutzend Tiersuch-Schüler herein, alle dick vermummt für die Expedition des Tages. „Wir werden den Großteil der Zeit im Freien mit dem Besuch örtlicher Lebensräume verbringen“, hatte die Kursbeschreibung gewarnt und den Schülern geraten, „sich auf lange Tage unter kalten, nassen und anstrengenden Bedingungen vorzubereiten.“ Handwärmer sind ein Muss.

Charney kommt näher und drückt mir wortlos etwas in die Hand. Es ist ein brauner, achtzigseitiger Feldnotizenblock, dessen Seiten abgegriffen und voller Wasserflecken sind. Sein Suchenbuch, der Aufbewahrungsort für Notizen und Anmerkungen aus vorangegangenen Expeditionen. Eiseman nennt es „Noahs Duftbilderbuch“, weil es auch physische Beweisstücke in Form von Tierhaaren, Blättern oder Stängeln enthält – und in Form von uringetränkten Papiertaschentuchfetzen.

Ich behandle es so vorsichtig, als wäre es eine antike Schriftrolle. Auf einer Seite ist ein langes, quastenartiges Haar aufgeklebt: „Elch“ steht danebengekritzelt. „Fuchs, 27.12.2001“ auf einer anderen Seite. Andere Seiten halten Zweige mit Bissspuren fest oder Fellklumpen, die nicht so wirken, als hätten sie ihre Träger von sich aus fallen lassen. Es gibt Belege für Kaninchen, Karibu, Luchs, Opossum und Bison. Die Seite „03.03. Biber“ beinhaltet ein Büschel Biberhaare; darunter folgt „Kojote“ und ein Stück Papiertaschentuch das, so vermute ich, einmal mit Kojotenurin getränkt war. Ich frage mich, ob dieser Kojote und dieser Biber sich an jenem Tag begegnet sind und schnuppere an der Seite.

Als ich die Seiten bis zu einem anderen Papiertaschentuch weiterblättere, rieche ich auch daran. Neben dem überraschend deutlichen „Notizbuchgeruch“ kann ich *irgendwelche Gerüche* wahrnehmen, die mir aber nichts sagen.

Ganz hinten ist zwischen zwei Seiten eine „Hochsicherheits-Probe“ untergebracht: Ein verknittertes Stück abgerissener Alufolie ist um einen Ziplock-Beutel gewickelt, der wiederum ein gefaltetes Papiertaschentuch sichert. Auf dem Beutel ist vermerkt: „Rotfuchs, 03.09.2001.“ Charney zieht die Probe, die seit zwölf Jahren und vier Tagen keine frische Luft gesehen hat, heraus. Es fehlt nicht viel, dass seine Nase das Papiertuch berührt – er schnuppert so vorsichtig wie ein Mann, der am Taschentuch einer Frau riecht. „Oh!“ Er reagiert körperlich auf den Duft, zieht den Kopf zurück macht ein paar Schritte vom Geruch weg durch den Raum. Ich nehme mir das Papiertaschentuch ebenfalls vor. Meine Nase erhascht etwas Süßliches, *Animalisches.* Eiseman lehnt sich wieder vor. „Stinktierig!“ sagt er plötzlich und lächelt.

Charney nickt. Die simple Syntax von Tieruringerüchen scheint zu sein: Name des heraufbeschworenen Tiers (Stinktier) oder der Futterquelle (Eiche) plus Zeichensetzung zur Widerspiegelung der Duftintensität. „Stinktierig!“ funktioniert sowohl für Stinktier als auch für Rotfuchs. *Muffig* für einen Bären. Sowohl für Charney als auch für Eiseman ist dieser Geruch Ausrufezeichen-laut – und stammt offenkundig aus der ältlichen Blase eines Rotfuchses.

Während ich das Papiertaschentuch betrachte, fühle ich mich ein wenig wie eine farbenblinde Person in einem Raum voller Regenbogen: Ich spüre, dass es hier etwas zu sehen gibt, aber meine suchenden Augen können es nicht ausfindig machen. Charney reicht das Papiertuch an die Schüler weiter, die in voller Winterkluft verpackt zögerlich am Tisch lehnen. Jeder hält es willig an seine Nase und schnuppert daran. Letzte Woche, vor dem Kurs, hätte sicherlich keiner von ihnen ein solches Angebot angenommen – genauso, wage ich zu behaupten, wie auch von vielen anderen außerhalb dieses Klassenraums.

Charney ist die Ausnahme. „Ich habe immer alles berochen“, sagt er mir, „und zwar seit ich denken kann.“ Er erzählt, wie er einmal eine Zeitlang in einem Wigwam im Wald gewohnt hat, während er tagsüber zum Unterricht ging. Wenn er dann im Dunkeln in den Wald zurückkehrte, musste er sich vom Geruch leiten lassen. „Einmal wachte ich auf und wusste nicht, wo ich war“, gibt er zu. Meistens allerdings fand er seinen Weg allein anhand der Nase. Ich erinnere mich daran, wie wenig vertraut mir die Gerüche meines eigenen Wohnviertels nach dem Geruchs-Spaziergang durch Brooklyn erschienen waren und kommentiere, dass dies vielleicht untypisch sein könne. Er winkt an. „Ich wundere mich immer über die Dinge, die Leute nicht riechen können.“ Er lacht, ein wenig verärgert. „Ich denke dann immer *wieso nicht?*“

Dass Charney seine eigene Außergewöhnlichkeit nicht wahrnimmt, wird allein schon aus seiner Beschreibung daraus klar, wie er seine Frau kennengelernt hat. Woran er sich nach seinen eigenen Worten erinnert, ist, dass sie beim ersten Treffen „nach Coca Cola gerochen hat“. Wenn er an seine Kindheit denkt, fallen ihm als erstes stark duftende Spielsachen ein: „Die Plastikreifen an diesen kleinen Plastikautos? Sie haben diesen ganz starken vinylartigen Geruch ... und der *einzige Grund*, mit Knetgummi zu spielen, ist der *Geruch* von Knetgummi.“ Genau wie bei Parfümeuren oder Weinexperten erinnert er sich nicht nur abstrakt an den Geruch, wenn er den Vinylgeruch der Autoreifen oder die Cola-Aura seiner Frau beschreibt, sondern er riecht ihn in seinem Kopf.

Diese Fähigkeit zum Heraufbeschwören von Gerüchen, quasi tagträumerisch zu riechen, ist ein klares Erkennungszeichen für all jene, die ihre Nase zu nutzen wissen und all jene, die es nicht tun. Es deutet auf Aufmerksamkeit und die Bereitschaft des Gehirns, eine Erfahrung länger zu behalten und später wieder wachzurufen. Manche Menschen erleben sogar im Schlaf Gerüche – während aber auch bei „Normalriechern“ die Träume von Umgebungsgerüchen emotional beeinflusst werden.

Obwohl Gerüche einen emotionalen Gehalt haben, sind sie für Charney einfach nur Teil der Szenerie und eine gewohnte Fußnote zu seinen täglichen Erfahrungen. Er hat, wie wir alle, Geruchsvorlieben; was ihn unterscheidet, ist sein Verhältnis zur großen Menge der Gerüche, die nicht von Natur aus angenehm sind. „Es gibt Gerüche, die ich hasse. Aber ich rieche trotzdem gern an ihnen – weil das so „*Ooh, ist das ekelhaft*" ist." Er grinst. Was das wohl für Gerüche sein mögen, frage ich. „Ach wissen Sie, Erbrochenes und so", antwortet er.

Oh.

Alle klettern in einen Kleinbus und wir fahren weiter weg von Autobahn und bewohnten Gebieten. Unser Ziel ist der Nordzipfel des Quabbin-Stausees, ein von Staatsforst umgebenes Trinkwasserreservoir für die Stadt Boston. Charney fährt und Eiseman spielt über das Autoradio Vogelstimmen ab. Neben dem Draußensein ist das ganz klar ihr Element – zuhören, lächeln und wissend nicken, wenn sie erkennen, wer auch immer da *tu-wiiiieeee!* singt.

Nach einer Stunde parken wir und klettern aus dem Bus. Der Wald am Ende der Straße ist eine Wand aus Unterholz, umgestürzten Bäumen und Ästen und es gibt offensichtlich keinen Fußweg. Charney schiebt einfach einen Ast zur Seite und taucht hinein. Nach kurzem Zögern folgen wir ihm alle. Der Wald verschluckt uns sofort. Gelegentlich gibt es von Tieren angelegte Wechselpfade, die uns als provisorische Wege dienen, aber größtenteils kämpfen wir uns durch hohes und festes Buschwerk und Gras und laufen Schlangenlinien unter den niedrigen Ästen von Hemlocktanne und Weymouthkiefer.

Nach gut zehn Minuten im Wald sind die für mich erkennbaren einzigen Hinweise darauf, wo wir uns befinden könnten, unsere eigenen Fußspuren im Schnee und die aufsteigende Vormittagssonne im Südosten. Ich bin vollkommen damit beschäftigt, darauf zu achten, wo ich als Nächstes hintrete und nehme ansonsten kaum etwas von meiner Umgebung wahr. Aber die Tracker haben ihre Köpfe oben: Während ich gehe, beobachten und suchen sie.

Charney bleibt stehen. „Sehen Sie das hier? Schauen Sie mal." Er geht weiter und lässt uns den Baum untersuchen, auf den er gerade gezeigt hat. Auf den ersten Blick ist das ohne Frage ein Baum. Nicht weiter bemerkenswert. Aber dann wandern unsere Augen. Er ist beschädigt – hier sind Kratzer, da ein paar Löcher. Wir schauen genau hin und sehen ein Haar – ein Haar! – das waagerecht aus der Rinde ragt. Es zu sehen fühlt sich wie ein Wunder an. Charney kommt zurück. „Haben Sie das Haar gefunden?" Es war ihm im Vorbeigehen verblüffenderweise gleich ins Auge gesprungen. Anschließend analysiert er die Szenerie: Es ist ein Tupelobaum, auf einer kleinen Lichtung und einer kleinen Anhöhe über jetzt gefrorenem Sumpfgebiet. In der Nähe steht eine Handvoll größerer Tupelos.

Das ist es, was dem Tracker als erstes auffällt: Er sieht diese Szenerie wie einen großen Laternenpfahl, an dem eine Bärin ihre Markierung hinterlassen könnte. Der beschädigte Baumstamm mit den Bissspuren und den Kratzern ihrer breiten Pranken ist ihre Art und Weise, ihren Duft als Warnung an Konkurrenten zu hinterlassen. Das Haar? Es stammt daher, dass sie sich ihren Rücken am Baumstamm gescheuert hat. Die größeren Tupelos könnten „Aufzuchtbäume" sein – unter denen eine Bärin ihre Jungen sicher absetzen könnte, während sie die begehrten Tupelobeeren frisst.

Ich schaue mich vorsichtig um. Keine Bären in Sicht. Aber die Luft ist noch voll von der Szene, die die hinterlassenen Spuren gerade vor unserem inneren Auge wachgerufen haben.

Im Weitergehen sammeln wir langsam, aber sicher weitere Hinweise auf Tiere: Die Spur eines Flughörnchens, die unvermittelt beginnt (an seinem Landeplatz) und dann schnell zu einer sicheren Höhle in den Wurzeln eines nahestehenden Baums führt. Rehwild ist sehr häufig: Anzeichen können Trittsiegel der Klauen oder verlorene Haare sein, aber auch durch dichtes Unterholz angelegte Wechselpfade, niedergedrücktes Gras und Haare an den Stellen, wo das Tier gelegen und geruht hat. Und Ausscheidungen: Kot, Sekrete und andere, oft übelriechende Absonderungen. „In der Losung einer Eule steckt eine ganzer Roman", heißt es schwärmerisch in einem Handbuch für Spurensucher. Dasselbe ist randvoll mit Farbfotos diverser Würstchen, Bällchen und Häufchen oder schleimiger Blasen, die respektvoll in der Bildmitte zentriert sind. Die von Exkrementen verfassten Romane sind Portraits ihrer Produzenten: Sie verraten Spezies und Geschlecht, Gesundheitszustand und Ernährungsweise, Gewohnheiten, Gesellschaft und den Tagesablauf. Der Kot eines Kojoten steckt voller Fellhaare – im Gegensatz zu dem von Hunden, der sehr viel Getreide aus dem üblichen Trockenfutter enthält. Ein kleiner Matschhügel aus Schlamm vom Teichgrund, von einem gelborangen Klecks gekrönt, weist auf einen Biber mit territorialen Gefühlen hin.

Der menschliche Spurensucher mag sich aufgrund seiner Anatomie von seinen Augen leiten lassen, aber dennoch liefert ihm seine Nase mehr Informationen. Ein so erfahrener Spurensucher wie Charney kann Luftwitterung riechen, wenn die Luft feucht genug ist und der Wind ihm entgegen steht. Aber um sich in ein Tier hineinzuversetzen und so wie es zu handeln, ist es auch hilfreich, sich auf seine Höhe zu begeben nach der Methode: steck deine Nase direkt hinein. Die allgemeine Anweisung, sich „auf die Knie herabzulassen und mit der Nase so nah wie möglich heranzugehen“, wie es in einem Handbuch heißt, ist für die meisten Menschen ein Gräuel. Charney dagegen begibt sich regelmäßig auf alle Viere und hält sein Gesicht zentimeternah an einen moosbedeckten Baumstumpf. Er eilt voraus auf eine Lichtung, und als wir ihn einholen, steht er gerade wieder auf, nachdem er einen breiten Baumstumpf beschnuppert hat. Jetzt lassen wir alle uns nacheinander auf Hände und Knie herab und halten unsere Nase an die breite, senkrechte Fläche des Baumstumpfs. „Hauchen Sie ein bisschen warme Atemluft darauf, damit der Geruch hochkommt“, weist er uns an. Welcher Geruch auch immer sich am Baumstumpf befindet – er benötigt die Wärme aus unseren Lungen, um volatil zu werden, in der Luft zu verdunsten und von der Nase eingefangen zu werden. Auf ähnliche Art und Weise kann auch ganz leichter Regen auf der Erdoberfläche ruhenden Gerüchen wieder „neues Leben einhauchen“. Ich wärme den Baumstumpf mit meinem Atem an, schließe die Augen und schnuppere. Ich rieche etwas Muffiges, das entfernt an Kellergeruch erinnert. Eiseman lächelt: Er weiß schon allein aus dem Kontext, welches Tier hier gewesen ist. Er lässt sich seine Vermutung von seiner Nase bestätigen. „*Katzen* im Keller“ korrigiert er mich. Genauer gesagt, in diesem Fall ein Luchs. Was ich als *Kellergeruch* erkenne, ist eigentlich der Geruch, den meine früheren Katzen dort zurückgelassen haben.

Es sind keine Fußspuren oder andere offensichtlichen Anzeichen dafür zu sehen, dass hier ein Tier vorbeigekommen ist. Woher wusste Charney also, dass er genau *hier* riechen musste? „Man muss darauf achten, was aus Sicht eines Tieres auffällig hervorsteht. Ich schaue mich einfach nach Dingen um, die interessant zum Markieren sein könnten.“ Also zum Beispiel ein einzelner, herausragender Gegenstand in einer ansonsten einförmigen Umgebung. Folglich sieht aus diesem

Gesichtspunkt ein allein auf einer Lichtung stehender Baumstumpf gut dafür aus, um ein markierendes Tier aus der Familie der Katzen-oder Hundeartigen anzuziehen.

Und dann schnuppern Sie.

Luchse sind in ihrem Markierverhalten so spezifisch, dass Spurensucher ebenso spezifisch sein können, wenn sie nach deren Markierungen Ausschau halten. „Urinmarkierungen befinden sich meistens zwanzig bis fünfundzwanzig Zentimeter über dem Boden", heißt es in einem Buch. „Das häufigste Geruchsdepot ist ein kurzer, verfaulender Baumstumpf, in der Regel mit nicht mehr als fünfzehn Zentimeter im Durchmesser und gut einen Meter hoch. Falls er schrägt hängt, deponieren die Luchse ihren Urin meist an der Unterseite, wo er besser vor Wettereinfluss geschützt ist." Wir hatten auf etwa einem Meter Höhe geschnuppert – an einem verrottenden, zur Seite geneigten Baumstumpf.

Tatsächlich geschieht ein großer Teil der Geruchssuche auch über das Sehen. Das ist in Ordnung. Auch Hunde benutzen natürlich ihre Augen. Dass sie olfaktorisch veranlagte Wesen sind, hindert sie nicht daran, zu *schauen*: sie finden das Hinterteil eines anderen Hundes nicht ausschließlich über die Witterung. Vielmehr sehen sie zuerst den Körper und folgen ihm zu seinem hinteren Ende – und *dann* schnüffeln sie. Der Sinn des Markierens an ausgerechnet einem Feuerhydranten besteht darin, dass der nächste Schnüffler ihn leicht finden kann. Ein Baumstumpf auf einer Waldlichtung ist für ein waldbewohnendes Tier vermutlich das Gleiche wie ein Feuerhydrant für einen Großstadthund. Und ich, die ich am anderen Ende der Leine dieses Hundes hänge, sehe den Hydranten ebenso und weiß sofort, wo er hingehen möchte. Dieser aufrecht stehende, mit seinem hütchenartigen Deckel gut sichtbare Feuerhydrant am Rand eines langweilig flachen Stücks Gehweg – das ist ein ausgezeichneter Ort, um eine Geruchsmarke zu hinterlassen. Fuß- und Pfotenspuren können einen außerdem ebenfalls zu einem mutmaßlichen Geruchsdepot führen. Genauso ist es mit der Tierspurensuche in der Wildnis.

Zusätzlich zu den kontextuellen Hinweisen konnten wir die Möglichkeit, dass die Markierung von einem Caniden stammen könnte, ausschließen, noch bevor wir unsere Nasen an den Baumstumpf hielten. Wäre es einer der örtlich ansässigen Wildcaniden gewesen, der Rotfuchs, „dann hätten wir es von hier aus riechen können," sagt Charney und geht acht Schritte zurück. „Ein Rotfuchs ist echt eine Beleidigung für die Nase." Spurensucher bezeichnen Rotfuchsurin gern als „stinktierartig", viel stärker im Geruch als der von Haushund, Kojote oder Graufuchs. Nicht wie das relativ moderate – wenn auch nicht unbedingt angenehme – Ammoniak des Luchsurins.

Wir nehmen unseren Mittagsimbiss auf dem gefrorenen Sumpfgelände und freuen uns über den wolkenlosen Himmel. Ich halte mein Gesicht in die Sonne und schließe meine Finger schnell wieder zu wärmenden Fäusten, nachdem ich meine Butterbrote und meinen Tee aus der Thermoskanne zu mir genommen habe. Für eine Weile riecht für mich alles nach Erdnussbutter.

Als wir weitergehen, ist unsere Unterhaltung ruhiger geworden, aber der Krach, den unsere Fußtritte im Wald verursachen, überdeckt alle anderen Geräusche. Auf einem breiten Weg lasse ich mich etwas von der Gruppe zurückfallen, um in den Wald zu horchen. Die gleichmäßig scheinende Sonne hat den Tag wärmer werden lassen und löst Eiskristalle von den Bäumen, die nun auf die niedrigeren Äste herabknistern. Ich schnuppere Geruchsproben der Luft, schleiche mich an Bäume heran und berieche sie wiederholt. Ich spüre die Kälte in meiner Nase und kann die Klarheit der Landluft fast schmecken.

Vor mir formen sich Fußabdrücke zu einer Spur. Für meine naiven Augen scheint sie von einer oder zwei weiteren Spuren gekreuzt zu werden. Ich folge der vom Pfad wegführenden Hauptspur in einen Bereich mit niedrigem Buschbewuchs. Da, neben dem kleinen Spross einer Hemlocktanne, befindet sich eine hellgelbe Tropfenspur. Ich bleibe stehen.

Nun habe ich schon eine Menge Pipi gesehen. Schließlich lebe ich mit Hunden zusammen, will heißen, ich verbringe eine geraume Zeit des Tages damit, dem Urinieren meiner Hunde zuzuschauen. Einer der bizarrsten Aspekte des Daseins als städtischer Hundehalter ist es, dass wir tiefgehende Einsicht in die Entleerungen der uns Anvertrauten haben und ihnen große Aufmerksamkeit entgegenbringen. Wir kennen ihre Methoden (Beinheben, Hocken, Hocken und Wandern, Schnüffeln und Drehen), ihre bevorzugten Orte (am Bordstein, am

Feuerhydrant, auf Gras oder Laub) und sogar die zu erwartende Menge des Outputs. Ich wage sogar zu vermuten, dass uns der Geruch des Urins unserer Hunde vertraut ist, genau wie junge Eltern den süßen Duft der güldenen Darm- und Blasenproduktion ihrer Neugeborenen bestens kennen, einfach, weil sie ihm ständig ausgesetzt sind.

Also zögere ich kaum, bevor ich mich in den Schnee knie, mich tief bücke und meine Nase ganz nah an den gelben Schnee halte. Und ich rieche...Stachelschwein.

Stachelschweinurin riecht, da gibt es gar keinen Zweifel, nach *Kiefer*. Im Winter ernähren sich die Tiere hauptsächlich von Rinde, Nadeln und Zapfen der Nadelbäume. Im 45-Grad-Winkel nach unten hängende, abgeknickte Tannenzweige sind ein typischer Beweis, dass hier jenes besagte Stachelschwein gefuttert hat. Es klettert an Baumstämmen hoch, hält sich mit seinen beeindruckenden Krallen fest und arbeitet sich bis auf die Astspitzen vor, wo die frischesten Triebe zu finden sind. Diese Angewohnheit versorgt es mit ausreichend Kalorien, ist aber mitunter auch verantwortlich für sein unzeitiges Ende: Ein Stachelschwein, das von einem Baum fällt, landet auf sehr vielen, aufspießenden Stacheln – seinen eigenen.

Ich stehe auf, strahle übers ganze Gesicht und schaue Eiseman an. „Das könnte mein Lieblings-Tierpipigeruch werden." Er lacht. Gut, wenn man mit Uringeruch anfängt, ist er zugegebenermaßen nicht so schlecht. Er riecht holzig und stark, aber nicht überwältigend schrecklich – ich habe mit Lufterfrischern in New Yorker Taxis wesentlich Schlimmeres erlebt. Wir folgen den von meinem Fund wegführenden Spuren: Die Abdrücke der Hinterpfoten liegen knapp vor denen der Vorderpfoten, die Zehenspitzen zeigen nach außen – das passt zu einem kurzbeinigen, gedrungenen Tier mit watschelndem Gang. Neben den Zehenlöchern sind feine Linien zu sehen, die nachschleifende Stacheln in den Schnee gezogen haben, darin befinden sich kleine Schmutz- und Kotpartikel. Das verschwenderische Pinkeln, die schmutzdurchsetzte Spur, das typische Watscheln: eindeutig Stachelschwein. „Stachelschwein und Rotfuchs kann ich schon aus fünfzig Metern Entfernung riechen", fügt Eiseman hinzu. „Es kommt nur manchmal vor, dass ich das Tier auch *sehe*."

Riechen die Spuren selber auch? „Ich bin sicher, dass sie für einen Fischermarder" – den häufigsten und erfolgreichsten Fressfeind – „riechen." Vielleicht auch für ein Stachelschwein selbst. Als ich einen vierzehigen Pfotenabdruck beschnuppere*, stelle ich fest, dass ich weder Fischermarder – noch Stachelschweingene besitze.

Wir folgen der Spur bis zu ihrem Ende, einer Höhle mit Überresten von Steinmauern an drei Seiten, und spähen hoffnungsvoll hinein. Vielleicht war dies vor einem Jahrhundert einmal ein Keller, bevor der Staat die vier Städte, die sich hier befunden hatten, für den Stausee fluten ließ. Anstatt Herrn oder Frau Stachelschwein sehen wir nur turmhoch aufgestapelte Kotwürstchen in jeder Ecke: die Isolierung für einen kalten Winter. Falls die Stacheln allein noch nicht abschreckend genug sind, könnte dies andere Tiere sicherlich davon abhalten, die Höhle besetzen zu wollen.

Früher Nachmittag. Wir machen einen Moment Pause am Ufer des gefrorenen Sees, tanken noch etwas Sonnenwärme und genießen die Aussicht auf die langgestreckte Eisfläche zu unseren Füßen. Sechs Meter weit draußen auf dem Eis schauen die Spurensucher nach unten.

„Hej Alexandra, hier ist Kojotenpisse!"

Nur selten hat dieser Ausruf bisher bei mir Aufregung, Vorfreude und Spannung ausgelöst. Oder eiliges Hintraben zum Informanten, zu dem ich nun ansetze. Als ich näherkomme, kann ich erkennen, dass Charneys Nase über einem kleinen, ins Eis eingefrorenen Zweig hängt, der nur ein paar Zentimeter herausragt. An seiner Spitze zittert ein einzelnes, trockenes Blatt und eine Moosflechte ist drumherumgewachsen. Mit seinen paar Zentimetern macht der Zweig nicht viel her – aber er ist tatsächlich der größte Gegenstand in der näheren Umgebung. Wenn ich auf das Eis hinaus – und auf meine Füße hinabschaue, sehe ich, dass mehrere Spuren ganz deutlich an dieser örtlichen Wegmarke zusammenlaufen. Der Zweig ist perfekt für einen Kojoten, der am liebsten höchst gewöhnliche Gegenstände markiert. Er läuft an einer haushohen Eiche vorbei, ohne seinen Schritt zu verlangsamen,

**Den einer Vorderpfote – die Hinterpfoten eines Stachelschweins haben fünf Zehen.*

lässt die alte Tanne verächtlich links liegen und pfeift auf den aus dem Boden ragenden urzeitlichen Felsblock. Nein, es sind die kleinen Büsche, Baumstümpfe, Steine, Eisblöcke oder Schneehaufen, die einem Kojoten ins Auge stechen. Dieser Zweig ist genau richtig: Zwar für den Menschen nur wahrnehmbar, wenn er darüber stolpert, aber nichtsdestotrotz eine einzelne Erhebung in einer weiten Ebene. Die Pfotenabdrücke befinden sich etwa dreißig Zentimeter vom Zweig entfernt, was darauf hinweist, dass es vermutlich ein Rüde war, der den Zweig mit erhobenem Bein mit seinem Urinstrahl erreichen konnte – im Gegensatz zu einem sich hinhockenden Weibchen.

Ich hocke mich hin und beuge mich über den Ast. Da ist ein gelber Fleck im Schnee, eine üppigere Hinterlassenschaft als die paar einzelnen Tropfen im Wald. Ich schnuppere. Rauchig, erdig. Unglaublich stark.

„Hat nicht das Stinktieraroma wie beim Rotfuchs", meint Charney. „Reines Ammoniak", sagt Eiseman. „Viel milder als Fuchs." Charney beugt sich vor, nimmt noch einen Atemzug – „Oha!" – und lässt sich dann in gespieltem Entsetzen flach nach hinten auf den Rücken fallen. „Hier könnten wir es mit einem Haushund zu tun haben." Womit er meint, dass dies hier nach einem Tier riecht, dass eine andere Art von Futter frisst (eine, die aus Tüten und Küchentöpfen stammt).

Und in der Tat: Die großen, gelaufenen und am Zweig zusammentreffenden Spuren sehen zwar nach Kojote aus, aber einige der Pfotenabdrücke sind viel unordentlicher als andere. Und den Gang des Hundes kann man gern auch als „salopp" bezeichnen. Der Hund tritt mit den Hinterpfoten über die Spuren der Vorderpfoten anstatt hinein, hinterlässt also doppelte Abdrücke. Seine Krallen hinterlassen in der Spur deutliche Abdrücke und sind von der Pfote abgespreizt, anstatt wie beim Kojoten eher eng an der Pfote zu liegen. Die Spur des Hundes mäandert. „Wildtiere machen einfach keine solchen Spuren," erklärt Eiseman, „weil sie immer Energie zu sparen versuchen." Die Spuren von Kojoten sind gerade, saubere Vektoren von A nach B und die Hinterpfoten fußen exakt in der Spur der Vorderpfoten. Kojoten können es sich nicht leisten, jeden neuen Gegenstand irgendwo zu erkunden. Diese umherwandernden Spuren hier stammen also von jemand, der gefüttert wird.

Wir verweilen noch ein bisschen in dieser perfekten Szenerie. Es ist kein Tier in Sicht, aber überall um uns herum sind Zeichen ihrer Anwesenheit zu sehen.

Der schnell sinkende Sonnenstand sagt uns, dass es Zeit wird, wieder aus dem Wald herauszukommen. Obwohl wir stundenlang und meilenweit gewandert sind, scheinen unsere Führer genau zu wissen, wo wir uns befinden und finden schnurstracks zu unserem Bus zurück. „Jeder Wald hat einen Geruch“, erklärt Charney uns auf dem Rückweg. „Dieser hier riecht nach gefallenem Herbstlaub ohne Schnee“, sagt Eiseman, „nach den Blaubeeren und Preiselbeeren im Unterbewuchs.“ Würde man die beiden mit verbundenen Augen bei völliger Windstille und mit Stopfen in den Ohren hier aussetzen, könnten sie immer noch sagen, wo sie sind.

Mit offenen Augen, gespitzten Ohren und frisch trainierter Nase versuche ich, all das in mich aufzunehmen. Zurück in der Stadt, kann ich Stunden später deutlich den Geruch meines Stadtwalds wahrnehmen. In der ersten Hälfte des zwanzigsten Jahrhunderts hatte die MTA, die für den Betrieb der New Yorker U-Bahn zuständige Verkehrsgesellschaft, einen gewissen James Patrick „Smelly“ Kelly angestellt, der stets die Gleise ablief und nach Gas- oder Wasserlecks schnüffelte. Seine Fähigkeiten waren legendär. Einmal erreichte ihn eine Beschwerde über üblen Gestank aus der U-Bahn einen Block neben dem Times Square. Bei seiner Ankunft fand er deutlichen Elefantengeruch vor. Wie sich herausstellte, befand sich die Rennbahn, auf der oft Wanderzirkusse gastierten, an der sechsten und dreiundvierzigsten Straße, genau über der U-Bahnstation. Offensichtlich war der Dung von Zirkuselefanten zurückgelassen und sein Geruch von einem nahegelegenen Wasserleck reanimiert worden.

Ich schnuppere nach Elefant in der Stadtluft, finde aber keinen. Oft nimmt man die Stadtgerüche nur wahr, wenn sie unangenehm sind, aber jetzt gerade fühlen sie sich neutral und informativ an. Ich atme sie mit einem Gefühl der Befriedigung ein, aber ich vermisse eine gewisse reine, eisige, nördliche Schneeflocke in meiner Nase.

Kapitel 10

Zibetkatzen und nasse Hunde

Und jeden Tag musste der kleine Charlie auf dem Weg zur Schule an Herrn Wonkas Schokoladenfabrik vorbei. Und jedes Mal reckte er seine kleine spitze Nase in die Luft und atmete den herrlichen Schokoladenduft tief ein. Manchmal stand er viele Minuten lang ganz still draußen vor dem Tor und machte tiefe, schluckende Atemzüge, als ob er den Duft an sich zu essen versuchte.

Roald Dahl, Charlie und die Schokoladenfabrik

Es ist der 19. Mai und der Staat Washington wird von den Farben Grau und Moosgrün dominiert. Der aus Seattle hinausführende Highway ist von unwahrscheinlich hohen und noch höheren Bäumen gesäumt, bis sie schließlich, weit genug nördlich, die Unterseite der Wolken kitzeln.

Ich bin unterwegs auf Reisen, und ich vermisse meine Hunde. Wäre ich jetzt zuhause, würde ich mir die Leinen schnappen und in Richtung Park losziehen, die Hunde würden sich gegenseitig wegdrängeln, weil jeder zuerst an der Tür sein wollte, zuerst am Aufzug, zuerst aus dem Haus heraus. Beim Fahren muss ich in mich hineinlachen, als ich an eine typische Montagmorgenrunde durch unseren Park denke und daran, wie Finnegan die besten Picknickplätze des Wochenendes findet und den Rasen nach essbaren Resten untersucht. Der heutige Ausflug wäre ganz bestimmt für ihn interessant – wie für jeden Hund, der ungebeten quer durch den Raum geschossen kommt, um ein winziges, aus dem Sandwich herausgefallenes Käsestückchen aufzuschnappen.

Ich bin unterwegs zur Trüffeljagd.

– Hund –

Es scheint mir eine Schande, dass Hunde nicht zum Suchen von Käsekrümeln eingesetzt werden. Man könnte auch den gelben Labrador, der arglosen Picknickern ganze Taschen voller Brötchen stiehlt, wohlwollend „Brötchen-Spürhund“ nennen, aber leider wird diese angezüchtete Feinheit der Sinne nur selten benötigt. Als unsere neu ins Haus gekommene Katze damals die besten Versteckplätze für sich erkundete, hatten wir kurzzeitig Finnegan als Katzen-Spürhund beschäftigt. Heute, wo die Katze auf meinem Gesicht schläft, werden seine Dienste nicht mehr benötigt. Also gibt es leider keine freien Arbeitsstellen für Hot-Dog-Spürhunde, obwohl selbst untrainierte Hunde fantastisch in diesem Job wären.

Aber nun zu den Trüffeln. Die Trüffelsuche könnte die perfekte Schnittmenge zwischen unseren Wünschen und denen des Hundes sein. Denn Trüffel riechen auch für Hunde fantastisch, und für Menschen riechen sie vor allem nach einem – nach Geld. Ein golfballgroßer schwarzer Périgord-Trüffel aus Italien oder Frankreich erreicht einen Handelspreis von über einhundert Dollar; riesige, kiloschwere Exemplare bringen es auf Tausende von Dollar. Trüffel sind „hypogäische Fruchtkörper der Schlauchpilzgattung *Tuber*", sprich ein unterirdischer Pilz, der seine Sporen in seinem Körper trägt. Er ist insofern ungewöhnlich unter den Pilzen, als dass er eine symbiotische Beziehung mit den Bäumen eingeht, an die er sich anheftet: der Baum bietet dem Trüffel um seine feinen Wurzeln herum einen Landeplatz und außerdem noch Kohlenhydrate fürs Wachstum. Der Trüffel seinerseits, der seine eigene Reichweite weiter ausdehnt, scheint zusätzliche Nährstoffe für den Baum zu sammeln. Trüffel wachsen nicht ohne Bäume, und Bäume wachsen besser, wenn sie getrüffelt sind.

Um das Ausgraben dieser Delikatessen herum hat sich ein ganzer Wirtschaftszweig entwickelt. Oft befinden sie sich nur wenige – manchmal sogar nur einen – Zentimeter tief unter der Erde, aber sie sind nicht leicht zu entdecken. Wie also findet man sie? Nun könnte man einfach drauflosgraben, aber weil Trüffel so selten sind, liegt genau hierin das Problem – stundenlanges Graben für kaum ein oder kein Ergebnis. Manche versuchen einfach, den Boden mit einem Rechen durchzuarbeiten und hoffen dabei, vielleicht an einem Zinken einen Trüffel herauszuziehen, aber das fördert erstens hauptsächlich unreife, schlecht schmeckende Exemplare zutage und zerstört zweitens die Humusschicht des Waldbodens.

Die Trüffel haben ein ähnliches Problem. Da sie sich über Sporen fortpflanzen, müssen sie einen Weg nach oben ans Licht finden, um ihre Sporen weit und breit zu verteilen. Also hat der Trüffel sich etwas einfallen lassen: Wenn er reift, setzt er einen haarsträubenden Geruch frei, der Tiere anlockt und dazu bringt, ihn auszugraben, zu verzehren und folglich seine Sporen überall dort zu verteilen, wo es später hinmacht. Wissenschaftlern ist es gelungen, einige der Schuldigen für den typischen Trüffelduft zu identifizieren: unter anderem Dimethylsulfid (riecht nach gekochtem Kohl) und Androstenon (ein Hormon, das sich auch in unserem Schweiß findet).

So genannte Trüffelfliegen lieben den Geruch und man könnte theoretisch versuchen, einen Schwarm von ihnen zu verfolgen, der sich Hals über Kopf darauf stürzt – aber netter wäre ein vierbeiniges Säugetier. Eins, das eine Schwäche für riechendes Zeugs hat.

Ah ja, wir haben ja einen Hinweis: Das Androstenon, dem wir begegnet sind, ein Schwein- und Wildschweinpheromon, und ob Schweine Trüffel deshalb erotisch duftend finden oder nicht sei dahingestellt, aber jedenfalls haben sie keinerlei Schwierigkeiten damit, die Geruchsquelle zu finden, auch dann nicht, wenn sie unter der Erde liegt. Folgerichtig hat man in Europa jahrhundertelang Schweine zur Trüffelsuche eingesetzt – mit gesenktem Kopf und halb in Schlamm und Schmutz vergrabenem Rüssel haben sie sich ihren Weg gebahnt. Über eben denselben Trüffelgeruch gibt es übrigens auch beim Menschen Merkwürdiges zu berichten: Er ist einer der seltenen Fälle, in denen man einen Geruchsrezeptor identifizieren konnte (man hat ihn ganz unpoetisch OR7D4 benannt). Variationen im Gen, das für diesen Rezeptor zuständig ist, führen dazu, dass unterschiedliche Menschen den Geruch unterschiedlich wahrnehmen können. Manche Menschen empfinden ihn als unangenehm nach Urin oder verschwitzten Socken riechend, andere finden ihn angenehm oder sogar blumig. Wieder andere scheinen eine Genvariation zu haben, die bewirkt, dass sie ihn überhaupt nicht wahrnehmen.

Solche Menschen wären *keine* guten Trüffelschweine. Aber manchmal sind auch Trüffelschweine keine guten Trüffelschweine: Sie finden zwar von Natur aus die Trüffel, aber sie lieben es auch, sie zu fressen. Punkte für die Effizienz: Sie sind Aufspürer und Konsumenten gleichzeitig. Hier kommen die Trüffelhunde ins Spiel. Man muss Hunde zwar erst darauf trainieren, damit sie sich etwas aus dem seltsamen Geruch von Trüffeln machen, aber sobald sie das verstanden haben, ist es ihnen ein Leichtes, die Pilze für ihre Menschen zu finden. Und sie fressen ihren Fund nicht. Zumindest nicht immer.

Ich steuere meinen Mietwagen auf einen Rastplatz, auf dem wir uns verabredet haben. Als erstes sehe ich die Trainer. Ihre Hunde – und sie haben vier davon mitgebracht – liegen ruhig in getrennten Boxen in den Kofferräumen ihrer Autos. Alana McGee klettert aus ihrem Auto und hält mir eine Verschwiegenheitserklärung unter die Nase, die ich unterzeichnen soll. Sie trägt eine Jacke mit der Aufschrift „Truffle Dog Company" (so heißt die von ihr gegründete Firma) und dem Logo eines sich in ein Loch hineinbuddelnden Hundes. Ihr Haar hat sie lässig zu einem Pferdeschwanz gebunden. Aus einem zweiten Auto begrüßt mich die Mitbegründerin Kristin Rosenbach mit leichter Reserviertheit und gelegentlichem Lächeln.

Die Verschwiegenheitserklärung ist typisch für die Mystik, von der die ganze Trüffelsuche umhüllt ist: siehe mögliche zu erzielende Preise für den Pilz. In diesem Fall sucht McGee auf Privatgelände, für das sie eine Sondergenehmigung zum Schnüffeln und Buddeln erhalten hat. Das Vorkommen von Trüffeln ist in Nordamerika zwar nicht sehr häufig belegt, aber in Gegenden wie Oregon, in denen man welche gefunden hat, zieht ein als solches identifiziertes Trüffelsuchgebiet schnell Gelegenheitsjäger an, die den Wald mit ihren destruktiven Suchmethoden schädigen.

Nachdem ich unterschrieben und zu den Hunden hineingelugt habe, fahren wir alle mit getrennten Autos zur ersten Suchstelle. Die Wege werden immer schmaler, bis wir an einem ehemaligen Wildpfad ohne Wegweiser einbiegen und parken. Während McGee ihre Ausrüstung zusammensucht, erzählt sie, wie es zu ihrem Interesse an Trüffeln kam. Sie ist geprüfte Hundetrainerin, hat aber mit der ernsthaften Ausbildung von Trüffelsuchhunden erst begonnen, nachdem sie Italien besucht und den *tartufari* mit ihren *cani di tartufo* bei der Arbeit zugesehen hat. Als sie nach Washington zurückkehrte, realisierte sie, dass sie in einer potenziell trüffelreichen Gegend lebte. Auch in Oregon gibt es schließlich Trüffel, und der natürliche Lebensraum ist einen Staat weiter nördlich sehr ähnlich. Mit Hilfe einer weiteren Trüffelhundeausbilderin aus Vancouver, Kelly Slocum, trainierte sie ihren schwarzen Labradormix Duff auf den Geruch. Jetzt brauchte sie nur noch Land, auf dem sie suchen durfte.

„Ich habe einfach angefangen, die Forstkonzerne zu kontaktieren", erinnert sie sich. „Die waren es nicht unbedingt gewohnt, so angesprochen zu werden" – von einer jungen Frau, die mit einem Trüffelhund im Wald herumschnüffeln möchte. Sie schlug jedem Unternehmen einfach vor, dass sie und Duff zunächst nur ein wenig deren Land erkunden würden und erwähnte, dass es durchaus von beiderseitigem Vorteil sein könnte, sollte sie auf eine reiche Trüffelader stoßen. Eine ganze Anzahl von Firmen zeigte sich aufgeschlossen. Sie erkundete und folgte den Hinweisen der Förster, wo sie vielleicht erfolgreich sein könnte, hielt aber auch nach den typischen Kennzeichen Ausschau, die einen Wald zum Trüffelwald machen. Dazu gehören mehrere Zutaten: Das Alter des Waldes, die Baumarten, die Frequenz der Störung oder Holzgewinnung, die Menge des Sonnenlichts, die Bodenbeschaffenheit. Mögliche Baumarten sind zum Beispiel Kiefern, Eichen, Birken oder Weiden – sie alle können Trüffelpilze beherbergen. Im Nordwesten sind Douglastanne, Föhre und Edeltanne mögliche – und häufige – Kandidaten. Schwarztrüffel „mögen" Farne, weil diese den Boden feucht halten, also hielt sie nach Farnbewuchs Ausschau. Hat man einen plausiblen Wald gefunden, muss man sich schmutzig machen. „Schauen Sie sich zuerst auf dem Waldboden um", empfiehlt ein Ratgeber für die Trüffelsuche. „Haben die örtlichen Experten, die Kleinsäuger wie Eichhörnchen und Mäuse, aber auch Kojoten und Waschbären, kleine Löcher in den Boden gegraben?" All diese Tiere halten nach Trüffeln als Bestandteil ihrer Nahrung Ausschau. Man muss einfach nur vorsichtig ein paar Zentimeter tief graben – die Trüffel befinden sich direkt unter der obersten Schicht des Waldbodens. Nach einer ganzen Weile des Suchens und trotz einiger erntevernichtender Kälteeinbrüche in manchen Jahren hatte McGee eine Handvoll guter Stellen herausgearbeitet. „Für manche Wegschranken habe ich immer noch die Schlüssel", sagt sie. „Die lassen mir ziemlich freie Hand, solange ich zurückmelde, was wir gefunden haben."

So begann ihr Unternehmen zu wachsen. Rosenbach, die eigentlich ausgebildete Pädagogin ist, fand sie, als sie eines Tages *Trüffel, Staat Washington* googelte, nachdem ihr Hund Callie auf einem Waldspaziergang unaufgefordert einen Trüffel ausgegraben hatte. Die beiden taten sich nach kurzer Zeit zusammen.

Callie, eine Border Collie-Hündin mit ansprechend halb weiß, halb schwarzem Gesicht horcht auf, als sie ihren Namen hört. Rosenbach hat die Heckklappe ihres Autos geöffnet, aber heute ist es Cash, ein Sheltie, der zuerst suchen darf. Er bellt und puscht sich selbst mit jedem Ausruf – *harr-harr!* – weiter auf. Er hat laufstegverdächtig langes Fell und breite, haarige Pfoten.

„Vielleicht finden wir einen Trüffel am Wegrand", sagt McGee. „Wir arbeiten hier." Da sie beide an diesem Ort Trüffel suchen und Schüler ausbilden, besteht die Möglichkeit, dass irgendjemand einen Trüffel aus der Tasche verliert. Falls dem so ist, wird ihr Hund ihn finden.

Lolo springt aus McGees Auto. Sie trägt braun-weißen Pelz, ihr Haar in dichten Locken und eine maßgeschneiderte Weste, die sie vor Dornenzweigen, Stacheldraht und im Wald liegengelassenen Glasflaschen schützen soll. Lolo ist ein Lagotto Romagnolo, eine Rasse, die Sie möglicherweise noch nie gesehen haben. Der Lagotto wurde in Italien speziell zur Trüffelsuche gezüchtet, fasst in den USA nur sehr langsam Fuß und bildet eine deutliche Minderheit. Was eigentlich gar nicht zu verstehen ist: Der Hund ist freundlich, engagiert und sportiv. Sein Fell ist bezaubernd weich und dicht, er ist der Teddybär unserer Kinderträume, mit dem wir gern im Bett gekuschelt hätten.

Zwischen Hund und Besitzerin besteht, wie so oft, eine gewisse äußere Ähnlichkeit. Zwar verfügt nur der Hund über den Lockenmantel und die heraushängende Zunge, aber Lolo ist genau wie ihre Besitzerin McGee kompakt und athletisch gebaut. Lolos Kopf ist dunkler gefärbt als der Rest ihres Körpers und es ist schwer zu sagen, ob das von den Erdlöchern herrührt, in die sie sich hineinwindet oder ob es sich um ihre natürliche Farbgebung handelt. Lockige Fransen hängen ihr über den Augen, aber sie muss nicht viel sehen: Sie ist auf der Spur.

Einen Hund auszubilden ist, so beschreibt es McGee, „belohnungsbasierte Detektivarbeit", eine Übung darin, die Anforderungen an die Hunde herauf- und herabzuschrauben. Sobald die Hunde das Spiel „Suchen und Belohnung" gelernt haben und auf einen Geruch geprägt wurden, kann der eigentliche Prozess ernsthaft beginnen. Im frühen Trainingsstadium kann man drinnen eine leichte Suche inszenieren, zum Beispiel einen mit Trüffelöl getränkten Wattebausch in einer Schachtel. Ist der Hund darin erfolgreich und fühlt sich wohl, kann man das Ganze komplizierter machen – das Ziel wird irgendwo hoch oben oder unter anderen Gegenständen versteckt. Oder die Kriterien für die Suche werden erhöht – der Zielgeruch wird schwächer und man akzeptiert eine schwächere Anzeige. Von da aus kann man dann draußen weitermachen, sprich die Anforderung steigern, aber die Erfolgskriterien herabsetzen. Immer geht es darum, den Hunden beizubringen, worin das Spiel besteht – nämlich den Geruch zu finden, nicht etwa Schachteln zu finden oder zu bellen. Und den Hundehaltern beizubringen, sensibel gegenüber ihren Hunden zu sein.

Der von haushohen Tannen geprägte Wald riecht nach Wachstum, Fruchtbarkeit und Versprechen. Überall wächst Moos. Der Boden ist von Tannennadeln bedeckt, Farnkraut, zum Teil noch mit eingerollten Blattspitzen, wuchert verschwenderisch in großen Flecken. Die Hunde tauchen hinein und ziehen lange, neonfarbene Schleppleinen hinter sich her. „Oh ja", sagt McGee und antwortet damit auf die unausgesprochene Frage nach der Motivation der Hunde. „Wir müssen Spiele einsetzen, um sie wieder aus dem Trüffelwald *rauszukriegen*." Schnell geht sie hinter den Hunden her. Sobald wir den Wald betreten haben, ist der Weg hinter uns unsichtbar. Es ist atemberaubend still bis auf unsere eigenen Geräusche, die wir durch das Zertreten kleiner Zweige verursachen. McGee trägt eine Tasche mit einem Klappspaten und einem Löffel darin am Gürtel, die ihr gegen die Beine baumelt.

McGee beginnt ihre Suche am Fuß einer Böschung und arbeitet sich nach oben, weil Gerüche dazu neigen, sich nach unten auszubreiten. Manchmal nimmt sie Streichhölzer mit, um den Luftstrom anhand der Rauchfahne beim Anzünden zu bestimmen. Oder ein „Zauberstab" genanntes Gerät, das einen sichtbaren Signalrauch absondert. Genau wie drinnen in der Diensthundeschule hilft uns nasenarmen Wesen das Sichtbarmachen der Luft auch hier, diejenigen mit den guten Nasen besser zu unterstützen.

Ich schaue die Anhöhe hinauf, sehe nicht die geringste Spur eines Trüffels und stelle mir die dunklen Tiefen des Waldes wie den sprichwörtlichen Heuhaufen vor, in dem wir nach einer einzelnen Nadel suchen sollen. Die Suche erscheint unmöglich: Der Wald umgibt uns und ist unserer Anwesenheit gegenüber ganz und gar und gleichbleibend gleichgültig. Aber praktisch von Jetzt auf Gleich erweist sich meine Analogie als äußerst unpassend. Für die Hunde sind die Nadeln im Heuhaufen mehr als reif: Wir können uns gar nicht umdrehen, ohne uns an einer zu pieksen.

„Bleib bei mir!" sagt McGee zu Lolo und beeilt sich ein bisschen. „Gutes Mädchen, Lolo. Du kannst das. Wo ist es? Hier? Zeig's mir." Sie zieht ihren Klappspaten mit dem roten Griff hervor und geht herüber zu Lolo, die ihre Nase tief im Farn vergraben hat. Zwanzig Meter weiter hören wir Cash leicht niesen. Auch er klebt mit der Nase am Waldboden – und bellt.

Beide Hunde haben innerhalb von Minuten Trüffel gefunden. McGee und Rosenbach graben sie schnell aus, packen sie ein und klopfen den Aushub wieder fest. Lolo ist schon außer Sichtweite. McGee setzt ihre einseitige Unterhaltung mit ihr fort: „Hier entlang, bitte! Auf geht's! Dankeschön...komm hierher, Schätzchen. Kannst Du's mir zeigen? Gutes Mädchen."

Wie hatte ihre Anzeige ausgesehen?, frage ich mich, denn ich hatte nichts bemerkt außer einem ganz kurz innehaltenden Hund, der dann sofort weiterrannte. „Sie gräbt", gibt McGee zu. „Ich versuche, an Nasenberührungen zu arbeiten", sagt sie, also dass der Hund den Trüffel mit Anstupsen durch die Nase anzeigt. „Hunde bieten in der Regel von sich aus ein natürliches Anzeigeverhalten an" – Verhalten wie Hinsetzen, Hinlegen oder eine kurze Pause – „und wir nehmen die in der Regel gerne an. Und dann gibt es noch die trainierten Anzeigen, wie eben die Nasenberührungen." Rosenbach ergänzt: „Bei Cash sah die erste Anzeige so aus, dass er mich anschaute, aber nicht bellte. Das *Anschauen* war es, was er von sich aus als erstes angeboten hat. Das Bellen habe ich dann eingebaut.

Plötzlich läuft McGee los, um ihrem sich schnell bewegenden Hund zu folgen. „Hier lang, Süße! Hast du was gefunden? Gutes Mädchen." McGee holt sie ein und schaut nach unten. „Oh, spuck's schön aus. So." Sie dreht sich wieder zu mir um: „Wenn ich nicht aufpasse, belohnt sie sich selbst. Wenn es schwarze Trüffel sind, frisst sie sie manchmal selber. So wie jetzt gerade." (Lolo hat übrigens auch schon Käfer und die riesigen Wald-Nacktschnecken gefressen).

Die nächsten dreißig Minuten verbringen wir alle mit der Übung, den Hunden hinterherzujagen. McGee hat Würstchen-, Hühnchen- und Käsestückchen griffbereit, um Lolo abzulenken, bevor sie sich wieder selbst belohnt. Sie sammeln ein Dutzend Trüffel ein und lassen zahllose stecknadelkopfgroße zurück, die die Hunde ebenfalls erschnüffelt haben, die es aber nicht mitzunehmen lohnt. Beide Hunde suchen von sich aus und unaufgefordert, als würden sie sofort das Spiel erkennen, sobald sie den Wald sehen. Sie wechseln zwischen Schnüffeln und Hecheln, ihre Zungen sind dunkelrot, pulsieren und rollen sich an den Seiten hoch. Die Hundeführer für ihren Teil lassen nicht nach in ihrem Strom ermunternder Worte. Lolo flitzt durch die Brombeeren; sie läuft dicht am Boden und mit eng zusammenstehenden Hinterläufen, was ihrem Gang einen kleinen Hopser verleiht. „Sie ist ein Lagotto vom alten Typ", sagt McGee, die ihr zuschaut. „Sie ist kompakter, schwerer und gedrungener als andere Linien in der Rasse." Ihre Fähigkeit zum geschickten Manövrieren scheint das nicht zu beeinträchtigen – oder ihre manchmal ausgeklügelten Suchmethoden. An einer Stelle „kreist sie den Trüffel ein", sie läuft vor und zurück und untersucht sorgfältig jeden Quadratzentimeter Boden wie in einem Planquadrat, bevor der Trüffel gefunden wird.

Irgendwann rufen alle ihre Hunde von der Suche ab: „Frei!" Das lässt die Hunde zwar langsamer werden, stoppt sie aber keineswegs. „Lolo, warte auf mich bitte! Lo? Lo? Kannst du herkommen? Fein so!" Lolo hält inne, kommt und schlürft den Inhalt von McGees Handfläche hinunter. „Beim Lagotto ist das Suchverhalten ziemlich fest verankert, es ist für ihn selbstbelohnend. Es ist wie bei einem Hütehund, den man vorbeifahrenden Autos zusehen lässt – das ist für ihn im Grunde wie Autos jagen." Lolo scheint mich zum ersten Mal wahrzunehmen und lässt sich gefallen, dass ich sie unter dem Kinn kraule. Als ich mich über sie beuge, erhasche ich eine leichte Brise Trüffelduft.

Manche sind der Meinung, der nordamerikanische Schwarztrüffel rieche nach „Ananas und leicht nach Schokolade", andere bezeichnen ihn als „einfach ekelhaft" mit einem Geruch irgendwo zwischen

„feuchtem Parmesankäse und gemahlenen Mandeln." Trüffel riechen nicht nach „Pilzen", sondern werden eher als stinkende Socken oder Hot Dogs, Gurken oder grüner Apfel, Melasse oder Moschus, Knoblauch oder Benzin beschrieben. Was auf den ersten Blick wie ein schmutzverkrusteter Stein aussieht, erweist sich auf den zweiten als schwarzer Trüffel mit der charakteristisch warzigen Oberfläche. Innen ist er weiß marmoriert und eher fest, gibt aber auf Daumendruck nach. Ist er tischtennisballgroß, haben Sie fünfzig Dollar gefunden, ist er eher eine Grapefruit, haben Sie den Jackpot geknackt.

Die Trüffel sind die sporentragenden Früchte eines Pilzes: der eigentliche „Organismus" des Pilzes ist ein Geflecht, das so genannte Mycel, das um die Baumwurzeln herum wächst. Angesichts des Wertes, den Menschen dieser Frucht beimessen, hat man sie anzubauen versucht, indem man Gastbäume pflanzte und deren Wurzeln mit Sporen impfte. Bis jetzt ist diese Methode nicht erfolgreich genug, als dass Lolo sich Sorgen um die Sicherheit ihres Jobs machen müsste. (Davon abgesehen braucht man selbst in einer solchen Trüffelbaumschule Hunde, um die Ernte einzubringen.)

Für das Training der Hunde stellen McGee und Rosenbach eine Lösung aus Traubenkernöl her, ein relativ geruchloses Öl, und versetzen es mit dem gasförmigen Aroma der verschiedenen Trüffel, die sie hier in der Region finden. Sie legen die Trüffel nicht in das Öl ein – „wegen des Botulismus", sagt McGee. Sie lassen einfach das Öl und die Trüffel zusammen in einem geschlossenen Bereich stehen und das Fett nimmt den Geruch von alleine auf. Hat sich beides nur kurz Gesellschaft geleistet, ist das Öl für Menschen relativ geruchlos, aber die Hunde haben keine Probleme, es zu finden. Andererseits warnt McGee mich davor, einen Trüffel länger unverpackt im Kühlschrank liegenzulassen. Die volatilen Duftstoffe werden von jedem beliebigen Fett – Butter, Käse – aufgenommen. „Der ganze Kühlschrankinhalt wird getrüffelt – das kann ekelhaft sein."

Wir fahren zu einer anderen Stelle, damit auch Rosenbachs andere Hunde zum Einsatz kommen. Noch ein Tannenwald. Dieser ist von Farnen und Lachsbeeren gesprenkelt, die wie junge Himbeeren stolz überall hervorlugen. Das Unterholz ist dicht – tiefhängende, tote Tannenäste, die sich in meinem Haar und in meinem Rucksack verhaken.

Das „freie Gelände", zu dem wir uns vorarbeiten, ist von Schwertfarn bewachsen, der mir bis zum Hals reicht. Noch ein Monat, und hier wird kein Durchkommen mehr sein.

Da Vinci, ein belgischer Tervueren, und Lolo sind auf Jagd. Da Vinci ist ein ruhiger Kerl mit der gesetzten Attitüde eines größeren Hundes. Er hatte zwar ein kurzes Protestheulen geäußert, als man ihn im Auto zurückgelassen hatte, aber nun geht er die Sache gemessen an. Von den heute eingesetzten Hunden ist er der unerfahrenste, er sucht erst seit einem Jahr in den Wäldern. Rosenbach behält ihn besonders gut im Auge. „*Trovalo*", – „finde ihn", ruft sie dem *tartufaro* zu. Da Vinci spricht offensichtlich Italienisch, denn er strebt geradewegs auf einen Baum zu, schnuppert um ihn herum und macht beinahe einen Kopfstand, als er zwischen seinen Vorderbeinen am Boden schnüffelt. Sein Suchstil ist eher vornehm als frenetisch. Er scharrt etwas Erde weg, prustet und wartet auf Rosenbach. „Er nimmt es sehr genau", sagt sie und geht seinen Fund begutachten. Beim Näherkommen merke ich, dass die ganze Gegend durchdringend stark riecht: Trüffelluft.

Wir gehen tiefer in den Wald. Die beiden Hunde laufen im Zickzackkurs vor uns her, Flecken von Sonnenlicht auf ihren Rücken. An einer Stelle überholen sie sich gegenseitig, um dann stehenzubleiben, zu wedeln und vielleicht Informationen auszutauschen, bevor jeder von ihnen seinen eigenen Weg fortsetzt. Während wir den Hunden zuschauen, sinniert McGee: „Viele stellen sich vor *ach, die Hunde machen das einfach.* Als ob sie a) Maschinen wären und b) man es ihnen einmal beibringt und das ist es dann – oder dass ich einen Hund ausbilden und Ihnen den dann geben könnte, und Sie kämen damit klar." Die Hunde heißen zwar Trüffelsuchhunde, aber für ihren Erfolg sind die Hundeführer entscheidend wichtig. Diese beiden hier sind sich genau darüber bewusst, was ihre Hunde im Wald tun und helfen ihnen vorsichtig, wenn sie auf ein Hindernis stoßen sollten. Sie müssen das Verhalten ihrer Hunde ständig „lesen" – eine Konversation ohne Worte. Wenn ein Hund, der sich sonst zum Anzeigen immer hinlegt, dies plötzlich nicht mehr tut, könnte es zum Beispiel daran liegen, dass Brennnesseln unter seinen Bauch stechen. Oder wenn er gräbt, aber den Trüffel nicht findet, kann der Hundeführer mithelfen und selbst etwas Erde beiseiteschieben. Und wie bei allen Spürhunden endet auch hier das Training niemals. Falls eine lange Suche ergebnislos endet, sorgt ein guter Hundeführer für hausgemachten Erfolg, indem er einen Trüffel in der Nähe fallen lässt und so dem Hund das Gefühl erbrachter Leistung gibt. „Meine Aufgabe ist es, sicherzustellen, dass sie *immer* mit dem Ergebnis zufrieden sind", sagt Rosenbach. „Er muss immer denken, dass er ein Genie ist, ein Rockstar!"

Ich bewege mich lolowärts. Plötzlich läuft McGee los – „Gutes Mädchen, guuutes Mädchen!" – und nähert sich ihrer Hündin schnell, aber gleichzeitig vorsichtig, um sie nicht zu erschrecken. Mit ihrem Spaten und ihrem Eimer beugt sie sich über Lolo, die wie wild in der Erde gräbt und von der nur ein kleines lockiges Hinterteil mit einer wie zu einem Ausrufezeichen aufgestellten Rute zu sehen ist. Sie macht ein Geräusch, das halb Grunzen, halb Niesen ist und schleudert ganze Brocken feuchter, nasser Erde in Richtung McGee, die jetzt neben ihr kniet und sie unterstützend anfeuert: „Gutes Mädchen, soll ich dir helfen? Das machst du prima." Lolo gräbt beharrlich und kraftvoll, behält ihren Kopf unten und hält nur gelegentlich kurz inne, um ihre Nase so weit wie irgend möglich in die Öffnung zu stecken und den Duft schnarchend zu inhalieren. Ihre lockigen Hängeohren sind mit tiefbrauner Erde gefärbt, die noch nie das Sonnenlicht gesehen hat. Dann eine winzige Pause – McGee fragt *„Hast du's....?"* und Lolo hebt ihren Kopf, bis zu den Augenbrauen voller Schmutz und mit hechelnder, an der Spitze hochgebogener Zunge. „Wooooow!" sagt McGee, als sie in das von Lolo gebuddelte Loch schaut. Sie hält Lolo auf einer Armlänge Abstand und ruft mich zu sich. Während Lolo ihre Käsebelohnung verschlingt, spähe ich in das Loch. Der erdige, fruchtbare Duft von Muttererde und Grünpflanzenleben wird plötzlich durch einen anderen Geruch ergänzt: stechend pilzig, hart an der Grenze zwischen süßlich und abstoßend. Ich sehe Wurzeln und losgerissene Moosfetzen, und McGee zeigt auf einen dunklen Erdklumpen von knapp vier Zentimetern Durchmesser. Er sieht absolut gewöhnlich aus. Aber für Lolos Nase und McGees Augen handelt es sich ganz klar um einen ordentlich großen schwarzen Trüffel. „Schöne Größe", sagt McGee bewundernd, fingert ihn heraus und lässt ihn in ihren Eimer fallen. „Dankeschön! Gutes Mädchen! Toll gemacht!" Lolo rennt schon weiter.

Der Tag neigt sich seinem Ende zu, aber Callie, Rosenbachs dritter Hund, muss auch noch an die Reihe kommen. Sobald die Boxentür sich öffnet, schießt sie wie eine Rakete heraus. Sie bekommt einen Ball mit den Zähnen zu fassen, bringt ihn mit Draufbeißen zweimal zum Quietschen und schaut Rosenbach erwartungsvoll an. Die beiden verschwinden zwischen den Bäumen. McGee steckt mir einen kleinen, fest verschlossenen Plastikbehälter zu. Er enthält eine braune, klumpige Masse und ein Papiertuch. Ich setze mich in mein Auto, bevor ich den Deckel anzuheben wage und stecke meine kostbare Fracht dann in eine große Ziplock-Tüte. Als ich durch Tausende von Hektar Wald zurück in Richtung Stadt fahre, kommt es mir vor, als ob *überall* Trüffel sein könnten – unter jeder Tanne, die stolz den dunklen Wald bewacht. Eine Stunde später ist der Duft im Auto überwältigend geworden. Ich öffne alle Fenster und lege für jeden, der die Nase hat, sie zu verfolgen, eine Geruchsspur über den Highway.

– Mensch –

Nicht mal den Duft der Rose
Begreift der Ahnungslose
Zum Jammern ist die Chose
Mensch: naslos, wie du bist

G.K. Chesterton, „The Song of Quoodle"

An einem Tag früh im Juni mache ich mich auf den Fußweg zum etwa zwei Meilen südlich gelegenen Central Park und bleibe unter einer Amerikanischen Linde, *Tilia americana*, stehen. Ich tue das auf Empfehlung von Raymond Matts. Matts ist Duftdesigner und Hersteller einer Kollektion von Nischenparfüms. Während er einerseits immer neue Duftkombinationen erdenkt, die es in natürlicher Umgebung nie gegeben hat, schätzt er andererseits auch die natürlich vorkommenden Düfte. Wie die der Lindenblüten im Juni.

Die Äste der Linde beginnen sich unter dem Gewicht unzähliger kleiner, cremefarbener Blüten zu biegen. Sie wachsen in Dolden und jede Blüte ist eine kleine Explosion von Blütenblättern und winzigen Staubgefäßen. Als ich so unter dem Baum verweile, steigt der Duft zu Kopf: voll und honigsüß. Ich wurde schon von einer Parfümwolke begrüßt, bevor ich den Baum überhaupt gesehen hatte, aber der Geruch war so weit verteilt, dass ich seine Quelle nicht gefunden hätte, wenn ich nicht gewusst hätte, wo ich danach suchen sollte.

Zehn Minuten lang unter einer blühenden Linde zu stehen bedeutet, die eigenen Sinne zum Absturz zu bringen. Es heißt, in Duft zu schwimmen und die freundlichen Attacken gegen das eigene Gesicht zu ertragen. Vermutlich muss es sich so ähnlich anfühlen, Parfümeur zu sein.

Wenn es etwas gibt, das für Menschen ähnlich berauschend riecht wie Trüffel für Hunde, dann vermutlich Parfüm. Wir wälzen uns gewissermaßen schon seit Tausenden von Jahren darin. Selbst Keilschrifttafeln enthalten Hinweise darauf, dass man schon vor Tausenden von Jahren dem Wein Duftstoffe zugesetzt hat; die alten Griechen und Römer parfümierten ihre Kleidertruhen und, sehr bewusst, ihre Körper: „Minze…für die Arme; Palmöl für Gesicht und Brüste; Majoranextrakt für das Haar und die Augenbrauen und Efeuessenz für Knie und Nacken.“

Seitdem erfuhren Düfte mal wachsende, dann wieder schwindende Beliebtheit, aber angesichts der zu verschiedenen Zeiten gehegten Ängste, dass schlechte Gerüche Krankheiten mit sich bringen könnten, kamen Parfüms immer wieder als Schutzschild vor Gestank zum Einsatz. Zeitweise betrachtete man sie auch als absolut vollwertigen Ersatz für ein reinigendes Bad. Andererseits führte die Zunahme öffentlichen Raums im späten siebzehnten und frühen achtzehnten Jahrhundert (was der „Individualdistanz“ mehr Bedeutung verlieh) zu einer Anti-Parfüm-Bewegung.

Wie der Kulturhistoriker William Tullet festgestellt hat, erweitert ein Duftwasser im Grunde genommen den Körper eines Menschen über den Raum hinaus, den er eigentlich einnehmen sollte – und in den persönlichen Raum anderer Menschen hinein. In England wurde Parfüm durch einen Beschluss des Parlaments als „unlautere Werbung“ abgestempelt: Wenn eine Frau einen Gentleman durch den Einsatz von Düften (wie übrigens auch falsche Zähne, falsches Haar oder hohe Absätze, wohlgemerkt) „trügerisch zur Ehe verführte“, wurde dieselbe für ungültig erklärt und die Frau für ihr Fehlverhalten bestraft.

Lassen Sie uns an dieser Stelle einmal über die Merkwürdigkeit von Parfüm nachdenken. Ein Parfüm – vom Französischen *parfumer*, durchräuchern – ist eine duftende chemische Stoffverbindung, meist in Alkohol gelöst. Es ist ein olfaktorischer Eindringling, ein Geruch ohne Grund, und im biologischen Sinne ein „unehrliches“ Signal. Will sagen: Tiere, Erde oder Blumen riechen alle *nach sich selbst*. Wir riechen die stinktierhafte Präsenz eines erschrockenen oder getöteten Tieres und erwarten, dass dies...von einem Stinktier stammt. Geruch ist ein Hinweis auf Anwesenheit. Parfüms dagegen sind Erfindungen, Gerüche, die ganz und gar von ihren Ursprüngen getrennt und manchmal zu Hunderten zusammengemischt wurden. Wenn wir an Chanel No. 5 schnuppern, riechen wir anstatt des „Hinterteils einer asiatischen Katze“, wie Luca Turin es beschreibt, das samtig-weiche Ganze, das Viele an ihre Mütter und Großmütter erinnert, die es regelmäßig getragen haben. Aber es enthält die fettige Hinterteilsekretion, die ein Tier namens Zibetkatze* häufig einsetzt, wenn es Angst verspürt oder sein Revier markieren möchte.

Die nachtaktive, gedrungen gebaute Zibetkatze, die wie das unwahrscheinliche Kind der Liebe zwischen einer Wildkatze, einem Waschbären und einem Mungo aussieht, wurde früher in kleinen Käfigen gehalten in der Hoffnung, dass sie das begehrte Sekret absondern würde. Heute haben synthetisch hergestellte Stoffe diese Praxis weitgehend abgelöst.**

* *Die Zibetkatze ist eigentlich gar keine Katze, sondern gehört zur Familie der katzenähnlichen Viverridae, zu der auch noch weitere Arten wie Fossa und Genette gehören, von denen Sie vermutlich noch nie etwas gehört haben.*

** *Chanel No. 5 war, als es 1921 auf den Markt kam, einer der ersten Düfte, die synthetische Bestandteile enthielten, nämlich die Aldehyde C10-C12, die zu „Frische“ und „Zitrusnote“ beitragen.*

Menschen, die mit Düften arbeiten – als Parfümeure, die die Duftstoffe mischen oder sie designen – und solche, die mit Wein arbeiten – als Sommeliers oder Verkoster – werden allgemeinhin als die besten Geruchsspezialisten überhaupt betrachtet. Ihre Fähigkeiten zur Wahrnehmung, Unterscheidung und Identifikation von Duftnoten werden professionell genutzt und verändern unweigerlich die Art und Weise, wie sie die alltäglichen Gerüche wahrnehmen, die sie mit uns Anfängernasen teilen. Wir riechen eine Rose als eine Rose, aber Coco Chanel behauptete, auch „die Hände zu riechen, die diese Blume gepflückt haben".

Es gibt unzählige Wege, um ein Parfümeur zu werden, aber wenn man in einem großen Haus arbeiten oder Parfüms bewerten oder herstellen möchte, gibt es interne Parfümerieschulen, zu deren Lehrplan es gehört, Hunderte von Rohstoffen blind unterscheiden zu können. Ron Winnegrad, Leiter der Parfümerieschule bei International Flavors & Fragrances (IFF), hat einen mehrjährigen Lehrplan für die fünf bis sechs Schüler entworfen, die er jeweils gleichzeitig hat und die bei den Bewerbungstests „olfaktorische und psychologische Begabung versprochen haben." Winnegrad prüft die Schüler jeden Tag an Rohstoffen. Außerdem testet er sie an „Dopplungen" – sie müssen versuchen, ein auf dem Markt erhältliches Parfüm nachzubauen, und wenn Winnegrad eine kleine Menge eines Bestandteils hinzufügt oder weglässt, müssen sie feststellen, was sich verändert hat.

Es ist nicht nur so, dass die meisten Parfümeure gar keine Supernasen sind, sondern viele von ihnen haben auch noch spezifische Anosmien – sprich sie sind vollkommen unfähig zur Wahrnehmung bestimmter Gerüche wie zum Beispiel Moschus. Aber „obwohl sie es isoliert nicht riechen können, können sie sagen, ob es einem Parfüm zugefügt wurde", erklärt mir Leslie Vosshall. „Sie können damit malen." Und sie achten auf Gerüche und versuchen sich zu erinnern, wie die einzelnen Bausteine riechen: Vokabelkarten mit einem Hauch Phenylethylakohol (einem Blumenduft) auf einer Seite. Wie auch bei anderen Formen der Könnerschaft formt sich das Gehirn des Parfümeurs mit zunehmender Übung um – eigentlich kann man sogar sagen, dass es dieser Umbau ist, der den Experten ausmacht. Ein Teil unseres Gehirns namens primärer olfaktorischer oder piriformer Cortex ist bei allen Menschen aktiv, wenn sie riechen, aber anhand von MRT-Bildern hat man nachgewiesen, dass die Gehirne von Parfümeuren Gerüche anders verarbeiten als andere. Sie scheinen sich weniger auf Erinnerungsbereiche des Gehirns zu verlassen, stattdessen ist das Wahrnehmen oder sogar Vorstellen von Gerüchen für sie ein stärker automatischer Prozess.

Ebenso wichtig ist, dass gute Parfümeure ihre Bewertung eines Geruchs von seiner Wahrnehmung trennen können. Natürlich empfinden sie stinkende Socken ebenfalls als „unangenehm" oder Kaffeeduft als „angenehm", aber sie sind stärker daran interessiert, ob die jeweilige Duftnote in einer Mischung mit anderen Duftnoten funktionieren wird, um ein Parfüm zu ergeben. „Ich *hasse* den Geruch von Kaffee", sagt Raymond Matts und schüttelt sich – womit er nicht nur meint, dass er ihn an sich ekelhaft findet, sondern auch, dass er beim guten Riechen stört. Andererseits besitzen auch viele der Parfüms, die er zweifellos bewundert, Noten von Kaffee tief in ihrem olfaktorischen Herzen. Wollen wir gar nicht erst sprechen von Zibet, Amber (wird im Darm von Pottwalen gebildet) oder Bibergeil (Biberhinternsekret), die alle in der Welt der Düfte Verwendung finden. „Besitzt den deutlich beißenden Geruch frischen Pottwalkots", schreibt ein Walforscher über frischen Amber. Das sehr beliebte „Moschus", das von männlichen Hirschen zum Markieren ihres Territoriums benutzt wird, wird heute von den meisten Menschen als „sauberer Wäschegeruch" wahrgenommen: es wird verwendet, um die nach den Worten von Matts „schreckliche Grundnote" der Enzyme zu verdecken, die man zum Reinigen von Textilien benötigt. „Sie riechen nach Augäpfeln oder wie der schrecklichste Fisch, den Sie sich vorstellen können." (Nur noch „geruchsfreie" Waschmittel verwenden? Bis vor Kurzem bedeutete auch „geruchlos" einen Duft – den man brauchte, um den Moschusgeruch zu überdecken.) Das Parfüm namens „Happy", an dem Matts gearbeitet hat, ist auf Grundlage von Maiglöckchen komponiert, aber es enthält auch Noten, die er unbeschwert als „nach Erbrochenem" beschreibt – „sie werden gebraucht, um die frischen Blütennoten in der Luft zu halten", erklärt er.

Für eine „Nase", wie die Duftexperten manchmal genannt werden, besitzt Matts ein gewöhnlich aussehendes Riechorgan: etwas breit vielleicht, klassisch nasenförmig. Zum Teil wird sie von seinem breiten

Brillengestell verdeckt, dessen Brücke übrigens genau dort liegt, wo sich das Epithelgewebe mit seinen gut trainierten Rezeptorzellen befindet. Matts sieht jugendlich aus und straft die dreißig Jahre Lügen, die er schon in der Parfümherstellung arbeitet. In seiner Berufslaufbahn hat er unter anderem Waschsubstanzen in Industrieseifen bewertet, in verschiedenen Parfümhäusern gearbeitet und bei der Komposition der Düfte „Elizabeth Taylor White Diamonds" und „T" von Tommy Hilfiger mitgewirkt. T war einer seiner größten Erfolge, obwohl Matts von ihm sagt, es sei das am wenigsten respektierte Parfüm. Er erzählt, wie er den Duft einmal an einem neben ihm sitzenden Mann roch und ihn darauf ansprach. „Der Kerl leugnete es", sagt Matts. „Aber keiner außer mir hat je Safran auf diesem Level benutzt." Der Nicht-Parfümeurin sei für den leeren Gesichtsausdruck verziehen, den sie in diesem Moment vermutlich zur Schau trägt.

Matts hat kein Barthaar. Es passt nicht zu jemand, der mit Düften zu tun hat. Während Michel de Montaigne anmerkte, dass sein voller Schnurrbart sich wunderbar als Hilfsmittel eignete, um erwünschte und unerwünschte Gerüche stundenlang unterhalb seiner Nase festzuhalten, kann sich der Parfümeur diese Ablenkung nicht erlauben.

Wenn Matts Schüler in die Kunst des Riechens einführt, beginnt er mit „Geruchsfamilien", Kombinationen von „Akkorden", die aus drei bis zehn gut zusammenpassenden Geruchsstoffen bestehen. In seinem Kurs „Die Technik und Sprache der Parfümerie" im New Yorker Pratt-Institut steht ein verlockendes Olfaktorium auf dem Tisch – eine Art Reisetruhe, in der achtundvierzig Fläschchen in weich gepolsterten Fächern untergebracht sind. Jedes Fläschchen enthält einen Geruchsstoff, einen aus der Farbpalette, die man braucht, um beispielsweise einen „orientalischen" Duft (Vanille, Sandelholz, Patchouli) oder einen aus der „Fougère-Familie" (Lavendel, Vetivergras, Eichenmoos, Blüten, Cumarin) zu kreieren.*

Ein Duftstreifen aus Papier wird gebogen und in eine Flasche getippt. Matts taucht seinen in ein Fläschchen mit der Aufschrift „16". Er wartet etwas, um das Papier trocknen zu lassen – „sonst riechen Sie nur

***Vielleicht kennen Sie einen orientalischen Duft: Das Babypuder von Johnson & Johnson. Die Tatsache, dass es vermutlich den meisten Lesern besser bekannt ist als die Beschreibung der Geruchsfamilie, ist ein Beleg dafür, wie sehr unser Geruchsvokabular von den in kommerziellen Produkten verwendeten Düften gekapert wurde. Es wäre so, als ob unser gesamtes musikalisches Wissen nur auf Werbejingles beruhen würde.*

die Kopfnoten", die Gerüche, die am schnellsten volatil werden und sich verflüchtigen. Parfüms bestehen aus drei Ebenen von „Noten", die man in der Regel als Kopf-, Herz- und Basisnote bezeichnet. Die Kopfnote ist das, was Sie riechen, wenn Sie durch eine Parfümabteilung eilen und hier und da etwas aus den Probefläschen verspritzen. Die Basisnote ist das, was am nächsten Tag an Ihrer Kleidung haftet. Das heute nicht mehr hergestellte Lieblings-Eau de Cologne meiner Mutter, Écusson, riecht heute nicht mehr so wie damals, als sie es kaufte: Jedes Mal, wenn sie den Flacon öffnete, oxidierte es ein wenig. Die Kopfnoten – Zitrus, Aldehyde – vergehen, und die schweren Basisnoten Eichenmoos und Vanille bleiben. „Es kann höchstens dem Duft *ähneln*, der es einmal war", sagt Matts.

„Mmmm", sagt er, nachdem er sich den Duftstreifen erst unter die eine, dann unter die andere Nasenöffnung gehalten hat. „Zedernholz. Aus Südmarokko und Virginia." Das ist eine der „Holznoten". Wie ein Teekenner, der nicht nur die Herkunft des Tees bestimmen kann, sondern auch die Jahreszeit, zu der er gepflückt wurde und ob er neben einem Pflaumenbaum wuchs, bemerkt ein Duftexperte echte Unterschiede in Qualität und Herkunft in dem, was für uns normal Sterbliche wie eine einzige Duftkategorie riecht. Dies hier ist „Bleistiftspäne" oder „Hamsterkäfig" – weniger glatt als der Duft, der Ihnen beim Öffnen der Zedernholzkommode Ihrer Großmutter entgegenströmt. „Riechen Sie das Wachsige?" Er hält den Duftstreifen an seine Nase, schnuppert, hält ihn weg, überlegt, hält ihn wieder hin. „Denken Sie an Wachsmalstifte. Sehen Sie die Trockenheit und Tiefe?" Selbst schon nach nur ein paar Minuten wird der Geruch nach frisch gespitztem Bleistift ein wenig schwächer, weicher.

Bei einer anderen Holznote sagt Matts selbstbewusst „Man kann die Holzmaserung riechen" – als ob sie einen unverwechselbaren olfaktorischen Fingerabdruck hätte. Sandelhölzer können sahnig oder roh sein. Manche Hölzer sind ölig: das synthetische Norlimbanol, trocken, harsch und schrill. Getrocknetes Patchouli riecht nach Erde und Wurzeln. Ein anderes riecht für mich nach nichts anderem als einem frisch geschnittenen Zweig. Aber Matts sagt: „Samt. Und darüber der Trafo der Modelleisenbahn, wenn man ihn anschaltet – der metallische Geruch."

Reflexhaft könnte man denken, dass „Holz“ im Grunde nach Bäumen riechen müsste. Das stimmt so nicht mehr: Die Bandbreites des Hölzernen erscheint plötzlich endlos. „Ich versuche immer, den Geruch einer Baustelle zu finden: die Kreissäge, die durch feuchtes Holz schneidet“, gesteht Matts. „Es ist mir noch nicht gelungen.“

Matts versucht häufig, einen gefundenen Geruch festzuhalten und in einer Flasche einzufangen. Als er damals zuhause einen Säugling hatte, war er verzückt von dessen Geruch: Milch, die durch Haut dringt. Er fand, dass die allgegenwärtige, von Flecken mit Erbrochenem bedeckte Babydecke „gut roch“ – die sauren Noten verdunsteten und ließen die sahnige Essenz zurück. Er verbrachte einige Zeit mit dem Versuch, den Geruch einzufangen, gab aber auf, als seine Frau sich angesichts der hypodermischen Nadel querstellte, die er eines Tages mitgebracht hatte.

Aber es gibt tatsächlich einen Weg, die Art von Essenz einzufangen, die so viele von uns bezaubert: Den Duft vom Kopf eines Babys, von einer Tomatenpflanze, von trockenem und zusammengerechtem Herbstlaub. Die Parfümherstellung nahm wahrscheinlich genau mit diesem Drang ihren Anfang, auch wenn sie dann weit darüber hinausgegangen ist, einfach nur natürlich vorkommende Gerüche einfangen zu wollen. Über die Jahre hinweg hat man dazu unterschiedliche Methoden benutzt, etwa die Enfleurage (ähnelt der Trüffelmethode, der Geruch – z.B. der einer Rose – wird von Fett absorbiert), Extraktion (Begießen der Geruchsquelle mit Lösungsmittel und dann das Öl extrahieren), Destillation (Verdunstungsdampf durch Erhitzen schaffen und dann wieder abkühlen, um das Öl abzutrennen), Auspressen (Zitronenschale zerdrücken, kalt pressen) oder Infusion (eine Pflanze in Alkohol mazerieren).

Für die nicht zu mazerierenden Düfte (wie den Babykopf) eignet sich aber die sogenannte Headspace-Technik besser: Man hält einen Glaskolben über den Gegenstand, fängt so den natürlich mit der Luft davon abgesonderten Geruch ein und überträgt ihn auf ein geruchsabsorbierendes Material. Der eingefangene Geruch kann im Labor mittels Gaschromatographie analysiert werden und ein Parfümeur kann versuchen, ihn nachzubauen. Die Möglichkeiten dieser Methode wurden auf fantastische Art und Weise von Roman Kaiser aufgezeigt, einem Riechstoffchemiker bei Givaudan. Ein Jahrzehnt lang ist er um die Welt gereist, um den Headspace vom Aussterben bedrohter Blüten für den Fall einzufangen, dass die Art verschwinden sollte. Die Norwegerin Sissel Tolaas, die ihre Tätigkeit selbst als „fachübergreifend zwischen Kunst und Wissenschaft“ versteht, hat ein Archiv mit Tausenden via Headspace gewonnenen Gerüchen aufgebaut, darunter auch dem Geruch ihrer eigenen Tochter. Matts beschreibt, dass er die gleiche Technologie zum Einfangen der Gerüche des pflanzlichen Sahneersatzes „Cool Whip“ und der Weizencracker „Wheat Thins“ verwendet hat, als er einen Duft für Abercrombie & Fitch designt hat.

Matts steht vor einer Reihe kleiner Fläschchen, nimmt eins mit der Nummer 42 heraus und schraubt den schwarzen Deckel ab. Es beinhaltet eine zu Beginn scharfe, fast medizinische Ledernote. Matts riecht am Duftstreifen und sein Blick wird abwesend: der Blick eines Riechenden. Er sieht etwas. Dann beginnt er zu sprechen und beschreibt den Vorgang der Herstellung dieses Geruchs: „Ursprünglich wurde er aus der Infusion von Lederspänen gewonnen – die ihrerseits nach dem Birkenholzrauch des Gerbprozesses rochen.“ Bei Erwähnung des Worts *Birke* tritt das Holzige des Dufts plötzlich ganz klar hervor, wie ein Kind, das vom Lehrer in der Klasse aufgerufen wurde. „Denken Sie an den August im Amish-Land“, sagt Matts. „Zum Trocknen aufgehängte Tabakblätter in offenen Holzschuppen. Dieser saftige, süße Duft in der Luft.“ Mit seinen Worten machen sich auch die anderen Duftnoten eine nach der anderen bemerkbar. Getrockneter Tabak drängt sich nach vorn, der feuchte Stummel einer gut durchgekauten Zigarre, die Aura eines alten, wettergegerbten Holzschuppens mit jeder Menge Gerümpel darin. Und tatsächlich gibt es die Theorie, dass ein Teil der Übung, die einen angehenden Parfümeur oder Sommelier nach und nach zum Experten macht, darin besteht, die Geruchserfahrungen verbalisieren zu können, also das Empfundene in Worte zu fassen. Sowohl Wein als auch Parfüm haben ihren eigenen Fachjargon wie zum Beispiel „orientalisch“ oder „Fougère“ für Duftfamilien, aber jeder in diesem Fachbereich Tätige entwickelt außerdem noch sein eigenes Vokabular, um Düfte zu erinnern, zu klassifizieren und sich gedankliche Brücken zu bauen. Diese Anhaltspunkte sind nicht nur wichtig dafür, dass der Experte Düfte identifizieren und unterscheiden kann, sondern auch dafür, dass er einen Duft gedanklich heraufbeschwören kann, ohne dass er tatsächlich anwesend ist.

Matts' Wortwelt für Düfte ist reich an Beschwörungen von Kindheitserinnerungen und vertrauten Gegenständen. Ylang-ylang, eine Blumennote, sind für ihn die Kaubonbons „Necco Wafers", Jasmin riecht „nach den Pferden im Central Park an einem heißen Sommertag". Mehrere Stunden lang spricht er über den Duft von Tafelkreide, von Gummipuppenköpfen, von Weißleim, Kellern, Latexhandschuhen, Modelleisenbahnen, nassem Papier oder Karotten. Seine Genauigkeit lässt einen bescheiden werden: Für Matts riecht eine Blütennote nicht wie die Blüte, sondern „wie die Luft, wenn man an der Blüte vorbeigeht."

Aber nicht nur Sprache kann benutzt werden, um Geruchsempfindungen im Gehirn wachzurufen – auch die anderen Sinne sind hilfreich. Geben Sie zum Beispiel einem Raum voller Menschen ein Fläschchen mit dem Duft des lilafarbenen Sommerblühers Heliotropum, auch Sonnenwender genannt, und bitten Sie sie, dem Duft eine Form und eine Farbe zu geben, anstatt ihn zu beschreiben. Dabei geschieht etwas Überraschendes: Fast jeder riecht den Duft als gelb-pink oder eine Variation davon und sieht ihn als rund oder mandelförmig. Das Aldehyd C12, das in Duftstoffen verwendet wird, um „Frische" zu suggerieren, wird dagegen am häufigsten als blau und eckig beschrieben. Uns allen ist ein unausgesprochenes, unerschlossenes Wissen über Geruchsassoziationen gemeinsam, die wir einfach nur selten miteinander in Verbindung bringen.

Nach ein paar Stunden Riechen ist der Raum, in dem wir uns befinden, zu einem Geruchsmonster geworden. Eine überwältigende Welle *Etwas* desorientiert meine Nase, so, als ob ich psychisch niesen müsste. Allmählich fühle ich mich ein bisschen wacklig. Riechen ist eine Art von Erkennungssystem für Veränderungen, das heißt es schaltet sich ab, wenn sich nichts mehr verändert. Aber wenn ständig neue Gerüche oder auch Variationen eines alten Geruchs um einen herum verteilt werden, passt sich die Nase nicht an und versucht verzweifelt, Schritt zu halten. Mit jedem Flakon, den wir öffnen, reizen wir wieder die Rezeptorzellen, die gerade versuchen, einmal kurz zu verschnaufen.

Bevor ich gehe, gibt Matts mir eine Empfehlung mit, wie ich zur besseren Riecherin werden kann. „Heben Sie diesen Sommer mal Dinge auf", rät er. „Drücken Sie sie zwischen Ihren Fingern" – eine Art Unterwegs-Duftextraktion – „und riechen Sie."

Ich beschließe, noch eins obendrauf zu setzen. Ich halte nicht nur Sachen an meine Nase, sondern auch meine Nase an Sachen: Ich bücke mich wieder bis zum Gehweg hinunter, ich lehne mich an Bäume und beschnuppere sie. Ich befolge den Rat eines Tierspurensucher-Handbuchs und „kalibriere" meinen Geruchssinn, in dem ich in verschiedener Gehgeschwindigkeit, in verschiedenen Richtungen und in verschiedenen Höhen (Nasen- oder Zehenhöhe) schnuppere. „Gehen Sie sehr langsam spazieren", rät der Autor. „Bleiben Sie alle zehn Schritte stehen oder jedes Mal, wenn Sie einen Geruch erhaschen, der Ihnen unterschiedlich erscheint. Machen Sie das etwa zehn Minuten lang und wechseln Sie zwischen normalem Schnuppern und hundeartigem Schnuppern ab." Wird gemacht.

Um meinen neuen Angewohnheiten etwas entgegenzusetzen (oder um sie zu fördern?), überreicht mir mein Mann eines Tages ein großes Paket.

Die Verpackungsbox ist so gestaltet, dass sie die Käufer teurer Weine anspricht: sie ist hochwertig und stabil. „Le Nez du Vin", „Die Weinnase", ist darauf zu lesen. Ein in feuerroten Stoff gekleideter Schuber enthält eine weitere Schachtel, die das Mysterium nur noch spannender macht. Die Innenschachtel lässt sich aufklappen wie ein Buch und beinhaltet vierundfünfzig kleine, rechteckige Fläschchen, von denen jedes in einer eigenen Vertiefung steckt und verführerisch mit einer geheimnisvollen Flüssigkeit befüllt ist. Manche sind wasserklar, andere bernsteinfarben oder besorgniserregend dunkel.

Eine Box mit Weinduftnoten in Fläschchen ist etwas, das in Ruhe angegangen sein möchte. Am ersten Tag setze ich mich mit meiner Kiste spannender Düfte hin und reibe mir in freudiger Erwartung die Hände – etwas, was mir nur selten passiert: *Oh, dieser Duft wartet auf mich!* Aber dann halte ich inne. Ich rieche schon etwas, und zwar einen durchdringend süßen, starken Geruch. Er geht von mir aus. Meine

Bluse: Sie kommt gerade frisch aus dem Trockner. Ein grober Fehler, jetzt bin ich von sattem Lavendelduft mit Moschus umhüllt und rieche „frische Wäsche". Ich ziehe sie aus, finde eine andere, die ich am Vortag durch Tragen ausgelüftet habe und beginne nochmal von vorn.

Ich öffne die erste Flasche und halte sie tapfer an meine Nase. Linkes Nasenloch, schnupper; rechtes, schnupper. *Zitrone*, kommt mir sofort in den Sinn. Ich überprüfe meinen Eindruck an dem Stapel der jeden Duft erläuternden Karten, der dem Set beiliegt, beglückwünsche mich selbst und mache mit dem nächsten Flakon weiter. Flakon Nummer zwei gehört ebenfalls zur Zitrusfamilie, ich würde sagen *Orange.* Falsch: Grapefruit. Ich schnuppere ein zweites Mal. Gut, jetzt, mit dem Bild einer Grapefruit in meinem Kopf, rieche ich es auch und stelle mir vor, wie sie schwer in meiner Hand liegt und ihre dicke Schale unter dem Druck meines Daumennagels nachgibt.

Ich arbeite mich weiter durch das Mini-Regal voran und bekomme dabei ab und zu Besuch von einem Familienmitglied oder von einem Hund, die beide auch gern einmal schnuppern würden. Der Hund, Finnegan, wartet geduldig auf einen Flakon und macht sich dann, als ich sie ihm hinhalte, wie ein Profi an die Inspektion. Ohne zu viel hineininterpretieren zu wollen, denke ich, dass man mit gutem Recht sagen kann: Er sieht zutiefst verwirrt aus. Er wirft mir einen kurzen Blick zu, schnuppert nochmals und endet mit einem kräftigen Ausatmen, das den Flakon zum Tuten bringt wie eine eintönige Flöte.

Mein anfänglicher Erfolg mit „Zitrone" wiederholt sich nicht allzu oft, während ich die Flakons abarbeite. Ich halte „Toast" fälschlicherweise für „Vanille" – eigentlich unmöglich, sollte man meinen. Ich verwechsle „Pfirsich" mit „Melone"; alle Arten von Beeren (es gibt sechs) riechen für mich einfach nur nach Bonbon. „Safran" und „Weißdorn" bringen in meinem Geruchsgedächtnis gar keine Saite zum Klingen. „Rauch" ist ein Kinderspiel, aber ich kämpfe mit „Leder" und „Butter". Ich habe das klassische „Es-liegt-mir-auf-der-Nasenspitze-Problem": Ich *kenne den Geruch,* aber ich kann ihn nicht benennen.

Für Geruchsprofis ist das Benennen des Dufts kein Ziel per se, sondern einfach ein Schritt in Richtung besseren Verständnisses. Mit der Zeit erfinde ich eine Strategie, damit mir die Namen leichter einfallen: ich stelle mir passende Bilder vor, wie ich es während meiner Teilnahme an der Schnupperstudie gelernt habe. Den Kontext zu erkennen spielt eine große Rolle für die Identifikation eines Geruchs – es fällt auf einer Obstwiese viel leichter, Apfelduft zu erkennen, als in einem Schwimmbad. Also beschließe ich, meine visuelle Vorstellungskraft zur Hilfe zu nehmen. Während ich schnuppere, schließe ich meine Augen und betrachte die Dinge, die zufällig vor meinem inneren Auge erscheinen. Sie kommen einfach aus dem Nichts, Halluzinationen, die sich meiner bewussten Kontrolle entziehen – ein Porzellanwaschbecken, eine Winterwolljacke mit Frost auf den Schultern, ein Tischbleistiftspitzer in einem Klassenzimmer – und wenn eins davon vielversprechend aussieht, zoome ich es näher heran. Ein kleiner, kahler Baum ohne Blätter. Ich halte das Bild gut fest und prüfe, ob es zu dem Geruch passt, der sich meine Nase hinaufarbeitet. Nicht ganz. Ich tausche es gegen einen anderen Baum aus, halte es fest, schnuppere und wiederhole das Ganze.

Auf diese Art und Weise arbeite ich mich bis zu „Tanne“ vor. Das Bild eines klassischen Tannenbaums schimmert in meinem Kopf auf – und der Duft aus Flakon Nummer 35 passt dazu. Nachdem ich einen Geruch erst identifiziert habe, ist er so offensichtlich wie ein schlecht erzählter dummer Witz.

Und so beginnt mein Riechtraining, eine Art duftender Introspektive, die ich über die Monate hinweg verfeinere. Ich beginne meinen Tag gerne mit einer Tasse Kaffee, aber nach der Empfehlung von Ray Matts muss ich diese Gewohnheit entweder aufgeben oder meine erste Riechsitzung später am Tag durchführen, wenn ich relativ kaffeefrei bin. Ideal wäre es, aufzustehen, ein Glas Wasser zu trinken und sich dann zum Riechen hinzusetzen. Aber oft knurrt mein Magen, die Hunde lecken an mir, weil sie spazieren gehen möchten oder mein Sohn steht in den Startlöchern, um seinen Tag zu beginnen, und ich muss meine Schnupperstunde auf eine andere Tageszeit verlegen. Was ebenfalls eine tückische Angelegenheit ist, weil der Tag, wie ich erfahren werde, voller Gerüche nah an meinem Gesicht steckt.

Mein Haar strömt den Duft des parfümierten Shampoos aus, mit dem ich es wasche, weil sein Duftstoff sich zwischen den Haarschichten verfängt und die enthaltenen Öle sich an den Haarschäften anlagern (deshalb empfiehlt Matts übrigens, Parfüm besser im Haar zu verteilen anstatt aufs Handgelenk zu geben). Mein Gesicht riecht vage nach Sonnenöl von meiner Feuchtigkeitscreme. Handseife riecht enorm stark, und jedes Mal, wenn ich meine Hand an mein Gesicht hebe, bekomme ich eine Brise davon ab, was auch immer es war. Die Seifen auf öffentlichen Toiletten beginnen mir Sorgen zu machen: Mit welchem unmöglichen Gestank werde ich mich diesmal einreiben, nur aus dem reinen Interesse, meine Hände von Toilettenkeimen zu reinigen? Irgendetwas in meinem Mund zu haben geht gar nicht. Da Schmecken hauptsächlich Riechen ist, würde jedes Echo des Rosmarinbrots, der Gurke oder der Erdnuss, die ich vor einer Stunde gegessen habe, ein größeres Hindernis für die Wahrnehmung der schwachen Duftbrise darstellen, die aus einem Flakon weht.

Es gibt auch jede Menge Tage, an denen ich einfach keine Stunde mit meiner Riechbox verbringen kann. Eine verstopfte Nase ist natürlich ein Grund zur Disqualifikation, und, damit verwandt, stelle ich fest, dass es mir schwerer fällt, mich überhaupt auf einen Duft zu konzentrieren, wenn ich fröstele. Aber selbst warm und mit klarem Kopf sind die Episoden kurz. Unsere Nasen ermüden leicht und machen bei Reizüberflutung dicht. Ich hoffte, wenigstens die Nasen-Ermüdung durch Training überwinden zu können.

Nachdem ich mich durch das ganze Set durchgearbeitet habe und die Düfte mich nicht mehr überraschen können, übe ich, zwischen den Geruchsfamilien zu unterscheiden: animalisch, pflanzlich, nach Röstaromen. Ich setzte mich mit drei bis sechs Flakons einer Duftgruppe hin, schiebe sie herum und versuche, jede von ihnen blind zu identifizieren. Wenn meine Nase müde wird, beherzige ich einen Tipp von Matts: Ich rieche an meinem eigenen Blusenärmel, und zwar in der Ellbogenbeuge. Diese olfaktorische Unterbrechung mit Eigengeruch wirkt in etwa so wie Blinzeln zur Wiederherstellung normalen Sehvermögens, nachdem man in zu helles Licht geschaut hat.

Um die sich hartnäckig haltende Orangen-Grapefruit-Verwirrung zu beenden, gehe ich in meine Küche, in der ich sowohl Orangen als auch

Grapefruit habe und halte beides an meine Nase. Zu meiner Überraschung riecht die Grapefruit „zitroniger" als die Orange, die ich immer als Modell-Zitrusfrucht betrachtet habe. Die gleichen Schwierigkeiten habe ich mit zweien der Steinfrüchte, von denen es am wahrscheinlichsten ist, dass sie hin und wieder in meinem Mund landen: Pfirsich und Aprikose. Während sie in meinem Mund zwei absolut unterschiedliche Früchte sind, bin ich nicht in der Lage, den Unterschied zwischen ihnen zu riechen.

Dies ist der Punkt, an dem ich mir ganz und gar über meine bisher lebenslange Unwissenheit in Sachen Geruch klar werde. Diese Gerüche gehören zu den einfachsten überhaupt. Sie sind weit verbreitet. Ich habe Tausende von Orangen, Grapefruit, Pfirsichen und Aprikosen gegessen, und zwar genau aus dem Grund, weil ich ihren pikanten Geschmack und Geruch mochte. Hatte ich noch nicht einmal diesen vorlautesten und großspurigsten aller Gerüche Beachtung geschenkt?

Nein, das ist es nicht. Vielmehr habe ich mich offensichtlich bisher darauf trainiert, beim Essen und Schmecken nicht auf die subtilen Geruchsunterschiede zwischen den Lebensmitteln zu achten. Jede Orange, die mir begegnete, schmeckte – nun ja, nach Orange, und ich musste nicht nachprüfen, um sicherzugehen, dass ich keine Grapefruit esse – und umgekehrt. Ich konnte den Unterschied in meinem Mund schmecken und genoss jede von ihnen auf andere Art. Aber ich war faul darin geworden, irgendetwas zu bemerken außer der Tatsache, dass es ich um eine bestätigte Zitrusfrucht handelte. So kam es, dass all meine Zitrusse zu einer einzigen zusammengefallen waren. Ich hatte mir selbst abtrainiert, was Kinder von Natur aus bemerken (versuchen Sie einmal, einem Kind eine Grapefruit für eine Orange zu verkaufen und schauen Sie, wie es reagiert). Ich war aus dem Bemerken herausgewachsen.

Damit bin ich in bester Gesellschaft unter den Englischsprachigen. Während „Zitrone" in meiner Nase seinen eigenen, unverwechselbaren Platz behalten hatte, war bei einer kulturübergreifenden Studie herausgekommen, nach der Menschen unterschiedliche Gerüche identifizieren sollten, dass Englisch-Muttersprachler Zitronengeruch, der ihnen außerhalb des Kontextes präsentiert wurde, größtenteils als „Lufterfrischer", „Beere", „Lutschbonbons", „irgendeine Frucht" oder

– das war das deprimierendste Ergebnis – als das Putzmittel „Zitruskraft“ wahrnahmen. Für manche Menschen ist „Zitruskraft“ also eine lebendigere Geruchserinnerung als eine echte, ehrliche Zitrone.

Die vage Geruchscharakterisierung dieser Menschen steht in krassem Kontrast zu der messerscharfen Präzision der olfaktorisch besonders sensiblen Jahai von der Malayischen Halbinsel. Diesen sind zwar die Düfte von Zitrone, Terpentin, Zwiebeln, Zimt oder anderen Dingen, die die Wissenschaftler ihnen präsentierten, weniger geläufig als den Englischsprachigen, aber sie waren viel besser darin, die Gerüche zu benennen.

Ich brauche Tage, bis ich die Zitrusfrüchte zuverlässig auseinanderhalten kann. Jetzt kann ich mein Wissen wie einen tollen Partytrick aus der Tasche zaubern – habe aber keinen Zweifel daran, dass vielen Menschen die Unterscheidung beim ersten Versuch genauso leicht fiele. Die Fähigkeit zur Wahrnehmung eines Geruchs variiert sehr von Person zu Person, genau wie die, Gerüche identifizieren zu können. Aber während ersteres mit unserem Genom zu tun hat, hat letzteres mit unserem Leben zu tun. Ich war von Anfang an immer viel besser in denjenigen Gerüchen, die ich als „mag ich nicht“ registriert hatte: Mandel, Rauch, Lakritze. Meine Aufmerksamkeit ist also, wie es aussieht, besonders gut darauf gerichtet, Unliebsames zu entdecken.

Die „Nez du Vin“-Box selbst mit all ihren darin verschlossenen Gerüchen ist ein sehr geschäftiger Geruch. Sie ist der Wein, den Sie niemals trinken würden und der Beweis dafür, dass angenehme Düfte sich nicht aufaddieren lassen. Zusammengenommen macht die Summe ihre Einzelteile kleiner. Nachdem ich eines Morgens Mandel, Walnuss, Pfirsich, Aprikose, Kirsche und Pflaume miteinander verglichen habe, finde ich plötzlich, dass der ganze Raum nach Pflaume riecht. Ich gehe mit Finnegan nach draußen, ein Windstoß reißt mir die Fliegenschutztür aus der Hand. Seine Nase hebt sich in die vorbeiströmende Luft. Ich schnuppere...Pflaume. Ich habe mir einen Pflaumen-Nasenwurm gefangen. Noch eine volle Stunde lang werde ich den Geruch nicht los. Je weiter ich meine Nase herausfordere und schließlich neun Gerüche auf einmal auseinanderhalten kann – Zeder, Rose, grüner Pfeffer, Thymian, Vanille, frisches Heu, Akazie, Karamell, Banane – und schließlich sogar alle vierundfünfzig, desto anfälliger scheine ich für die Geruchshalluzination des „Nasenwurms“ zu werden. Ich mache mir nichts daraus: er scheint eher ein Zeichen für meine wachsende Geruchs-Sensibilität zu sein als für irgendeine Störung. Chronische Geruchshalluzinationen jedoch, sogenannte Phantosmien, sind dagegen weit weniger nett. Sie werden oft von Psychiatriepatienten berichtet oder von Menschen, die schwere Kopfverletzungen erlitten haben – und sie nehmen weit seltener die Form lieblicher Pflaumendüfte an als vielmehr meist die von etwas Brennendem, Faulem, Verdorbenem oder Erbrochenem.

Nach ein paar Monaten habe ich eine ganze Bibliothek von Geruchsnotizen mit idiosynkratischen Beschreibungen in meinem Kopf angelegt, die mir zuverlässig weiterhelfen: Pflaume ist ausgetrocknete Vanille; Aprikose ist süßlicher als Pfirsich; Kirsche ist Hustensirup; Walnuss ist trockene Mandel; Bodensatz, die Hefesedimente am Boden einer Weinflasche riechen nach Wein; Veilchen ist ein kleines, festes, mit Zucker bestäubtes Lutschbonbon in einer ovalen Blechdose mit dekorativem Deckel; Paprika ist „grün“. Ich bin eine Nez du Vin – Expertin geworden. Was ich allerdings nicht geworden bin, ist empfindsamer für die Duftnoten echten Weins. Jedes Glas, das ich an meine Nase hebe, schwenke ich und schnuppere hinein, bis meine Nase fast die Flüssigkeit berührt. Ich rieche weder Aprikose noch Pfirsich oder Grapefruit, Orange, Marmeladenglas, Pilzhut oder Gauloises. Ich rieche – weder Limonade noch Wasser. Sondern definitiv Wein.

Aber das ist es dann auch. Und so fliege ich über das Land, um John Buechsenstein zu treffen.

Buechsenstein, langjähriger Winzer und Weinkritiker, steht vor seiner Klasse im „Culinary Institute of America“ im kalifornischen St. Helena. Eine längere Trockenheit hat das Napa Valley außerordentlich gelb werden lassen: Von einem schütteren Flaum braunen Grases bedeckte Hügel gehen in soldatenhaft gerade ausgerichtete Reihen von grünblättrigen Weinstöcken, *Vitis vinifera*, über. Drinnen im sogenannten „CIA“, einem riesigen Backsteingebäude, das früher einmal ein Weingewölbe war, ist es sehr kühl: ein riesiger Weinkühlschrank, in dem heute Studenten chillen. Die abgestuften Tisch- und Sitzreihen des Unterrichtsraums blicken auf ein Vortragspult und auf ein Whiteboard. Es sieht vertraut nach Universität aus, aber hier ist jeder Tisch mit Spucknäpfen und Becken ausgestattet und auf jedem stehen acht perfekt eingeschenkte Gläser Wein in der Mitte. Wir befinden uns im Seminar „Sensorische Weinanalyse", meine Herrschaften, und Sie werden spucken.

Der Raum verströmt den Geruch nach ausgegossenem Wein, nach den gemischten Aromen der ersten Proben, die von hellgelb („helles Stroh" nach Buechsenstein) über dunkler („Rose", „Granat" und das typische „Violett" des Syrah) reichen. Am Wein gibt es viel zu *sehen*: Vom brillanten Funkeln über das leicht Neblige beim Einschenken bis hin zu den Fehlern, die den Wein manchmal ungenießbar machen können und sich durch dauerhaften Trub oder Kristalle im Bodensatz bemerkbar machen. Und natürlich gibt es viel zu schmecken. „Aber Riechen ist das Fantastischste an der Weinverkostung", sagt Buechsenstein lächelnd. Er lächelt viel und zieht dabei seine Augenbrauen und Nase hoch, als ob er eine rutschende Brille am Platz zu halten versuchte. Und er riecht viel. Der Eifer, mit dem er seine Nase in ein Glas hält, wirkt anfänglich überraschend und dann ansteckend. Sein selbst auferlegtes Mandat in diesem Seminar, das er für die UC Davis entwickelt und dort drei Jahrzehnte lang gelehrt hat, scheint es zu sein, Weinliebhabern und Weinprofis die Mittel und die Motivation zu geben, ihre Nasen in Gläser zu halten und wirklich zu schnuppern.

Für Buechsenstein beginnt das mit einfacher Aufmerksamkeit. „Wenn Sie nichts anderes tun als darauf zu achten, was sich im Glas befindet, sind Sie anderen Personen schon Meilen voraus" – oder der Person, die Sie bis vor einem Moment noch waren. Um diese Aufmerksamkeit zu bündeln, bringt er seine Studenten – von denen ich nun für achtundvierzig Stunden auch einer bin – dazu, eine Menge Gläser an ihre Nasen zu halten, darüber zu sprechen und damit zu flirten, was sie bemerken. Was anfangs für jeden schwierig ist. Wein scheint erst einmal nur nach *Wein* zu schmecken. Wir sind es so gewohnt, ein Glas voll Wein damit zu begrüßen, dass wir den Inhalt einfach herunterschlucken, dass wir nur selten innehalten und den Moment, bevor er unsere Lippen passiert, auf uns wirken zu lassen. Und wir haben keine Sprache gelernt, um zu beschreiben, was wir riechen.

Wobei es natürlich eine ganze Menge Weinvokabular gibt. Floskeln wie „viel Tiefe, solide Struktur und jugendliche Frische " dominieren die Weinbewertungen und -beschreibungen. Diese Art und Weise, über Wein zu sprechen, scheint dazu gedacht zu sein, alle außer den eingeweihten Kennern – den „Connaisseuren" – auszuschließen. Buechsensteins eigene Aromenbeschreibungen sind etwas zugänglicher und setzen auf gemeinsame Erfahrungen oder Erinnerungen:

„Das schmeckt für mich so, als hätte ich gerade meinen BIC-Stift aufgebissen."
„Oh je, Aspirin direkt Kautabletten! Ich nehme jeden Abend eine davon."
„Das hier ist verkohltes Holz vom Lagerfeuer, wie es am nächsten Morgen riecht."
...oder vertraute Essensgerüche:
„gehackter Sellerie"
„wenn der Topf überkocht und die Bohnen auf dem Herd anbrennen"
„gebackene Bananen"
...oder einfache Wortergüsse:
„Das ist doch mal ein Aroma bis zum Gehtnichmehr."
„Hui, Obst und Gemüse, doppelt lecker."
„Als ich es an meine Nase gehalten habe, war das, als ob Dorothy in Technicolor-Oz landet."

Damit auch seine Studenten nach Oz reisen können, stellt Buechsenstein sogenannte „Flights", einzelne Verprobungsrunden, zusammen: meist werden sechs oder acht Gläser miteinander verglichen und gegenübergestellt. Viele bestehen aus neutralen Weinen und Varianten daraus, die mit Geschmäckern behandelt wurden, die in Wein vorkommen. So kann ein Roter mit einem Scheibchen Paprika versetzt worden sein, ein anderer mit ein paar Pfefferkörnern und ein dritter mit zerdrückten Rosinen. Um die Noten aus einem neutralen Wein herauszuziehen, spritzt er ein Glas mit etwas Spargelwasser aus der Dose auf (so ekelhaft, wie es klingt) oder mariniert es mit einer Martini-Olive. Oder Buechsenstein verschneidet einen Weißwein mit verschiedenen Mengen Zucker oder Säure oder fügt einem Roten so viel Säure und Tannin hinzu, dass meine Zähne innen an meinen Lippen haften bleiben. Nach ein paar Tagen bin ich so weit, dass ich alle die „Funkadelia" bemerke (wenn auch nicht immer korrekt identifiziere), die Buechsenstein so in Weinen findet.

Ihm dabei zuzusehen, wie er an ein Glas unbekannten Weins herangeht, ist eine Meisterstunde in Verkostung. Er sucht das Glas mit den Augen ab und geht dann kurz mit der Nase für einen ersten oberflächlichen Schnuppereindruck über die Öffnung. Dann fasst er das tulpenförmige Glas am Stiel, um den Inhalt nicht unabsichtlich mit den Händen anzuwärmen, und neigt es so weit, dass er es beinahe ausgießt, um Farbe und Beschaffenheit des Weins zu sehen. Dann folgt ein kräftiges Umschwenken des Weins, immer noch das Glas fest am Stiel gepackt. Das Schwenken spült die Flüssigkeit die Glaswände hoch und schafft einen Blütenblätterreigen aus Rosa, Lila und Rot, der sofort wieder verschwindet. Mit der gleichen Bewegung hält er sich das Glas direkt unter die Nase – oder genauer gesagt, er hält seine Nase direkt ins Glas. „Fünf Schnupperzüge", sagt er, schnüffelt hörbar und verweilt beim letzten etwas länger. Sein Blick geht auf einen unsichtbaren Punkt einen halben Meter nach unten und vor seinem Kopf. Schwenk-schnupper-nochmal von vorn. Dann plötzlich bringt er den Glasrand an seine Lippen und nimmt ein Schlückchen. Nun haben wir alle schon an Getränken geschlürft, aber sicher noch nie mit dem vollständigen Vertrauen, kein Tröpfchen auf unser Hemd zu kleckern, wie John Buechsenstein es hat. Bei ihm nimmt der Wein nicht etwa den Weg, wie er es bei mir immer tut, nämlich die Kehle hinunter. Stattdessen schwenkt er ihn hörbar in seinem Mund herum. Obwohl er seinen Mund geschlossen hält, können wir fast sehen, wie der Wein über seine Zunge fließt, über das Gaumendach und um die Zähne herum. Zu seiner größten Überraschung wird der Wein gegurgelt. Nun zieht er seine Oberlippe nach unten, als ob er seine Nase freimachen wolle. Und dann dreht er sich ganz unzeremoniell – aber eigentlich doch zeremoniell – weg und spuckt den Wein aus.

Diese Verkostungstechnik wurde in den Dutzenden von Jahren als Winzer und Doktorand an der UC Davis verfeinert, die eine renommierte Fakultät für Weinbau und Önologie besitzt. Als er hier Lehrassistent war, waren seine Methoden zum Erlernen von Gerüchen oft ein bisschen aus dem Stegreif: „Wenn wir Studenten hatten, die kein Brett riechen konnten" – *Brettanomyces*, eine Hefeart, die für einen klassischen Weinfehler verantwortlich ist – „gingen wir zur Polomannschaft der Uni und sagten ‚*Gebt uns Eure stinkigste, verschwitzteste, älteste Pferdedecke*'", beschreibt er und reibt sich die Hände. „Dann stopften wir sie in einen Plastikbeutel und schnürten ihn zu. Und dann fragten wir *Wer war das nochmal, der diesen Geruch nicht kannte?*"

Heute geht es formaler zu und die Riechenden ziehen das in den 1980er Jahren von Ann C. Noble und ihren Kollegen entwickelte „Wein-Aromarad" zu Rate. In der Welt der Weine ist es die primäre Farbgruppe: Die Rot-, Blau- und Gelbtöne charakterisieren im Grunde alle Weinaromen. Es gibt zwölf Hauptgruppen – fruchtig, blumig, scharf, erdig, chemisch, pflanzlich, nussig, karamellisiert, Holzton, oxidiert, mikrobiologisch und würzig – mit 29 Untergruppen und 94 Einzelaromen. Wenn Sie „chemisch" riechen, kann das Plastik oder Teer sein, nasse Wolle oder Knoblauch, Gummi oder Merkaptan, das man Gas als Geruchsstoff beimischt. „Fruchtig" umfasst alles von Zitrone bis Erdbeermarmelade. In dem wissenschaftlichen Artikel, der das Aromarad erstmals vorstellte und der im *American Journal of Enology and Viticulture* erschien, schlagen die Autoren andere Methoden vor, um die Weinaromen für Anfänger zu reproduzieren. So sind Ihre „Werthers Echte" hilfreich zur Schaffung des Karamellaromas, dem man beispielsweise in einem Muskateller begegnen könnte. Nasse Wolle, einem neutralen Weißwein zugefügt, ahmt perfekt den „Nasser-Hund-Geruch" von Wein nach, der Kork bekommen hat. Haben Sie noch etwas Bitumen von der letzten Dachreparatur übrig? Lassen Sie etwas davon über Nacht in einem Glas Wein ziehen und Sie bekommen ein Gespür für die Teernote, den ein Côtes du Rhône verströmen kann. Nur sieben oder acht Körnchen des Getränkepulvers „Kool-Aid Tropical Punch" verschaffen Ihnen den fruchtigen Duft, wie ihn manche Roten haben. Ein 5x10 mm großes Stück Fahrradschlauch, ein abgebranntes Streichholz, ein modriger Lappen? Fügen Sie 150 ml

Wein hinzu, rühren Sie um und riechen Sie. Ihre Vorratskammer, Ihr Wandschrank und Ihre Holzwerkstatt sind für diese Übung ebenfalls hilfreich. An anderer Stelle schlägt Noble vor, einen einzelnen Kringel „Froot Loops" (Getreideringe mit Fruchtaroma) oder ein Spültuch (vorzugsweise, nachdem Sie sich damit den Teer von den Händen gewischt haben) in ein Weinglas zu legen, um ein Gespür für das Aroma von Riesling zu bekommen.

Spitzenwinzer und „Winemaker" beschäftigen eigene Geruchs- und Geschmacksanalytiker im Betrieb, die nicht nur sicherstellen, dass ein Wein ohne Fehler ist – Elemente, die manche Trinker vielleicht sogar mögen, die aber sein eigentliches Aroma verdecken – , sondern vor allem, dass jede Charge von gleichbleibender Qualität ist. Diese Spezialisten sitzen in Räumen mit erhöhtem Luftdruck, in die keine Außengerüche eindringen, und nutzen ein deskriptives Analyseverfahren wie zum Beispiel das Aromarad, um die Düfte auf eine quantifizierbare Art und Weise zu charakterisieren. Im Idealfall deckt sich die Beschreibung des einen Analytikers vollständig mit der eines anderen. Falls nicht, können Winemaker die Aromen ihrer Weine anpassen, indem sie die Temperatur und Länge des Gärungsprozesses verändern oder die Zeitdauer, die der Wein auf Reinzuchthefen gärt. Einem Wein werden niemals „Geschmacksstoffe" zugesetzt – der Charakter eines Weins ist einfach nur das Ergebnis der Trauben, des Bodens und der Umgebung, in der die Trauben gekeltert, vergoren und vor der Abfüllung gelagert werden.

Die Abfüllung in Flaschen ist ein turbulenter Prozess. „Der Wein ist nicht sehr froh darüber", sagt Buechsenstein. Außerdem können dabei viele Fehler passieren, und viele solcher fehlerhaften Weine gelangen dann bis in die Läden oder in Ihr Wohnzimmer. All diese Fehler kann man riechen. Wenn Sie beim Öffnen der Flasche von einem modrigen, muffigen Geruch nach nasser Zeitung begrüßt werden, hat der Wein Kork: dann hat ein Bestandteil namens TCA, formal als 2,4,6-Trichloranisol bezeichnet – sich aus Pilzen oder Bakterien auf dem Korken entwickelt und den Wein verdorben.*

** Neuere Untersuchungen haben ergeben, dass nicht etwa das TCA neue „Modergeruchsrezeptoren" in der Nase anspricht, sondern dass es vielmehr andere Geruchsrezeptoren hemmt, die das Weinaroma wahrnehmen. Es wirkt also ähnlich wie ein Insektenrepellent, auf die Weinwelt übertragen.*

Wein verkosten ist Meditation mit Ausspucken. Das sanfte Klingen der Gläser, die auf Tische zurückgestellt oder darauf herumgeschoben werden, wird von gelegentlichem Gemurmel mit freudigen oder alarmierten Äußerungen unterbrochen. Bei einer Blindverkostung ziehe ich mein Aromarad zu Rate, um zu den aus den Gläsern aufsteigenden Duftaromen passende Bilder in meinem Kopf entstehen zu lassen: Ist das wirklich eine reife Banane? Nein. Etwas in Richtung Artischocke oder grüne Bohne? Nein. Eine Heuwiese, versetzt mit Honig? Oh, möglich! Ich kritzle eine Notiz hin. Als ich aufschaue, sehe ich Buechsenstein, wie er eine Seite seiner Nase in ein Glas hält, als ob er es mit einem Nasenmonokel untersuchen wollte. Auf die Hand, mit der er sein Glas hält, hat er eine Kohlenstoffverbindung gezeichnet, um ein früheres Aroma zu erklären; nun leuchtet uns für den Rest des Tages von seinem Zeigefinger und kleinen Finger eine CH-Doppelverbindung entgegen. Er hebt den Kopf. „Haben Sie's? Denken Sie an Popcorn mit echter Butter."

Pop! Da ist es: Ein buttriger Duft, Diacetyl, eins der Nebenprodukte der malolaktischen Gärung, wie sie bei Rotweinen üblich ist. Und da dieser Wein strohfarben ist – der mit dem Honigheu – auch beim Chardonnay.

Bei einem anderen Wein gerät mein Trigeminusnerv ins Zucken und ich habe die vage Empfindung eines gerade angezündeten Streichholzes. Mein Hals ist belegt. Ein Streichholz ist ein guter Platzhalter für viele Weinaromen, sagt Buechsenstein. Beim Anreißen riecht es zuerst nach Schwefel, dann nach Rauch und dann nach verkohltem Merkaptan.

In den zwei Tagen absolvieren wir ein halbes Dutzend Trainings-"Flights". Die Weißweine fühlen sich für mich einfacher an – ihre Aromen sind ausgeprägter, während sie bei den Roten miteinander kombiniert sind und sich gegenseitig verdecken. Aber langsam beginne ich, meine eigene Sprache zu finden. In dem einen Glas finde ich Vinyl, in einem anderen Bleistiftspäne. Einige der üblichen Beschreibungen – Katzenurin in einem Sauvignon, überreife Beeren in einem Zinfandel, der eichenholzige, buttrige Chardonnay – werden mir gut vertraut.

Nach sechzehn Stunden hat meine Nase genug. Mein Mund schmeckt nur noch die Tannine ungeschälter Trauben. Ich fahre fort, steige ins Flugzeug und freue mich auf die Gerüche meines Zuhauses und meiner Hunde.

Kapitel 11

Erschnuppert

Eines Januartages nahm ich nur einen meiner Hunde mit nach draußen. Finnegan. Er ist der Nasenhund von den beiden, der Schnüffler, der seine Nase tief in Taschen und Postpakete gräbt. Finn war begeistert über diesen seltenen Ein-Hund-Ausflug. Er tänzelte positiv zum Auto herüber und sprang hinein. Als wir beim Verlassen der Stadt in den Feierabendverkehr eintauchten, wurde seine Stimmung trübe. Ich hatte keine Möglichkeit, ihm zu erklären, wo wir hinfuhren – und das dies sein Lieblingsplatz auf der ganzen Welt werden würde.

Die Trüffelhunde, Diagnosehunde, Exkremente-Spürhunde und andere Arbeitshunde dienen als Beispiele für die Nasenleistung eines trainierten Hundes. Was aber ist mit der Nase des Hundes, der gerade zu Ihren Füßen liegt – die des geliebten, gut genährten und viel bekuschelten Familienhundes? Klar, Finnegan kann auf unseren Spaziergängen einen heruntergefallenen Brötchenkrümel finden und unterscheidet blitzschnell zwischen Menschen, die jemals schon Hundeleckerchen in ihren Hosen- und Jackentaschen hatten, und solchen, bei denen das noch nie der Fall war. Aber ich fragte mich, wie er sich schlagen würde, wenn seine Nase einer echten Prüfung unterzogen würde.

Wir machten uns in meinem Labor daran, einen solchen Test für Hunde zu entwickeln. Wir begannen mit einem einfachen: einem Mengentest. Wie jeder Hundebesitzer weiß (und die Forschung bestätigt hat), haben Hunde keine Schwierigkeiten damit, ein Stückchen Wurst von fünf Stückchen Wurst zu unterscheiden: Wenn man ihnen die Wahl zwischen zwei solchen Tellern lässt, fressen Sie die fünf Stückchen. Nur äußerst selten wird ein Hund zu dem Teller mit dem einen Wurststück gehen und dabei zufrieden wedeln. Hunde haben einen guten Sehsinn, aber sicherlich wird jedes Lebewesen mit einer so guten Nase wie der ihren in der Lage sein, genauso gut oder besser abzuschneiden, wenn die Teller abgedeckt sind und sie sich nur auf ihren Geruchssinn verlassen können, um den Inhalt zu unterscheiden.

Vierundsechzig hungrige Hunde und ihre Menschen hatten sich zu einem Schnüffelnachmittag mit Würstchenessen bereit erklärt. Jeder Hund zeigte großes Interesse an den (abgedeckten) Würstchentellern, die ihnen die Versuchsleiterin zur Untersuchung hinhielt. Dann stellte sie die Teller hin und der Hund konnte frei wählen, zu welchem Teller er hinging. Allein auf den Geruch angewiesen, taten die Hunde etwas, das ich nicht erwartet hatte: sie wählten zufällig. Obwohl sie zuvor an dem Teller mit den fünf Stückchen mehr geschnüffelt hatten, setzten sie jetzt nicht ihre Nase ein, um diesen Teller wiederzufinden.

Hunde verlieren ihre Nase. Weitere Studien haben das merkwürdige und verstörende Ergebnis bestätigt, dass Familienhunde nicht nur in der Riechfähigkeit an sich nachlassen, sondern auch vergessen, wie man Schnüffler ist. In der menschendefinierten, visuellen Welt scheint es sich für sie nicht auszuzahlen, auf all die Gerüche im und ums Haus zu achten und sich anhand des Geruchssinns in der Welt zurechtzufinden. Üblicherweise bekommt der typische Familienhund ein oder zwei Mal einen Napf Futter, egal, ob er es erschnüffelt hat oder nicht. Möglicherweise wird er auf Spaziergängen von seinem Besitzer daran gehindert, am Gehsteig, am Laternenpfahl oder gar den Hinterteilen anderer Hunde zu schnüffeln – aus Desinteresse des Menschen, Zeitdruck oder Ekel. Wir sprechen in Worten zu unseren Hunden und machen Handgesten, aber wir geben ihnen nur selten Gerüche, an denen sie lernen und mit denen sie leben können. Das traurige Ergebnis ist, dass Familienhunde ihre Nase einschlafen lassen.

Was allerdings leicht zu ändern ist. Ich schaue Finn an, der untätig darauf wartet, dass ich ihn spazieren führe, und ich beschließe, das zu ändern.

Das Gebäude der Hundeschule von Port Chester mit seinem Trainingszentrum duckt sich fast unter eine Autobahn, an der sich Lärm und aus LKWs geworfene Abfälle sammeln. Von größerem Interesse für Finn und die anderen Hunde, die sich an der Glastür treffen, sind jedoch die lokalen Highlights: ein gut besuchter, gefrorener und geschwärzter Schneehügel, mit gelben Graffiti-Buchstaben überzogen, die kaum der Rechtschreibung mächtige Pinkler hinterlassen haben und eine Spur aus Krümeln, die einem Hundebesitzer aus der Tasche gerieselt sein mögen.

Wir gehen die hilfreich mit gelben Pfotenabdrücken markierte Treppe hinauf und treffen George Berger, unseren Trainer und den derzeitigen Vorsitzenden des Port Chester Clubs. Er begrüßt uns herzlich und ein Lächeln umspielt seine bärtigen Wangen. Er trägt eine Fleeceweste, Khaki-Hosen und Gesundheitsschuhe. Hinter ihm befindet sich ein großer, heller Raum, der bis auf ein paar Tische, Stühle und ein paar gegen drei der vier Wände gelehnte Agility-Hindernisse größtenteils leer ist. Vor der vierten Wand stehen Hundeboxen, von denen fünf besetzt sind. Die Besitzer sitzen verstreut in der Nähe, unterhalten sich und schauen gelegentlich zu ihren Schützlingen herüber.

„Das Spiel ist natürlich Nasenarbeit", beginnt Berger. „Es geht darum, das Riechen als die größte Fähigkeit des Hundes zu nutzen" – das, was die Trainerin und Autorin Turid Rugaas die „channel nose" genannt hat.

Wir sind in diesen hellen, leeren Raum gekommen, damit Finn ungestraft schnüffeln kann. Der Hundesport „Nasenarbeit" macht ein Spiel aus dem, was für Arbeitshunde ihr Job ist: ihre Nase zu benutzen, um irgendetwas Verstecktes zu finden. Der Hund muss improvisieren, Probleme lösen, sich korrigieren und umorientieren. Finn wurde es bis jetzt immer genehmigt, seine Nase zu benutzen – wir haben lange Stunden an Baumstämmen und Hausecken verbracht und jeder Quadratzentimeter meines Gesichts wurde von seiner wissbegierigen Nase genau untersucht. Das ist zumindest ein Vorteil gegenüber den Hunden, die von jedem vielversprechenden Geruch weggerissen werden, den sie entdecken. Finns Nase ist also offen und bereit, aber sie ist noch nicht gestimmt. Nasenarbeit ist Abstimmung. Wenn er seine Nase benutzt, und zwar nur seine Nase allein, anstatt dem zu folgen, was er sieht oder worauf ich ihn hinweise, wird er lernen, dass er versteckte Schätze entdecken und tolle Belohnungen bekommen kann (sprich: üppige Mengen an Lachs oder Käse).

Berger instruiert die anwesenden Hundebesitzer in den Mantras dessen, was sich zwar Nasenarbeit nennt, aber ganz klar Nasenspiel ist. Als erstes: Der Hund führt. Während man von Familienhunden typischerweise erwartet, dass sie sich an ihren Haltern orientieren und diese fragen, was sie tun (oder nicht tun) sollen, wird hier von den Haltern erwartet, den Hunden zu folgen. „Ich möchte, dass die Hunde lernen, dass alles, was ich oder Sie tun, Quatsch ist", sagt Berger. Sämtliche Augenbrauen gehen nach oben. Aber, Ihr lieben Augenbrauen: Um Nasenarbeit leisten zu können, muss der Hund selbst herausfinden, wo die versteckten Dinge sind.

Zweitens muss der Hund motiviert sein. Anfangs bedeutet das, dass der Hund einen Happen von dem Futter findet, das er mehr als alles andere mag – für das er alles fallen lässt, was er gerade im Maul hat und auf das er sich draufstürzt. Später kann die Belohnung auch ein Lieblingsspielzeug sein, das er immer gerne haben möchte, oder ein Zerrspiel, wie es die Spürhunde machen. Aber in jedem Fall muss der Hund wissen, dass etwas unglaublich Tolles geschieht, wenn er seine Nase benutzt.

Drittens muss der Hund im Training den Suchgegenstand jedes Mal finden. Bis die Hunde in dem Spiel erfahren sind, müssen die Halter ihnen helfen, Erfolg zu haben und Situationen schaffen, in denen sie den Suchgegenstand allein finden können – sonst lernen sie, dass sie ab und zu auch aufgeben und ihre Besitzer hilfesuchend anschauen können und ihr Futter trotzdem bekommen.

Genau das sind auch die Prinzipien des Spürhunde-Trainings: Unabhängigkeit, Motivation, Erfolg. Nasenarbeit funktioniert nach dem Vorbild des Spürhundetrainings. Für ambitionierte Besitzer gibt es sie inzwischen sogar als Hundesport mit verschiedenen Wettkampfklassen. Genau wie ein Drogenspürhund vielleicht Behälter absucht, lernen Anfängerhunde in der Nasenarbeit, verschiedene Gerüche in einer Reihe von ein paar Dutzend geschlossenen Pappkartons zu finden. Sprengstoffspürhunde überprüfen den Verkehr an Landesgrenzen oder Flughäfen, und Elite-Nasenarbeitsteams suchen auf Außenplätzen oder in und um Autos herum nach Gerüchen.

Das Spannende an diesem Sport oder daran, Spürhunden bei der Arbeit zuzusehen, ist, dass der Hund im übertragenen Sinne etwas von den Kleidern abwirft, die ihm die Domestikation angezogen hat. Wir erinnern ihn und uns selbst wieder daran, dass der Hund von einem Jäger abstammt, der zum Jagen von Natur aus motiviert und autonom ist. Die Domestikation hat aus Hunden gute Sofarutscher gemacht, aber sie auch der Möglichkeit beraubt, einige ihrer instinktiven Triebe auszuleben.

Was Nasenarbeit dem Hund *nicht* beibringt, ist, die Nase zum Riechen zu trainieren. Die Hundenase ist gut so, wie sie ist. Sie muss nur aufgeweckt werden.

In unserer kleinen Sechsergruppe in Port Chester wird unmittelbar klar, welche Hindernisse die Besitzer ihren Hunden und ihrer Fähigkeit, ihrer Nase zu folgen, in den Weg stellen. Ein Hund steht vollkommen unbeweglich da, wenn seine Besitzerin still ist und hat dabei den klaren Ausdruck von *Ich habe absolut keine Ahnung* in seinem Hängebackengesicht stehen. Ohne Anweisung seiner Besitzerin ist er nicht motiviert, überhaupt irgendetwas zu tun. In manchen Zu-

sammenhängen mag das wie ein „höflicher" Hund wirken. In diesem Zusammenhang ist es eher herzzerreißend: Der Hund hat keinerlei inneren Antrieb, kein Streben, das er verfolgen möchte, keine Ambition, sich wie ein Hund zu benehmen. Ein anderer Hund ist nicht willens, seine Besitzerin anzuführen: Er hat gelernt, angeleint sehr kooperativ bei Fuß zu gehen und auf keinen Fall voranzuziehen. Wie angewachsen und leicht amüsiert steht das Paar nun da. Ein dritter Hund wird Wochen brauchen, um zu lernen, dass es hier in Ordnung ist, auf den Tisch zu springen und sich das gut riechende Futter zu schnappen, das er gefunden hat. Dieses Essenstehlen von Tischen, Anrichten oder Arbeitsplatten wird von höflichkeitsbewussten Besitzern und deren höflichen Hunden sehr gemieden.

Und so müssen all die gut erzogenen und gehorsamen Hunde hier irgendetwas überwinden. Gehorsam ist „total unnötig" für die Nasenarbeit, meint ein Trainer. „In vielen Fällen ist Gehorsam für die Spurensuche hinderlich", sagt ein anderer. Wenn der Hund sich ständig darum kümmert, was sein Besitzer wohl gerade von ihm möchte und dies darauf reduziert ist, wann er bei Fuß gehen und wann er sich hinsetzen soll, dann hat er einen Teil seines Hundseins verloren.

Zum Glück wurde Finnegan nicht gut erzogen. Zwar ist er der zivilisiertere meiner beiden Hunde und reagiert sehr gut auf mich, aber es ist ihm bei uns erlaubt, Hund zu sein und seine Nase in unsere Taschen zu stecken: *Wo bist du gewesen und was hast du mir mitgebracht?* Das stellt sich als ungeheuer hilfreich heraus, wenn Sie möchten, dass Ihr Hund ein Stückchen Käse im Koffer eines Fremden finden soll. Falls das jemals in Ihrem Leben nötig werden sollte.

Die erste Etappe der Nasenarbeit besteht einfach darin, die Hunde mit folgender Möglichkeit vertraut zu machen: Wenn du mit deinem Mensch in einem Raum gehst, lässt er dich überall schnüffeln, wo du möchtest und du findest wahrscheinlich sehr, sehr gutes Futter. In unserer kleinen Gruppe ist das ein spannender und aufregender Sprung vorwärts. Schon nach nur ein paar Runden winseln einige der in den Boxen wartenden Hunde vor Aufregung, wann sie endlich wieder an der Reihe sind.

Im Raum verteilt stehen weiße, leichte Schachteln, umstellt von einem beweglichen Trenngitter. „Sie sehen aus, als ob man sie leicht kaputtmachen könnte"; sorgt sich die Besitzern eines extrem energiegeladenen Pitbull-Mischlings. Für Finns erste Runde nimmt Berger ein paar Leckerchen von mir, legt sie offensichtlich in eine Schachtel, rappelt noch einmal mit dieser und stellt sie dann wieder auf den Boden zurück. Finn läuft direkt zur Schachtel hin. Für diese „Entdeckung" soll ich ihn reichlich mit weiteren Leckerchen belohnen. Das scheint zwar etwas übertrieben, aber die dahintersteckende Idee ist, dass Finn irgendwann losläuft und alleine die Suchgegenstände findet – während ich möchte, dass er *dort* bleibt (und die Leckerchen frisst), bis ich zu ihm aufschließen kann.

Alle anderen Hunde waren inzwischen an der Reihe und nun ist Finn wieder dran. Diesmal ist der Suchgegenstand ein bisschen raffinierter versteckt. Finn läuft los, als ich ihn mit „Such!" losschicke, findet ihn aber nicht sofort. Stattdessen sucht er den Fußboden nach Krümelchen ab, die von den Hunden der vorhergehenden Stunde zurückgelassen wurden. „Das Gute dabei ist, dass er weiter sucht", dreht Berger es hin. Ich weiß zwar nicht, ob ich das unbedingt als Suchen bezeichnen würde, aber ich warte, bis Finn fertig ist. Nach sehr ausführlicher Bodenreinigung kommt Finn zum Suchgegenstand. Wir applaudieren, als ob er gerade den Mond entdeckt hätte.

Über das nächste halbe Dutzend Runden setzt Finn seine Feuchtsaug-Methode fort, aber es wird immer weniger. Sein Gang verändert sich: er schlendert nicht mehr lässig umher, sondern stürzt auf die Schachteln los. Gegen Ende der Stunde steht Finn in seiner Box auf, wenn er darauf wartet, bis er an der Reihe ist und schaut den anderen Hunden bei ihren Versuchen zu. Auf dem Heimweg klappt er sich im Auto den Sitz herunter, rollt sich zusammen und schläft sofort ein.

Eine Woche später leine ich Finnegan zur vereinbarten Uhrzeit an und wir gehen zum Auto, um uns auf den langen Weg zu unserer Hundeschulstunde zu machen. „Wir fahren zur Nasenarbeit!" schlage ich vor – woraufhin Finn, offensichtlich von großem Enthusiasmus getrieben, die Straße entlangzuziehen beginnt. Ich weiß, dass das anatomisch unmöglich ist, aber seine Augen scheinen sich auf Tellergröße zu weiten. Er hat die Ohren flach an seinen Kopf zurückgelegt, als ob er seinen Körper in Stromlinienform bringen wollte, um *schneller jetzt dahin*! zu kommen.

Diese Woche gibt es in der Stunde einen neuen Dreh: Der von den Trenngittern definierte Suchraum, unsere Nasenarbeits-Arena, ist größer geworden. Überhaupt wird es ab heute jede Woche eine leichte Veränderung des Spiels geben. Das ist Bergers Methode, um „die Welt für die Hunde zu erweitern". In einer Stunde bringt er den Hunden bei, dass „die Welt nicht immer aus Schachteln besteht" und versteckt die Suchgegenstände in Körben, Eierkartons, Eimern oder unter Tüchern. Die Hunde lernen Präpositionen: Suchgegenstände können sich in, auf oder unter etwas befinden.

An einem anderen Tag ist die Welt „verzwickt" – die auf dem Fußboden verstreuten Schachteln enthalten überraschenderweise *nie* Suchgegenstände, sondern dienen stattdessen als Ablenkung davon, wo diese sich tatsächlich befinden, nämlich an der Wand entlang oder in direkter Sichtweite. Manche liegen auch in Ecken, weil, wie Berger sagt, „Ecken typischerweise auf Hunde abschreckend wirken." Ich überlege, ob ich je einen Hund in eine Ecke laufen gesehen habe und kann kein Bild finden, das zu dieser Anfrage passt. Sicher ist es kein Bestandteil des typischen Jagdtriebs, in den Ecken nachzusehen.

An manchen Tagen birgt die Welt, der die Hunde begegnen werden, „Probleme": jetzt befinden sich die Suchgegenstände in langen Plastikschläuchen, deren Öffnungen zu klein für Hundeköpfe sind. Oder sie liegen in verschlossenen Koffern. Sie sind nahe bei den Besitzern, die bei ihren Hunden warten und stoisch nicht darauf reagieren, wenn ein Vierbeiner vorbeikommt und ein freundliches Ohrenkraulen anfragt. (Berger räumt ein: „Manche Trainer hier würden das nicht machen" – Leckerchen zwischen wartenden Besitzern verteilen – „weil sie der Meinung sind, dass Besitzer außen vor sein sollten. Ich denke aber, dass nichts außen vor sein sollte.")

Eines Tages „ist die Welt nicht nur hier", hören wir Berger unten vom Boden aus sagen. „Sie ist auch hier oben", meint er und wirft ein imaginäres Kissen in Höhe seines Kopfes. Suchgegenstände befinden sich auf Stühlen oder in Schachteln, die auf Schachteln gestapelt sind. Später werden sie auch in Pappbechern stecken, die an die Wand genagelt oder auf Fenstersimse gequetscht wurden.

Anfangs sind alle Hunde von den erhöhten Verstecken überfordert. Finn tanzt an einem vorbei und schleudert dann seinen Kopf herum, als wir gerade vorbei sind. Es dauert nur einen kurzen Moment, bis er, vom schnellen Motor seines wedelnden Schwanzes angetrieben, endlich den Suchgegenstand oben auf einem Turm aus Schachteln findet. Anschließend hat er keine Schwierigkeiten, einen Suchgegenstand auf einem Stuhl zu finden und seinen Kopf unter der Lehne durchzustecken, um mit der Nase an die Sitzfläche heranzukommen. (Nun ja, ich glaube, wir haben ihn mit einem Kleinkind im Haus schon dazu trainiert.) Schon bald ist der Moment, wenn die Hunde plötzlich einen erhöht versteckten Suchgegenstand erschnüffeln, für uns alle sichtbar. Ihre Nasenlöcher werden im Vorbeigehen schräg, bei den kurznasigeren Hunden werden die Köpfe schiefgelegt und die Körper angespannt. Ihr Gang verändert sich vom Gehen zum absichtsvollen Stolzieren.

Irgendwann wird der versteckte Geruch kein Leckerchen mehr sein, sondern ein „neutraler" Duft – einen, den Hunde nicht von Natur aus mögen oder nicht mögen. Das kann ätherisches Öl von Birke, Anis (Lakritzgeruch) oder Nelke sein. Gleichzeitig werden schrittweise auch noch andere Veränderungen hinzugefügt: Draußen suchen, in Pflanzenbewuchs, bei heißem Wetter, das Hecheln nötig und damit Riechen schwierig macht, gegen den Wind suchen.

Wir betrachten Bloodhounds, Beagles und ihresgleichen als die typischen „Nasenhunde", aber das Schöne an der Nasenarbeit ist die Bandbreite der Hunde, die sie leisten können. Schauen Sie einmal einem Nasenarbeits-Seminar oder einer Prüfung zu, und bestimmt ein Viertel der Hunde werden Mischlinge sein. Unter dem Rest werden sich jede Menge Chihuahuas, Schnauzer und andere unerwartete Rassen befinden. Während offizielle Stellen eher zu Labrador Retrievern, Deutschen Schäferhunden und Malinois als Dienst-Spürhunden tendieren, befindet sich in unserem Kurs kein einziger Hund dieser Rassen. Stattdessen reicht die Bandbreite von einem zehn Kilo leichten Mischling mit langen, behaarten Ohren über einen sanften, langhaarigen Retriever bis zu einem muskulösen Pitbull-Mix, der die zwanzig Kilo mit Sicherheit überschreitet. Und doch begreift jeder Hund das Spiel, wobei ihre Arbeitsstile so unterschiedlich sind wie ihr Aussehen. Ein Border Collie zieht gewohnheitsmäßig gegen den Uhrzeigersinn zu einer gemessenen Runde durch den Raum los. Der langohrige Hund ist bei all dem Eifer sehr zurückhaltend und wechselt vorsichtiges Schnuppern mit suchenden Blicken an seinen Besitzer ab. Der Pitbull-Mix definiert die Antithese dazu und stürzt sich ohne große Besitzerkonsultation ins Spiel. Während einige Hunde mutig ihre Nasen in eine Kiste oder Tasche stecken, löst er die Aufgabe, indem er darauf tritt, sie ins Maul nimmt oder aus dem Weg schiebt. Eines Tages beendet er seine Suche doch tatsächlich mit einem Kegel oben auf dem Kopf, was gut zu seinem „Kopf-durch-die-Wand"-Stil passt.

Meiner zugegeben subjektiven Einschätzung nach entwickelt sich Finn zum Meisterschnüffler. Zu jeder neuen Runde zieht er begeistert fröhlichen Schrittes los. Er läuft erst außen am Rand entlang und arbeitet sich dann nach innen vor, wobei er seine Nase in alle Winkel und Spalten steckt. Er schnüffelt laut und charmant. Ich lerne zu sehen, wann Finn mir sagt, dass er etwas gefunden zu haben glaubt – die leichte Veränderung in seinem Verhalten, die seine „Anzeige" darstellt. Seine Nase verweilt nur ein klein wenig länger, er kratzt am Boden oder in die Luft und deutet eher ein Graben an, als dass er tatsächlich gräbt. Seine Suche ist ausführlich und erschöpfend, er gibt die Jagd nach diesem kleinen Stückchen Lachs oder dieser kleinen Brise Birkenduft, die da irgendwo sein muss, niemals auf.

Für uns Menschennasen grenzt das alles an ein unbegreifliches Wunder. Auf einer Runde durch den Ring mit Finn versuche ich selbst, den Suchgegenstand zu erschnüffeln. Es handelt sich um Birke, und bevor Berger den Geruch versteckt, halte ich das Fläschchen an meine Nase und rieche eine scharfe Minznote, die sich dann in einen Eukalyptusakkord auflöst. Ich sehe zu, wo Berger den Geruch versteckt – zwischen ein paar an die Wand gelehnten Klappstühlen – und bin deshalb meiner Meinung nach im Vorteil. Als Finn und ich uns den Stühlen nähern, halte ich meine Nase in die Richtung und atme ein. Finn, der vor mir ist, hat seine Nase auf dem Boden und hinterlässt eine feuchte Schleimspur auf den Teppichmatten. Er ist am Versteck vorbeigelaufen. Ich schnuppere nochmal. Während ich meine Nase ineffektiv mit

Hunde-Sporthallenduft spüle, ist Finn stehengeblieben und hält den Kopf erhoben. Er riecht an der Wand, gegen die die Stühle gelehnt sind und zeichnet dann eine Linie mit seiner Nase darüber, hinunter und wieder hinauf...genau bis zum Versteck. Bevor ich auch nur eine kleine Brise erhaschen kann, hat er seine Belohnung hinuntergeschlungen.

Nach vielen Wochen Nasenarbeit ist klar geworden, dass die Anleitung nicht nur oder noch nicht einmal in erster Linie für die Hunde da ist. Sondern für uns. Klar, die Hunde müssen das Spiel lernen. Aber sie begreifen es sofort und arbeiten sich konsequent jede weitere Schwierigkeitsstufe hinauf. Es sind die Besitzer, die Training brauchen – und sei es nur dazu, um zu verstehen, wie gut ihre Hunde sind. Sie begreifen es nämlich sonst nicht. Zu diesem Zeitpunkt, wenn jeder Hund im Kurs bereits mehrfach bewiesen hat, dass er allerbestens in der Lage ist, ein winziges Stückchen Lachs in einer verschlossenen Schachtel in einer Raumecke zu finden, sagen die Besitzer nach ihrem Durchgang immer noch Dinge wie *Meinen Sie, dass er wirklich seine Nase benutzt hat?* Oder *Ich glaube, er hat es nur rein zufällig gefunden.* Eines Tages weist Berger uns an, dass jeder den Hund eines anderen in die Suche führen soll. Nach ein paar amüsierten Blicken von Seiten der Hunde macht sich jeder von ihnen mit Eifer an die Aufgabe. Und wir alle bekommen zu sehen, was unsere Hunde eigentlich wirklich tun – ohne dass wir ihnen mit unserer Wahrnehmung der Dinge in die Quere kommen.

In einem späteren Kurs liefert ein blinder gelber Labrador bei jeder seiner Suchen den ultimativen Beweis: Er kann keine visuellen Orientierungspunkte sehen und arbeitet wirklich nur über Luftwitterung. Oft scheint er ein Hindernis zu spüren, bevor er dagegen stößt: er riecht es vor sich stehen. Und er findet die Suchgegenstände immer.

Es fällt uns nicht nur schwer, zu sehen, was die Hunde tun, sondern auch, unsere Rolle zu spielen. Und die besteht größtenteils darin, dem Hund nicht im Weg zu stehen und ihm stattdessen zu folgen, ihm Platz zum Suchen zu machen und nur dann einzuschreiten, wenn wir ihn für das Finden des Suchgegenstandes belohnen. Was uns intuitiv nicht gerade leichtfällt. Selbst gegen Ende des Kurses muss Berger uns immer noch darauf hinweisen, dass wir unsere Hunde *wirklich loben* sollen, wenn sie Erfolg hatten – mit Worten, mehr Futter und mit Berührungen. „Geben Sie alles", sagt er. „Es ist eine große Sache, dass Ihr Hund das gefunden hat." „Die Qualität Ihrer Bezahlung", sagt die norwegische Trainerin Anne Lill Kvam, „steht in direkter Beziehung zu der Qualität Ihrer Ergebnisse. Wenn Sie den Hund mit winzigen Futterstückchen belohnen, sagen Sie ihm damit *okay – es ist nicht schlecht, was Du gemacht hast.* Aber wenn Sie ihm große geben, heißt das *Du hast es – das war richtig toll!*"

Noch schlimmer ist, dass wir mogeln. Selbst in diesem Spiel, in dem es nicht ums Gewinnen geht, beschummeln wir uns unabsichtlich selbst. Wenn ich sehe, wo Berger das Leckerchen versteckt hat, kann es sein, dass ich meinen Hund unbewusst geradewegs dorthin führe. In unserem Kurs erleben wir genau das Dutzende Male, wenn wir uns gegenseitig beobachten. Das Führen geschieht dabei eher subtil als bewusst kalkuliert: Wenn zum Beispiel ein Hund in einer Raumecke herumbummelt, kann es sein, dass der Besitzer seine Körperachse so ausrichtet, dass sie genau dorthin zeigt. Was für den Hund so ist, als würden wir in ein Megafon rufen: *GEH DA RÜBER! ES IST DA DRÜBEN!!!* Oder die Besitzerin trödelt, wenn der Hund in einen Bereich läuft, in dem sich nichts befindet, was zu stärkerer Spannung auf der Leine führt (und dem Hund *STOP!* zuschreit). Wenn der Besitzer dagegen weitergeht, während der Hund langsamer wird, nimmt der Hund das als Hinweis, dass er besser weiterlaufen soll. Selbst das Detail, auf welche Körperseite des Hundes der Besitzer die Leine fallen lässt, kann beeinflussen, wohin der Hund als Nächstes geht. Und die Anspannung des Besitzers, wenn der Hund unschuldig an einem Versteck vorbeiläuft, wird über die Leine hinab zum Hund übertragen. Der Job eines Spürhundeführers ist es, auf seinen Hund zu reagieren, nicht, ihn zu führen, und auch hier wird von den Besitzern verlangt, ihren Hunden zu folgen anstatt sie zu steuern.

Es ist schwer, ganz und gar neutral zu sein. Selbst wenn ich mein kältestes Pokerface aufsetze, Finn zu folgen versuche, egal, wohin er geht und ihm keine Hinweise auf die „richtige" Richtung gebe, ertappe ich mich immer noch dabei, wie meine Gedanken zum Versteck wandern und frage mich, wie mein Körper dem folgt.

Das Heilmittel für unsere unbewusste Täuschung ist zum Glück simpel: Blindsuchen, bei denen weder Hund noch Halter wissen, wo das Leckerchen versteckt wurde. Als wir uns erst einmal bis zu den Blindsuchen hochgearbeitet hatten, überzeugten die Leistungen der Hunde selbst die skeptischsten Besitzer. Wenn man in die Sucharena geht, muss man versuchen, den Hund wirklich zu beobachten, ihm zu folgen und ihm zu vertrauen, egal, wo er hingeht, denn er hat einen guten Grund dafür.

Damit habe ich die einzige Gelegenheit in meinem Leben gefunden, in der Nichtwissen mir richtig Freude macht. Ich liebe es, das Versteck nicht zu kennen und es ist eine großartige Entdeckung, dass mein Hund der Informant für mich ist. Bei unseren Spaziergängen in der Stadt oder auf dem Land beginne ich, Finns Schnüffeln als ein Geschichtenerzählen von ihm an mich darüber zu betrachten, was alles auf diesem Weg passiert ist, bevor wir hier vorbeigekommen sind. Eine Reihe Spuren auf der Erde zeigt an, wo ein Schwarm Truthühner entlanggegangen und dann aufgeflogen ist; in einer kleinen Bodendelle liegen bei näherem Hinsehen Haare, vielleicht pflegt hier ein Kojote seine Beute zu fressen. In der Stadt weiß ich, ob unser Nachbar und sein Hund schon draußen waren, wenn ich Finns Untersuchung der Luft rund um unsere Veranda beobachte, an der die beiden auf dem Weg zum Park vorbeimüssen.

Nach ein paar Monaten haben sich alle Hunde verändert. Einer, der als Beller kam und sich reaktiv gegen alle anderen zeigte, ignoriert die anderen nun größtenteils, während er nach einem daumennagelgroßen Stückchen Huhn sucht. Andere haben gelernt, ihre Besitzer anzuschauen, um den Menschen etwas zu *sagen*, nicht nur, um sie zu fragen oder Anweisungen zu bekommen. Oder sie vergewissern sich, ob es in Ordnung ist, wenn sie ihre Nase auf einen Tisch legen oder sich beim Hochspringen mit den Vorderpfoten an der Wand abstützen. Eine andere Hündin, ein Colliemischling, ist der reinste Kartograph. Sie läuft den ganzen Raum ab und untersucht zunächst jeden Quadratmeter darin ganz genau. Wenn sie mit ihrer Bestandsaufnahme fertig ist, läuft sie auf direktem Weg zu der Geruchsstelle zurück. Alle Hunde beginnen in Vorbereitung auf die Suche ihre Nasen zu lecken, um den Geruch besser aus der Luft filtern zu können. Finns Nase ist fast periskopisch geworden – sie untersucht die Luft oberhalb der unruhigen Oberfläche des Geruchsmeeres und sichtet den Suchgegenstand am Horizont. Ich lerne schnell, dass ich nicht einmal mehr das kleinste Hundeleckerchen auf einem Fensterbrett verstecken und erwarten kann, dass Finn es nicht findet. Er wird langsamer, wenn er vorbeigeht, prüft die Luft, prustet, dreht sich dann auf der Stelle um und nimmt große Geruchsschlucke direkt an der Duftquelle. Ich bin – möglicherweise übertrieben – stolz auf ihn.

Meine eigene Sicht der Dinge hat sich verändert: Durch die Hunde habe ich zu sehen begonnen, wie sich die Luft in einem ganz gewöhnlichen Raum bewegt. „Geruchskorridore" entlang der Wände – unsichtbare Lufttunnels, die Gerüche schnell transportieren – leiten schnuppernde Hunde auch aus größerer Entfernung zum Suchgegenstand. Deckenventilatoren drücken die Luft nach unten und zu den Seiten und schaffen so kleine Strudel in der Raummitte. Heizleisten an der Fußbodenleiste drücken den Geruch zusammen mit der warmen Luft die Wand hinauf. Unter der Tür ziehen Luftströme herein und bringen Gerüche von draußen mit in den Raum.

Zuhause machen wir Nasenspiele im Wohnzimmer und Upton, der dabei zuschaut, lernt schnell, worum es geht. Ihre Suchstile sind unterschiedlich – Finn ist ein gewissenhafter Sucher, der die häuslichen Orientierungspunkte wie Sofa, Schaukelstuhl, Schränke und Buchregale genauestens untersucht. Upton wandert einfach nur mit der Nase in der Luft umher und scheint die aufsteigenden Gerüche einzufangen – aber beide finden ihr Ziel.

Ich probiere weitere Nasenspiele mit Finn aus und lasse ihn zum Beispiel etwas suchen, das ich auf dem Spaziergang fallengelassen habe: Zuerst einen von ihm hochgeschätzten orangefarbenen Ball, dann einen Handschuh, der stark nach Hundeleckerchen riecht, dann meinen Schlüsselbund. Eines Tages findet er meinen Terminkalender und erschnüffelt ihn mit hochzufriedenem Gesichtsausdruck. Ich starre ihn bewundernd an – nicht nur, dass er ihn finden konnte, sondern dass er wusste, wonach er suchen sollte. *Wie viel mehr Du wohl noch weißt, mein Freund?*

Kapitel 12

Der Geruch der Welt

Der Vorgang etwas, irgendetwas, zu riechen, gleicht bemerkenswert dem Akt des Denkens selbst.

-Lewis Thomas, Nachtgedanken beim Hören von Mahlers Neunter Symphonie

Das Schöne daran, dass ich die letzten Jahre mit dem Nachdenken über Geruch verbracht habe, ist, dass meine Welt eine andere Farbe bekommen hat. Sie duftet. Gut, sie hat schon immer geduftet, so wie das zwischen den Rot- und Grüntönen unserer Farbpalette umherschwirrende Licht die von uns unbemerkten Ultraviolett- und Infrarotstrahlen sind, auf die Honigbienen und Schlangen ansprechen. Aber ich hatte mir zuvor nie die Mühe gemacht, meinen Geist für die Gerüche zu öffnen.

Was dabei *nicht* geschehen ist, ist, dass ich zur Riechexpertin geworden bin. Ich bin auch nicht dauerhaft von proustianischen Erfahrungen erfüllt und puste nicht mit jedem Einatmen flüchtige Erinnerungs-Seifenblasen auf. Ich habe über vierzig Jahre lang damit gelebt, nicht sonderlich auf den Geruch der Welt zu achten und habe deshalb jetzt auch nur eine Handvoll Erinnerungen, die ich wiedererwecken könnte. Aber heute rieche ich überall. Ich halte meine Nase furchtlos und interessiert an alle möglichen Dinge. Ich rieche die ranzige Note bitterer Kaffeebohnen, die man in Eiscreme eingerührt hat. Der lehmige Geruch des Parks nach dem Regen.*

Ich rieche, wenn die vorherige Nutzerin des Aufzugs in unserem Wohnhaus auf ihrem Heimweg ein neues Hochglanzmagazin aufgeblättert hat. Auf einer Busfahrt rieche ich, dass jemand das plötzliche Bedürfnis hatte, sich seine Hände mit einem Erfrischungstuch zu reinigen.

Eine sommerliche Autofahrt ist unvollständig ohne die Duftnoten von Benzin, gemähtem Gras, Heckenkirschen, erwärmtem Vinyl, Sonnenmilch, der Atemluft überhitzter Hunde und nassen Sandalen, das

* *Geosmin, der typische Bodengeruch: „Ein Stoffwechsel-Beiprodukt von Bakterien und blaugrünen Algen."*

Ganze von der Luft aus offenen Fenstern durcheinandergewirbelt oder von den Fußmatten aus aufsteigend.

Bei meinem letzten Besuch in Colorado, dem Zuhause meiner Kindheit, in das ich fuhr, um nach dem Tod meines Vaters das Haus zu räumen, konnte ich ein aufziehendes Gewitter riechen. Der wasserhaltige, frische Duft der Seeluft kommt, wie ich nun weiß, von dem Ozon, dass mit kräftigen Winden aus größeren Höhen heruntergedrückt wurde.*

Es ist auch der Geruch der Stadt, wenn ich nach dem Sport aus dem Schwimmbad herauskomme, die Rezeptoren aufhören, *Chlor!* zu melden und ich die übrige Welt riechen kann.

Ich rieche Gin an dem Mann, der neben mir auf 10C sitzt.

Ich rieche die bitteren, frisch umgedrehten Haufen aus Sägespänen und Rindenmulch am anderen Ende des Parks.

Ich sehe zwei Menschen mit einem Hund und rieche eine Sekunde später den Hundekot, der gerade in einem Mülleimer entsorgt worden sein muss.

Ich rieche das Mal- und Bastelzimmer im Kindergarten, bevor ich es sehe.

Ich rieche an jedem Buch, das ich aufschlage.

Ich rieche die desinfizierende Salbe mit Nelkenöl, die *Zahnarztpraxis* schreit.

Wenn ich von einer Reise nach Hause komme, rieche ich unsere Wohnung so wie jemand Fremder, der nicht darin lebt. Ich verstehe, dass es nicht schwer zu bemerken ist, dass auch Hunde darin leben.

Ich rieche, wann eine Bürotür zuletzt geöffnet wurde.

Meine Nase fängt Frühlingsgerüche ein: die unvollständigen und schroffen Gerüche des Herbstes, die im Winter eingefroren wurden und nun im Frühjahr endlich aus ihrer Überwinterung entlassen werden.

Eines Sommertages rieche ich retronasal einen guten Pfirsich – schlürfend saftig – und orthonasal gereinigten Gehsteig, eine faulige Abwasserbrühe, eine essigartige Schärfe.

Ich rieche Blauschimmelkäse in einem Gebäude; Filzstift auf der Straße; Gurke an der Ostseite des Parks; ziehenden Tee auf der Westseite.

* *Diese „Frische" verführte zu der früheren, irrigen Annahme, dass Ozon gesund sei.*

Ich rieche meine Freunde (tut mir leid, Freunde, ich habe an Euch gerochen). Jede Person in meiner Welt hat ein „Geruchsgesicht", wie mein großer Kollege Dr. Oliver Sacks es einmal beschrieben hat. Es ist weder toll noch schrecklich, es sieht einfach nach ihnen aus.

Ich rieche die nasse Wolle an meinen Fingern, wenn ich nach einem Schlechtwettertag im Winter von draußen reinkomme; Kaffee an meinen Fingern, wenn ich einen Mitnehmbecher angefasst habe.

Wenn ich wach werde, nehme ich mir einen Moment Zeit zu riechen, ob mein Sohn oder Mann – oder beide – noch im Bett sind. Wenn ich nach Hause komme, rieche ich, wer schon vor mir angekommen ist.

Wenn ich aus einem Pausenschläfchen aufwache, was selten vorkommt, versuche ich die Tageszeit zu riechen.

Ich rieche verbranntes Gummi am Zug, geräucherte Mozzarella in der Bronx, warme Tannennadeln im Wald.

Vielleicht werde ich diesen Gerüchen in weiteren vierzig Jahren wiederbegegnen und mich in die Tage zurückversetzt fühlen, als ich mit einem kleinen Jungen, einem junggebliebenen Ehemann, zwei tollen Hunden und einer zugelaufenen Katze zusammenlebte und in neue Bücher als erstes mit der Nase hineintauchte.

Ich habe nun sogar schon von Gerüchen geträumt – Gerüchen von geliebten Menschen, aber auch von unbekannten, noch ungerochenen Gerüchen, die mein unbewusstes Gehirn ausgeheckt hat. Wenn ich wach bin, kann ich mir jetzt einen Geruch allein durch Vorstellung wieder ins Gedächtnis rufen und ihn mit der Nase meines Gehirns riechen. Und wenn ich über den Geruch eines Centstücks nachdenke – ich habe es jetzt herausgefunden, der vertraute Geruch ist nicht der nach Kupfer und Zink, sondern nach Kupfer und Zink, das oft von Menschen angefasst wurde. Während ich das Wort *Lavendel* schreibe (*Lavendel...Lavendel...*) kann ich den Seifengeruch der getrockneten Pflanze heraufbeschwören, die darauf wartet, in Säckchen abgepackt zu werden. Ich schaue ein Foto vom Schreibtisch meines Vaters an, und schon trifft mich sein leicht scharfer und gummiartiger Innengeruch, vermischt mit losem Pfeifentabak und Bleistiftspänen, als ob ich wirklich gerade die Schublade aufgezogen hätte.

Gerüche gehen uns voraus und bleiben, nachdem wir gegangen sind: sie verlängern unsere Anwesenheit an einem Ort. Die Hunde zu beobachten hat es mir ermöglicht, die Dimensionen meiner Wahrnehmung zu erweitern.

Was ich letztlich zu tun gelernt habe, ist, ganz einfach bewusst auf Gerüche zu achten. Das gelang mir besser, indem ich Assoziationen zu Bildern und Worten knüpfte, um mich auf einen Geruch zu konzentrieren und ihn dann in meinem Gedächtnis zu speichern. Das Bild- und Wortvokabular, das ich so sammle, räumt nicht nur den Zugang zu meiner gegenwärtigen Wahrnehmung frei, sondern ermöglicht auch, dass ich *mehr* wahrnehme, wenn ich das nächste Mal an einer Rose rieche. Auf irgendeine wichtige Art und Weise ist mir dabei aber auch klar, dass dies das Gegenteil davon ist, ein Hund zu sein. Ich ziehe Vorteil aus etwas, das wir haben und Hunde nicht – die Worte, die meine Erfahrungen beschreiben und einfach begleiten. So muss ich annehmen, dass ich nicht das Gleiche erlebe wie Finn.

Während mir Gerüche einerseits nun *öffentlicher* vorkommen – sie sind da draußen, um von einer Nase entdeckt zu werden – weiß ich andererseits die Intimität von Gerüchen nun mehr als je zuvor zu schätzen. Gerüche können über den Fluss hereingeweht werden oder von draußen durch ein offenes Fenster dringen, aber die große Mehrheit der Gerüche muss man beinahe anfassen, um sie wahrnehmen zu können. Der Geruchssinn ist ein intimer Sinn und reserviert für diejenigen Menschen und Dinge, die wir nahe an uns heranlassen. Indem ich rieche, was mein Hund tut, komme ich ihm näher.

Heute – genau wie morgen und übermorgen – werde ich mit meinen beiden Hunden aus der Tür gehen. Ich schaue ihrem eifrigen Schnüffeln zu, ihrem erkundenden Schnüffeln, ihrem kommunikativen Schnüffeln, ihrem drängenden Schnüffeln. Wenn meine Hunde ihre Nase in die Erde stecken, mache ich ein Päuschen und lasse sie gewähren. Ich spüre einen kleinen Schauer der Erregung – weil ich einerseits ein bisschen etwas davon verstehe, was da vor sich geht, und andererseits realisiere, dass ich niemals ganz verstehen werde, was vor sich geht.

Ich werde niemals so riechen, wie ein Hund es tut. Das akzeptiere ich. Es ist das Anderssein der Hunde, das ich zu schätzen weiß. Ihre Art zu riechen und ihre Nasen sind anders. Leise Destillateure einer Welt, die wir verlassen und vergessen haben.

Über die Autorin

Alexandra Horowitz ist Autorin des Nr.1-Bestsellers auf der Liste der *New York Times – Was denkt der Hund? Wie er die Welt wahrnimmt – und uns* (2009) sowie des Titels *Von der Kunst, die Welt mit anderen Augen zu sehen* (2013). Sie lehrt am Barnard College, wo sie das „Dog Cognition Lab“ zur Kognitionsforschung bei Hunden leitet. Mit ihrer Familie und zwei großen, sehr schnüffelbegabten Hunden lebt sie in New York.

Anmerkungen und Quellen

Hund-Nase-Mensch ging aus Unterhaltungen, Interviews, Unterrichtsstunden und Erlebnissen mit Menschen und Hunden einher, die mit dem Geruchssinn arbeiten oder über ihn nachdenken. Auf der Menschenseite gehören dazu Jonathan Ball, George Berger, John Buechsenstein, Noah Charney, Brent Craven, Annemarie DeAngelo, Bob Dougherty, Charley Eiseman, Stuart Firestein, Simon Gadbois, Avery Gilbert, Leta Herman, Pat Kaynaroglu, Raymond Matts, Alana McGee, KateMcLean, Cindy Otto, George Preti, Kristin Rosenbach, Leslie Vosshall und Sam Wasser.

Viele Bücher über Geruch haben mir als Referenz, Inspiration und gute Unterhaltung gedient. Ich empfehle sie alle:

Ackerman, D. (1990). *A natural history of the senses.* New York: Vintage Books.

Doty, R.L. (Hrsg.) (2003). *Handbook of olfaction and gustation.* 2. Aufl., New York: Marcel Dekker Inc.

Drobnick, J. (Hrsg.) (2006). *The smell culture reader.* Oxford: Berg.

Feigel, L. (Hrsg.) (2006). *A Nosegay: A literary journey from the fragrant to the fetid.* London: Old Street Publishing.

Gerritsen, R. und Haak, R. (2015). *K9 Scent training: A manual for training your identification, tracking and detection dog.* Canada: Brush Education.

Gilbert, A. (2008). *What the nose knows: The science of scent in everyday life.* New York: Crown Publishers.

Henshaw, V. (2013). *Urban smellscapes: Understanding and designing city smell environments.* London: Routledge.

Rezendes, P. (1999). *Tracking and the art of seeing: How to read animal tracks and sign.* New York: Harper Collins.

Rouby, C.; Schaal, B.; Dubois, D.; Gervais, R. und Holley, A. (Hrsg.) (2002). *Olfaction, taste and cognition.* Cambridge: Cambridge University Press.

Zusätzliche Quellen finden Sie unten unter den Angaben für jedes Kapitel. (Hier und da führe ich für den besonders interessierten Leser auch noch zusätzliche Anmerkungen an.)

Kapitel 2: Der Riecher

Zur Sensibilität von Hunden beim Suchen von Banane, Buttersäure und menschlichen Körpergerüchen:

Walker, D.B.; Walker, J.C.; Cavnar, P.J.; Taylor, J.L.; Pickel, D.H.; Hall, S.B. und Suarez, J.C. (2006). Naturalistic quantification od canine olfactory sensitivity. *Applied Animal Behaviour Science,* 97, 241-254.

Neuhaus, W. und Lindsay, S.R. (2000). *Handbook of applied dog behavior and training, Vol. 1: Adaptation and learning.* Ames, Iowa: Blackwell Publishing.

Sulimov, K.T.; Starovoitov, V.I.; Moiseeva, T.F.; Poletaeva, I.I. und Zinkevich, E.P. (1995). Dogs distinguish by scent quantitatively different mixtures of three higher fatty acids. *Sensory Systems,* 9, 99-102.

beim Verfolgen von Fährten:

Sommerville, B. und Green, M. (1989). The sniffing detective. *New Scientist,* 122, 54-57.

Discovery Channel Show

MythBusters: "Dog Myths". Ausgestrahlt am 14. März 2007.

Fünf Fußabdrücke

Hepper, P.G. und Wells, D.L. (2005). How many footsteps do dogs need to determine the direction of an odour trail? *Chemical Senses,* 30, 291-298.

Gegenüberstellungen mit Geruchsidentifikation

Schoon, G.A.A. (1996). Scent identification lineups by dogs *(Canis familiaris)*: Experimental design and forensic application. *Applied Animal Behaviour Science,* 49, 257-267.

"Geruchsunterschrift" der Analbeutel

Bradshaw, J. (2011). *Dog Sense: How the new science of dog behavior can make you a better friend to your pet.* New York: Basic Books. (dt.: Bradshaw, J. (2012). *Hundeverstand.* Nerdlen: Kynos Verlag)

Studien zu den Analbeuteln

Preti, G.; Muetterties, E.L.; Furman, J.M.; Kennelly, J.J. und Johns, E.B. (1976). Volatile constituents of dog *(Canis familiaris)* and coyote *(Canis latrans)* anals sacs. *Journal of Chemical Ecology,* 2, 177-186.

Doty, R. und Dunbar, I. (1974). Attraction of beagles to conspecific urine, vaginal and anal sac secretion odors. *Physiology & Behavior,* 12, 825-833.

Fuchsgeruch:

Doty 2003.

Weibchen beschnüffeln zuerst den Kot: Bradshaw 2011.

Apokrine Drüsen an den Pfotenballen:

Hepper, P. und Wells, D. (2015). Olfaction in the Order Carnivora: Family Canidae, in Doty, R.L. (Hrsg.) *Handbook of olfaction and gustation.* 3. Aufl. (S. 591-603), Hoboken, NJ: Wiley-Blackwel.

Harnmarkieren anderer Tiere:

Schneeschuhhasen:
Rezendes; Liebenberg, L. (1999). *A field guide to the animal tracks of Southern Africa.* South Africa: David Philip Publishers.

Nashorn und Flusspferd:
Watson, L. (2000). *Jacobson's organ and the remarkable nature of smell.* New York: W.W. Norton & Company.

Waldhund:
Porton, I. (1983). Bush dog urine-marking: Its role in pair formation and maintenance. *Animal Behaviour* , 31, 1061-1069.

Gegenmarkierungen bei Mäusen:

Rich, T.J. und Hurst, J.L. (1999). The competing countermarks hypothesis: Reliable assessment of competitive ability by potential mates. *Animal Behaviour*, 58, 1027-1037.
Ferkin, M.H. und Pierce, A.A. (2007). Perspectives on over-marking: Is it good to be on top? *Journal of Ethology*, 25, 107-116.

Dauer des Urinierens:

Yang, P.J.; Pham, J.C.; Choo, J. und Hu, D.L. (2014). Duration of urination does not change with body size. *Proceedings of the National Academy of Sciences*, 111, 11932-11937.

Markierverhalten des Haushundes:

Berthoud, D. (2010). *Communication through scents: Environmental factors affecting the urine marking behaviour of the domestic dog,* Canis familiaris, *kept as a pet.* Dissertation, Anglia Ruskin University.

Lisberg, A.E. und Snowdon, C.T. (2001). Effects of sex, social status and gonadectomy on countermarking by domestic dogs, *Canis familiaris. Animal Behaviour*, 81, 757-764.

Wälzen in Gerüchen:

Gosling, L.M. und McKay, H.V. (1990). Scent-rubbing and status signaling by mammals. *Chemoecology,* 1, 92-95.

Koler-Matznick, J.; Lehr Brisbin, I. jr. und Feinstein, M. (2005). *An ethogram for the New Guinea Singing (Wild) Dog (Canis hallstromi).* The New Guinea Singing Dog Conservation Society, U.S.A.

Drea, C.M.; Vigniery, S.N.; Cunningham, S.B. und Glickam, S.E. (2002). Responses to olfactory stimuli in spotted hyenas (*Crocuta crocuta*): Investigation of environmental odors and the function of rolling. *Journal of Comparative Psychology*, 116, 331-341.

McCormick, J. (1993). In praise of stinks. *The Lancet,* 341, 1126-1127.
Ryon, J.; Fentress, J.C.; Harrington, F.H. und Bragdon, S. (1986). Scent rubbing in wolves (*Canis lupus*): the effect of novelty. *Canadian Journal of Zoology,* 64, 573-577.

Heimkehrende Soldaten:

Siehe z.B. www.youtube.com/watch?v=eZ6oS5dUT30

Spiegel-Markierungstest:

Gallup, G.G. (1970). Chimpanzees: Self-recognition. *Science,* 167, 86-87; Plotnik, J.M.; de Waal, F.B.M. und Reiss, D. (2006). Self-recognition in an Asian elephant. *Proceedings of the National Academy of Sciences*, 103, 17053-17057; Reiss, D. und Marino, L. (2001). Mirror self-recognition in the bottlenose dolphin: A case of cognitive convergence. *Proceedings of the National Academy of Sciences,* 98, 5937-5942.

Studie zu Hunde-Urin im Schnee:

Bekoff, M. (2001). Observations of scent-marking and discriminating self from others by a domestic dog (*Canis familiaris*): Tales of displaced yellow snow. *Behavioural Processes*, 55, 75-79.

Gerüche im Wind:

Hull, J.M. (1990). *Touching the rock: An experience of blindness.* New York: Vintage Books.

Geruch aufziehenden Gewitters:

Ackerman 1990. Aus Ackermans Beobachtungen zum Verhalten von Kühen vor einem Gewitter.

Kapitel 3: Die Nase im Wind

Riechen mit rechtem und linkem Nasenloch:

Siniscalchi, M.; Sasso, R.; Pepe, A.M.; Dimatteo, S.; Vallortigara, G. und Quaranta, A. (2011). Sniffing with the right nostril: Lateralization of response to odour stimuli of dogs. *Animal Behaviour*, 82, 399-404.

Selbstversuche:

Fiks, A.P. (2003). *Self-experimenters: Sources for study*. Westport, CT: Praeger.

Webers Versuche:

Mainland, J. und Sobel, N. (2006). The sniff is part of the olfactory percept. *Chemical Senses*, 31, 181-196.

Schnüffeln der Neuguinea-Dingos:

Koler-Matznick et al. (2005).

Luftströme beim Hundeschnuppern:

Settles, G.S.: Kester, A. und Dodson-Dreibelbis, L.J. (2003). The external aerodynamics of canine olfaction, in Barth, F.G.; Humphrey, J.A.C. und Secomb, T.W. (Hrsg.). *Sensors and sensing in biology and engineering*. New York: Springer Wein.

Sir Satan:

Steen, J.B.; Mohus, I.; Kvesetberg, T. und Walloe, L. (1996). Olfaction in bird dogs during hunting. *Acta Physiologica Scandinavica*, 157, 115-119.

Größe des Riechepithels:

Gerritsen und Haak 2015.

Anzahl der unterscheidbaren Gerüche:

Firestein, S. (2001). How the olfactory system makes sense of scents. *Nature*, 413, 211-218.

Schloss-und-Schlüssel-Theorie der Rezeptoren:

Diese Theorie ist nicht ohne Gegner. Modelle aus dem 19. Jahrhundert gingen davon aus, dass Geruchswahrnehmungen aus „Geruchswellen" resultierten, ähnlich, wie das beim Hören und Sehen der Fall ist. Im 20. Jahrhundert entwickelte Luca Turin dieses Modell weiter und vertrat eine Vibrationstheorie der Geruchsrezeption (siehe Block et al., „Implausibility of the vibrational theory of olfaction," in *Proceedings of the National Academy of Sciences* 112 (2014), e2766-e2774). Zur neuesten Antwort auf diese Theorie siehe Vosshall, L.B. (2015). Laying a controversial smell theory to rest. *Proceedings of the National Academy of Sciences,* 112, 6525-6526.

"Schlüssel in einer Tasche"-Theorie

Shepherd, G.M. (2012). *Neurogastronomy: How the brain creates flavor and why it matters.* New York: Columbia University Press.

Zum Hundegenom in Bezug auf Geruchsrezeptorgene:

Lindblad-Toh, K., Wade, C.M. und Mikkelsen, T.S. (2005). „Genome sequence, comparative analysis and haplotype structure of the domestic dog. *Nature,* 438, 803-819.

Ostrander, E. (2007). Genetics and the shape of dogs. *American Scientist,* 95, 406-43.

Genetische Unterschiede in der Leistung bei Geruchstests:

Hepper und Wells 2015.

„Das Gehirn riecht, die Nase ist nur die Zuleitung"

Siehe Totelin, L. (2015). Smell as sign and cure in ancient medicine. In: Bradley, M. (Hrsg.) *Smell and the ancient senses.* New York: Routledge, 17-29.

Nase als Ventilator des Gehirns

Nach den Worten von David Chudnovsky in Preston, R. The Mountains of Pi, in: *The New Yorker*, 02. März 1992.

Zu den Forschungsarbeiten von Cajal:

Figueres-Onate, M. ; Guitierrez, Y. und Lopez-Mascaraque, L. (2014). Unraveling Cajal's view of the olfactory system. *Frontiers in Neuroanatomy,* 8, 55.

Größe des Riechkolbens bei Hund und Mensch:

Laska, M. und Hernandez Salazar, L.T., (2003). Olfaction in nonhuman primates, in Doty, R.L. (Hrsg.). *Handbook of olfaction and gustation*, 2. Aufl., 605-621.

Topographische Schichten des Riechkolbens:

Bakker, J. (2013). Olfaction, in Pfaff, W. (Hrsg.). *Neuroscience in the 21st century: From basic to clinical.* New York: Springer-Verlag, 815-837.

"Gestank verwester Würmer":

Adrian, E.D. (1942). Olfactory reactions in the brain of the hedgehog. *Journal of Physiology*, 100, 459-473.

Versuch mit Cheddar-Käse:

Shepherd 2012.

Studien zu Ratten und dem Analdrüsengeruch von Fressfeinden:

Zibrowski, E.M. und Vanderwolf, C.H. (1997). Oscillatory fast wave activity in the rat pyriform cortex: Relations to olfaction and behavior. *Brain Research,* 766, 39-49.
Wer es genauer wissen möchte – der Wieselgeruch war 2-Propylthietan, der Fuchsgeruch Trimethylthiazolin.

Gehirnreaktion auf „Besitzergeruch":

Berns, G.S.; Brooks, A.M. und Spivak, M. (2014), Scent of the familiar: An fMRI study of the canine brain responses to familiar and unfamiliar human and dog odors. *Behavioral Processes,* 100, 37-46.

Flehmen:

Sommerville, B.A. und Broom, D.M. (1998). Olfactory awareness. *Applied Animal Behaviour Science,* 57, 269-286.

Galizia, C.G. und Lledo, P-M. (2013). Olfaction, in Galizia, C.G. und Llledo, P-M. (Hrsg.). *Neurosciences: From molecule to behavior. A university textbook.* Heidelberg: Springer Verlag, 253-284.

Pheromone und VNO:

Karlson, P. und Lüscher, M. (1959). „Pheromones": A new term for a class of biologically active substances. *Nature,* 183, 55-56.

Wyatt, T.D. (2014). *Pheromones and Animal Behavior: Chemical signals and signatures.* 2. Aufl., Cambridge: Cambridge University Press.

Androstenon:

Sell, C.S. (2014). *Chemistry and the sense of smell.* Hoboken, NJ: John Wiley & Sons, Inc.

Bombykol:

Barnard, C. (2003). *Animal behaviour: Mechanism, development, function and evolution.* Canada: Pearson Education.

VNO:

Barrios, A.W.; Sanchez-Quinteiro, P. und Salazar, I. (2014). Dog and mouse: Toward a balanced view of the mammalian olfactory system. *Frontiers in Neuroanatomy,* 8, 106.

Schwanzwedeln zur Geruchsverteilung:

Hickman, G.C. (1979). The mammalian tail: A review of functions. *Mammal Review,* 9, 143-157.

Lewin, V. und Stelfox, J.G. (1967). Functional anatomy of the tail and associated behaviour in woodland caribou. *Canadian Field-Naturalist,* 81, 63-66.

Luftwitternde Hunde machen ihre Nase durch Kopfheben frei:

Barrios und Haak 2015.

Kapitel 4: Spazierenschnüffeln

„Am stärksten riechende Straßenblocks"

http://sensorymaps.com/portfolio/new-yorks-smelliest-block/

„Smellscapes"

Porteous, J.D. (1990). *Landscape of the mind. Worlds of sense and metaphor.* Toronto: University of Toronto Press.

Drobnick 2006.

Milch und Safran im Verputz von antiken Tempeln:

Classen, C., Howes, D. und Synnott, A. (1994). *Aroma: The cultural history of smell.* London: Routledge.

Verwendung von Moschus und Rosenwasser beim Bau von Moscheen:

Ackerman 1990.

Gerüche der Woche:

Porteous 1990.

Fußgängerfreundliche Plätze in den Niederlanden:

Kate McLean.

„Einhundert Orte des guten Duftes“

Japanisches Umweltministerium, https://www.env.go.jp/air/kaori/. aufgerufen im Juli 2015.

Geruch alter Bücher:

Strlič, M.; Thomas, J.; Trafela, T.; Cséfalvayová, L.; Kralj Cigič, I.; Kolar, J. und Cassar, M. (2009). Material degradomics: On the smell of old books. *Analytical Chemistry*, 81, 8617-8622.

Buchbauer, G.; Jirovetz, L.; Wasicky, M. und Nikiforov, A. (1995). On the odor of old books. *Journal of Pulp and Paper Science*, 21, 398-400.

Rastergitter-Architektur von Manhattan:

Drobnick 2006, S. 114.
Henshaw 2013.

Gerüche von Paris und London:

Keate, G. (1802). *Sketches from nature: Taken, and coloured, in a journey to Margate (1802).* London: T. Hurst.

Margolies, E. (2006). Vagueness gridlocked: A map of the smells of New York.

Drobnick, J. (Hrsg.), 107-117.

Henshaw 2013.

Reinarz, J. (2014). *Past scents. Historical perspectives on smell.* University of Illinois Press.

“Deodorisierungs-Projekte” in Städten:

Drobnick 2006.

Homogenisierung von Stadtgerüchen

Drobnick 2006.

Henshaws Spaziergänge zum Kartieren von Smellscapes:

Henshaw 2013.

Honiggeruch von Paris:

Stromberg, J. Mapping the smells of New York, Amsterdam and Paris, block by block. *Smithsonian*, 07. Juni 2013.

Übereinstimmung zwischen Farbbezeichnungen und Düften:

Gilbert, A.N.; Martin,. R. und Kemp, S.E. (1996). Cross-modal correspondence between vision and olfaction: The color of smells. *The American Journal of Psychology*, 109, 335-351.

Ahornsirup-Geruch:

DePalma, A. Good smell vanishes, but it leaves air of mystery. *New York Times*, 29. Oktober 2005.

Lindeman, S. The mystery of maple syrup smell. *The Atlantic*, 14. Juni 2010.

Studenten mit verbundenen Augen orientieren sich am Geruch:

Jacobs, L.F.; Arter, J.; Cook, A. und Sulloway, F.J. (2015). Olfactory orientation and navigation in humans. *PLOS ONE*, 10, e0129387.

Seeleute nutzen Geruch zur Navigation:

Beck., H. (1973). *Folklore and the sea.* Middletown, CT: Wesleyan University Press.

Brieftauben

Jacobs, L.F. (2012). From chemotaxis to the cognitive map: The function of olfaction. *Proceedings of the National Academy of Sciences*, 109, 10693-10700.

Hunde im Ersten Weltkrieg:

Richardson, E.H. (1920). *British war dogs: Their training and psychology.* London: Skeffington & Son Ltd., 171-172.

Kapitel 5: Bekannte unbekannte Nase

Fast alle Lebewesen riechen:

Doty 2003.

Menschen würden am ehesten auf Geruchssinn verzichten:

Drobnick 2006 – Menschen, die schon einmal unter Anosmie gelitten haben, stimmen hier allerdings eher nicht zu.

Geruchssinn beim Asiatischen Elefant:

Rizvanovic, A., Amundin, M. und Laska, M. (2013). Olfactory discrimination ability of Asian elephants *(Elephas maximus)* for structurally related odorants. *Chemical Senses,* 38, 107-118

"Geruch von Metall"

Glindemann, D., Dietrich, A.; Staerk, H-J. und Kuschk, P. (2006). The two odors of iron when touched or pickled: (Skin) carbonyl compounds and organophosphines. *Angewandte Chemie*, Internationale Ausgabe, 45, 7006-7009.

"Hauptachse menschlicher Geruchswahrnehmung...bleibt die Annehmlichkeit von Gerüchen":

Yeshurun, Y. und Sobel, N. (2010). An odor is not worth a thousand words: From multidimensional odors to unidimensional odor objects. *Annual Review of Psychology*, 61, 219-241.

"Die größten Dichter der Welt":

Woolf, V. (1933). *Flush. A biography.* New York: Harcourt Brace Jovanovich.

Freud: Geruchssublimation:

Freud, S. (1978) in Le Guérer, A. Olfaction and cognition: A philosophical and psychoanalytic view, in Rouby et al. 2002, 3-15.

"Zu riechen ist gleichbedeutend mit abstoßend sein":

Drobnick 2006, S. 14.

Geruch der Schmusedecke:

Wyatt 2014.

Sie wissen nicht, dass Stinktiere stinken:

Ursprünglich postuliert von Freud (1929). *Civilization and its discontents.* New York: W.W. Norton & Company, 1961. Später (mit Abänderungen) experimentell bestätigt.

Arten von Tiernasen:

Weichtiere:
Ache, B.W. und Young, J.M. (2005). Olfaction: Diverse Species, conserved principles. *Neuron,* 48, 417-430.

Nematoden:
Hart, A.C. und Chao, M.Y. (2010). From odors to behaviors in *Caenorhabditis elegans, in* Menini, A. (Hrsg.). *The Neurobiology of Olfaction.* Boca Raton, FL: CRC Press/Taylor & Francis.

Maulwürfe:
Catania, K.C. (1999). A nose that looks like a hand and acts like an eye: The unusual mechanosensory system of the star-nosed mole. *Journal of Comparative Physiology*, 185, 367-372.

Wasserspitzmaus:
Catania, K.C. (2006). Underwater 'sniffing' by semi-aquatic mammals. *Nature* 444, 1024-1025.

DEET als molekularer Störer:

Pellegrino, M.; Steinbach, N.; Stensmyr, M.C.; Hansson, B.S. und Vosshall, L.B. (2011). A natural polymorphism alters odour and DEET sensitivity in an insect odorant receptor. *Nature,* 478, 511-514.

Kategorien von Nasen:

Laska und Hernandez Salazar 2015.

"hat keine exotischen Nutzungsarten"

Asimov, I. (1963). *The human body: Its structure and operation.* Cambridge, MA: The Riverside Press.

"Sturmgeschwindigkeit"

Clerico, D.M.; To, W.C. und Lanza, D.C. (2003). Anatomy of the human nasal passages, in Doty, R.L. (Hrsg.). *Handbook of olfaction and gustation,* 2. Aufl. New York: Marcel Dekker Inc, 3-31.

Menschliche Pheromone:

Wyatt 2014.

Grüner Kirschsaft schmeckt wie Limette:

Sela, L. und Sobel, N. (2010). Human olfaction: A constant state of change-blindness. *Experimental Brain Research,* 205, 13-29.

„Baby nimmt Geruch wahr, aber Mutter sagt nichts dazu"

Roach, M. (2013). *Gulp: Adventures on the alimentory canal.* New York: W.W. Norton & Company.

45-cm Radius der Individualdistanz

Hediger, H. (1950). *Wild animals in captivity.* London: Butterworth.

Fähigkeit zum Riechen von Bananengeruch:

Laska, M.; Seibt, A. und Weber, A. (2000). 'Microsmatic' primates revisited: Olfactory sensitivity in the squirrel monkey. *Chemical Senses,* 25, 47-53.

Manche Säugetiere können Kohlendioxyd riechen:

Mäuse und Ratten riechen CO2: Jones, W. (2013). Olfactory carbon dioxide detection by insects and other animals. *Molecules and Cells,* 35, S. 87-92.

Retronasales Riechen:

Shepherd 2012.

Retronasales Riechen bei Hunden:

Craven, B.A.; Paterson, E.G. und Settles, G.S. (2010). The fluid dynamics of canine olfaction: Unique nasal airflow patterns as an explanation of macrosmia. *Journal of the Royal Society Interface,* 7, 933-943.

Selektive Anosmie kann angeboren sein, genetische Schwellen für Wahrnehmung:

Zhang, X. und Firestein, S. (2007). Nose thyself: Individuality in the human olfactory genome. *Genome Biology,* 8, 230.

Kapitel 6: Mein Hund ist schuld

Angeborene Riechfähigkeiten:

Porter, R.H.; Cernoch, J.M. und McLaughlin, F.J. (1983). Maternal recognition of neonates through olfactory cues. *Physiology & Behavior,* 30, 151-154.

Schaal, B.; Marlier, L. und Soussignan, R. (1995). Responsiveness to the odour of amniotic fluid in the human neonate. *Biology of the Neonate,* 67, 397-406.

Mallet, P. und Schaal, B. (1998). Rating and recognition of peers` personal odors by 9-year-old children: An explanatory study. *Journal of General Psychology,* 125, 47-64.

Zusätzlich zu den Zitaten stammen einige der Informationen aus Sela und Sobel 2010; Gilbert 2008; Gerritsen und Haak 2015 und Wyatt 2014.

Geruchswiedererkennung bei Tieren:

Wespe und Belding-Ziesel:
Alcock, J.: *Animal Behavior.*

Tüpfelhyäne:
Emery, N. et al. (Hrsg.). *Social Intelligence: From brain to culture.*

Besitzer beurteilen Geruch von Hundedecke:

Wells, D.L. und Hepper, P.G. (2000). The discrimination of dog odours by humans. *Perception* 29, 111-115.

Geruch von Labormäusen:

Gilbert, A.N.; Yamazaki, K.; Beauchamp, G.K. und Thomas, L. (1986). Olfactory discrimination of mouse strains *(Mus musculus)* and major histocompatibility types by humans *(Homo sapiens). Journal of Comparative Psychology*, 100, 262-265.

"Man riecht einfach an den Büchern":

Feynman, R.P. (1985). *Surely you're joking, Mr. Feynman!* New York: W.W. Norton & Company.

Aufrechter Gang entfernt von Gerüchen:

Z.B. Sigmund Freud (1929/1961) und Stuart Firestein (Interview) sowie andere.

Nachlassender Geruchssinn durch verbesserten Sehsinn:

Nach Wyatt 2014 und Shepherd 2012.

James über Trainierbarkeit des Geruchssinns:

James, W. (1890). *The Principles of Psychology.* Aufl. 1. New York: Henry Holt & Co.

Versuch zum Riechenlernen:

Li, W., Howard, D.; Parish, T.B. und Gottfried, J.A. (2008). Aversive learning enhances perceptual and cortical discrimination of indiscriminable odor cues. *Science*, 319, 1842-1845.

Verfolgen einer Schokoladenfährte:

Porter, J.; Craven, R.M.; Khan, S.J.; Kang, I.; Judkewitz, B., Volpe, J., Settles, G. und Soble, N. (2007). Mechanisms of scent-tracking in humans. *Nature Neuroscience*, 10, 27-29.

"Die verlorenen Nasenmuskeln":

Diese Überschrift entstammt einem fast gleichnamigen Artikel in der Zeitschrift *Aesthetic Plastic Surgery.*

Levator labii superioris:

Standring, S. (2015). *Gray's anatomy: The anatomical basis of clinical practice.* 41. Auflage, New York: Elsevier.

Nur 5 bis 10 Prozent der Luft kommen bis zum Riechepithel:

Roach 2013.

Riechen ist ein aktiver Prozess:

Mainland, J. und Sobel, N.(2006). The sniff is part of the olfactory percept. *Chemical Senses* ,31, 181-196.

Schnüffelintensität, Volumen und Luftstrom:

Mainland and Sobel 2006.

Unser Gehirn nimmt selbst im Schlaf Gerüche wahr:

Arzi, A.; Shedlesky, L.; Ben-Shaul, M.; Nasser, K.; Oksenberg, A.; Hairston, I.S. und Sobel, N. Humans can learn new information during sleep. *Nature Neuroscience,* 15, 1460-1465.

Zweimal schnüffeln ist besser als einmal:

Joel Mainland, persönl. Mitteilung, 13. Mai 2015.

Unterschiede rechtes und linkes Nasenloch:

Herz, R.S.; McCall, C. und Cahill, LO. (1999). Hemispheric lateralization in the processing of odor pleasantness versus odor names. *Chemical Senses,* 24, 691-695.

Unbekannte, neue Gerüche beim Riechen mit rechter Nasenöffnung:

Savic, I. und Berglund, H. (2000).Right-nostril dominance in discrimination of unfamiliar, but not familiar, odors. *Chemical Senses*, 25, 517-523.

Olfaktometer:

Totelin 2015.

Keine Vokabeln für Grundgerüche:

Sperber, D. (1975). *Rethinking symbolism.* Cambridge: Cambridge University Press.

Geruchsbeschreibende Sprache der Jahai in Malaysia:

Wnuk, E. und Majid, A.Revisiting the limits of language: The odor lexicon of Maniq. *Cognition,* 130, 266-270.

Schwierigkeit, bekannte Gerüche zu benennen:

Yeshurun und Sobel 2010.

Trigeminusnerv:

Shusterman, D. (2009). Qualitative effects in nasal trigeminal chemoreception. *Annals of the New York Academy of Sciences, 1170, International Symposium on Olfaction and Taste*, 196-201.

Kapitel 7: Nasenarbeiter

Ehemalige DuPont Chemiefabrik, jetzt Diensthundeschule der Penn:

http://www.upenn.edu/pennnews/current/2012-09-13/features/penn's-south-bank-23-acres-pure-potential. Aufgerufen am 15. Oktober 2015. http://www.workshopoftheworld.com/south_phila/dupont.html, aufgerufen am 15. Oktober 2015.

Hemingway zum Geruch des Todes:

Hemingway, E. (1940). *For whom the bell tolls*. New York: Charles Scribner's Sons.

"zuckrige Fäulnis"

O'Rourke, P.J. (1988). *Holidays in hell.* New York: Atlantic Monthly Press.

Pathologin Carla Valentine:

A Life in Scents podcast, http://bit.ly/lWrtaHY, aufgerufen am 1. November 2015.

Kapitel 8: Naseweis

Krebsdiagnosehunde:

Williams, H. und Pembroke, A. (1989). Sniffer dogs in the melanoma clinic? *The Lancet,* 333, 734.

Church, J. und Williams, H. (2001). Another sniffer dog for the clinic. *The Lancet,* 358, S. 930.

Welsh, J.S.; Barton, D. und Ahuja, H. (2005). A case of breast cancer detected by a pet dog. *Community Oncology*, 2, 324-326.

Volatile Stoffe beim Krebs:

Wells. D.L. (2012). Dogs as a diagnostic tool for ill health in humans. *Alternative Therapies in Health and Medicine*, 18, 12-17.

Blasenkrebsstudie:

Willis, C.M.; Church; S.M.; Guest, C.M.; Cook, W.A.; McCarthy, N.; Bransbury, A.J., Church, M.R.T. und Church, J.C.T.(2004). Olfactory detection of human bladder cancer by dogs: Proof of principle study. *British Medical Journal,* 392, 712-714.

Gerüche im Urin:

Shirasu, M. und Touhara, K. (2011). The scent of disease: Volatile organic compounds of the human body related to disease and disorder. *Journal of Biochemistry*, 150, 257-266.

Studie zu Prostatakrebs:

Cornu, J.N.; Cancel-Tassin, G.; Ondet, V.; Girardet, C. und Cussenot, O. (2011). Olfactory detection of prostate cancer by dogs sniffing urine: A step forward in early diagnosis. *European Urology*, 59, 197-201.

Studie zur Melanomerkennung:

Pickel, D.; Manucy, G.P.; Walker, D.B.; Hall, S.B. und Walker, J.C. (2004). Evidence for canine olfactory detection of melanoma. *Applied Animal Behaviour Science*, 89, 107-116.

Atemgerüche:

Phillips, M.; Herrera, J.; Krishnan, S.; Zain, M.; Greenberg, J. und Cataneo, R.N. (1999). Variation in volatile organic compounds in the breath of normal humans. *Journal of Chromatography B*, 729, 75-88.

Lungenkrebsstudie:

McCulloch, M.; Jezierski, T.; Broffman, M.; Hubbard, A.; Turner, K. und Janecki, T. (2006). Diagnostic accuracy of canine scent detection in early-and late-stage lung and breast cancers. *Integrative Cancer Therapies*, 5, 30-39.

Gaschromatograph "trennt Akkord in Einzelnoten":

Gilbert 2008.

Gaschromatograph, Messkurven:

Shepherd 2012.

Gilbert 2008.

„Biokompatibles und patientenfreundliches Warnsystem"

Chen, M.; Daly, M.; Williams, N.; Williams, S.; Williams, C. und Williams, G. (2002). Non-invasive detection of hypoglycaemia using a novel, fully biocompatible and patient friendly alarm system. *British Medical Journal*, 321, 1565-1566.

Diabeteswarnhunde:

Rooney, N.J.; Morant, S. und Guest, C. (2013). Investigation into the value of trained glycaemia alert dogs to clients with type I diabetes. *PLOS ONE*, 8, e69921.

Hippokrates "offene Nase"

Le Guérer 2002.

"Wie Wasser sich in Luft wandelt…"

Plato via Totelin 2015

Antike Uterustheorie und Plinius' Heilmittel gegen Achselgeruch:

Totelin 2015, S. 27.

Linnée:

Linnaeus (1764). Odores medicamentorum. *Amoenitates Academicae* vol. 3, Stockholm: Lars Salvius, 183-201.
NB: Diese Beobachtung machte Gilbert erstmals 2008.

Medizinische Wirkung duftender und abstoßender Pflanzen:

Schiller, F. (1997). A memoir of olfaction. *Journal of the History of the Neurosciences,* 9, 133-146.

Galenus:

Totelin 2015.

Hilfreiches Handbuch aus dem 16. Jahrhundert:

Remèdes, Préservatifs et Curatifs de Peste, 1526. In Feigel, 2006.

Atemgeruch:

Kwak, J. und Preti, G. (2011). Volatile disease biomarkers in breath: A critique. *Current Pharmaceuticals Biotechnology,* 12,, 1067-1074.

Geruch von Erkrankungen, psychiatrischen Problemen und Toxinen:

Watson 2000.

Orient, J.M. (Hrsg.) (2010). *Sapira's art and science of bedside diagnoses.* 4. Aufl., Philadelphia: Lippincott, Williams & Wilkins.

Kenny, J.C. (1989). *The valuing, educational preparation and diagnostic use of the olfactory sense in nursing practice.* Diss., Adelphi University.

Gebrauch von Gerüchen in westlicher Medizin:

Zum Beispiel Fußnote in Goldfrank, L.; Weisman, R. und Flomenbaum, N. (1982). Teaching the recognition of odors. *Annals of Emergeny Medicine,* 11, S. 22.

„Typisch fauliger Geruch des Auswurfs deutet auf anaerobe Beteiligung":

Chung, G. und Goetz, M.B. (2000). Anaerobic infections of the lung. *Current Infections Disease Reports,* 2, 238-244.

Set von Schraubdeckelgläsern zum Riechtraining:

Orient 2010.

Riechbrett mit zehn Reagenzgläsern zum Riechtraining:

Kenny 1989.

TCM-Methode:

Liu, Z. und Liu, L. (Hrsg.) (2010). *Essentials of Chinese medicine.* Vol. 1. London: Springer-Verlag.

Fünf Elemente:

Unschuld, P.U. (1985). *Medicine in China. A history of ideas.* Berkeley: University of California Press.

Alkoholiker, Maisbauern, Kohlebergarbeiter:

Behrman, A.D. und Goertemoeller, S. (2009). What is that smell? *Journal of Emergency Nursing,* 35, 263-264.

Umstände, die bestimmte Gerüche hervorbringen:

Doty 2001; Wyatt 2014; Kenny 1989.

Frau, die Parkinson riechen konnte:

http://www.scientificamerican.com/article/one-woman-s-ability-to-sniff-out-parkinson-s-offers-hope-to-sufferers/. Aufgerufen am 22. November 2015.

Geruchssinn in Parkinson-Frühphase:

Doty, R.L.; Bromley, S.M. und Stern, M.B. (1995). Olfactory testing as an aid in the diagnosis of Parkinson's disease: Development of optimal discrimination criteria. *Neurodegeneration,* 4, 93-97.

Rubbeln und Riechen:

Doty 2009, Wyatt 2014.

"Mein Genie ist in meinen Nüstern":

Nietzsche, F. (1911). *Ecce Homo.*

Kapitel 9: Stinkwellen

Roald Dahl:

The Witches. London: Puffin, 1983. „Jack and the Beanstalk" (Hans und die Bohnenranke) aus *Revolting Rhymes.* New York: Alfred A. Knopf, 1982.

Bändernattern:

Gadbois, S. und Reeve, C. (2014). Canine olfaction: Scent, sign and situation, in Horowitz, A. (Hrsg.). *Domestic dog cognition and behavior: The scientific study of* Canis familiaris. Heidelberg: Springer-Verlag.

Umweltgifte:

Arner, L.D.M Johnson, G.R. und Skovronek, H.S. (1986). Delineating toxic areas by canine olfaction. *Journal of Hazardous Materials,* 13, 375-381.

Sui generis:

United States vs. Place (1983).

Plinius:

The natural history of Pliny, vol. 2 (Book VII, S. 314), Bostock, J. and Riley, H.J. (Übers.). London, Herny G. Bohn, 1855.

Personengeruch auf Rohrbombe:

Curran, A.M.; Prada, P.A. und Furon, K.G. (2010). Canine human scent identifications with post-blast debris collected from improvised explosive devices. *Forensic Science International,* 199, 103-108.

Leichen im Wasser aufspüren:

Killam, E.W. (1990). *The detection of human remains.* Springfield, IL: Charles C. Thomas.

Warren, C. (2013). *What the dog knows.* New York: Touchstone. (dt.: *Der Geruch des Todes.* Kynos, Nerdlen, 2017).

Lawinensuchhunde:

Killam 1990.

Langlebigkeit menschlichen Geruchs auf Gegenständen:

Curran, Prada, Furton 2010.

Syrotuck, W.G. (1972). *Scent and the scenting dog.* Mechanicsburg, PA: Barkleigh Productions, 106.

Menschliche "Geruchsproben":

Lesniak, A.; Walczak, M.; Jezierski, T.; Sacharczuk, M.; Gawkowski, M. und Jaszczak, K. (2008). Canine olfactory receptor gene polymorphism and its relation to odor detection performance by sniffer dogs. *Journal of Heredity,* 99, 518-527.

Curran, A.M.; Rabin, S.I. und Furton, K.G. (2005). Analysis of the uniqueness and persistence of human scent. *Forensic Science Communications,* 7, 2.

Ablösen von Hautzellen:

Allen, T. und Cowling, G. (2011). *The cell. A very short introduction,* 10. Oxford: Oxford University Press.

Schwitzen im Sitzen und bei Bewegung:

Medeiros, D.M. und Wildman, R.E.C. (2012). *Advanced human nutrition.* 2. Aufl., Sudbury, MA: Jones & Bartlett Learning.
Watson 2000.

Einheit "olf":

Begriff geprägt von Fanger, P.O. (1988). Perceived quality of indoor and ambient air. *Proceedings of the Indoor Ambient Air Quality Conference,* London.

Bestandteile von Schweiß:

Curran, A.M.; Sabin, S.I.; Prada, P.A. und Furton, K.G. (2005). Comparison of the volatile organic compounds present in human odor using SPME-GC/MS. *Journal of Chemical Ethology,* 31, 1607-1619.

Hinweise in einem Fußabdruck:

Gerritsen und Haak 2015.

Wright, R.H. (1982). *The sense of smell.* Boca Raton, FL: CRC Press.

Experiment mit nassem Schuh:

Gerritsen und Haak 2015.

Schweiß von Fußsohlen:

Syrotuck 1972.

"Dopamin-Rassen":

Gadbois und Reeve 2014.

Norwegische Spürhundestudie:

Thesen, A.; Steen, J.B. und Doving, K.B. (1993). Behaviour of dogs during olfactory tracking. *Journal of Experimental Biology,* 180, 247-251.

"Losungsspürhunde":

Wasser, S.K. (2008). Lucky Dogs. *Natural History,* 117, 48-53.

Pavianweibchen:

Wasser, S.K. (Hrsg.) (1983). *Social behavior of female vertebrates.* New York: Academic Press.

Effekt von Markierungsringen bei Zebrafinken:

Burley, N. (1988). Wild zebra finches have band-colour preferences. *Animal Behaviour,* 36, 1235-1237.

Auswirkungen von Mensch- und Wolfsaktivitäten auf die Karibu-Population:

Wasser, S.K.; Keim, J.L.; Taper, M.L. und Lele, S.R. (2011). The influences of wolf predation, habitat loss, and human activity on caribou and moose in the Alberta oil sands. *Frontiers in Ecology and the Environment,* 9, 546-551.

Hunde mit überschüssiger Energie:

Wasser 2008.

Orca-Spürhund Tucker:

Ayres, K.L.; Booth, R.K.; Hempelmann, J.A.; Koski, K.L.; Emmons, C.K.; Baird, R.W.; Balcomb-Bartok, K.; Hanson, M.B.; Ford, M.J. und Wasser, S.K. (2012). Distinguishing the impacts of inadequate prey and vessel traffic on endangered killer whale (*Orcinus orca*) population. *PLOS ONE,* 7, e36842.

Geruch an Bushaltestelle:

Watson 2000, 72.

Achselhöhlen-Beriechen der Kanum-Irebe:

Eibl-Eibesfeldt, I. (1971). *Love and hate: The natural history of behavior patterns.* New York: Holt, Rinehart and Winston, 191.

Schulze-Westrum (1968), zitiert nach Mykytowycz, R. Olfaction – A link with the past. *Journal of Human Evolution* 14, 75-90.

Synchronisation von Menstruationszyklen:

Stern, K. und McClintock, M.K. (1998). Regulation of ovulation by human pheromones. *Nature,* 392, 177-179. Dieses Ergebnis ist immer noch umstritten.

Kalte, ruhige Wintertage sind gut zur Spurensuche:

Gerritsen und Haak 2015.

"Roman in Eulenlosung"

Rezendes 1999.

Regen erweckt Gerüche zu neuem Leben:

Gerritsen und Haak 2015.

Markierungspunkte:

Rezendes 1999.

Einige Fakten zu Stachelschweinen:

http://www.nwf.org/news-and-magazines/national-wildlife/animals/archives/1994/prying -into-the-life-of-a-prickly-beast.aspx Aufgerufen am 01.November 2015.

"Salopper" Gang des Hundes:

Rezendes 1999.

"Smelly" Kelly:

Jones, P. (1978). *Under the city streets: A history of subterranean New York.* New York: Holt, Rhinehart and Winston.

Die MTA arbeitet heute mit elektronischen "Schnüfflern" zur Luftprobenanalyse. (Neuman, W. MTA to Upgrade Chemical-Detection System. *New York Times,* 03. Oktober 2006.)

Kapitel 10: Zibetkatzen und nasse Hunde

Trüffelbiologie:

Rubini, A.; Riccioni, C.; Arcioni, S. und Paolocci, F. (2007). Troubles with truffles: Unveiling more of their biology. *New Phytologist,* 174, 256-259.

Kunzig, R. (2000). The biology of...truffles. Expensive and delectable, truffles are one crop modern agriculture can't tame. *Discover.*

"Haben die örtlichen Experten...kleine Löcher in den Boden gegraben?":

Trappe, M.; Evans, F. und Trappe, J. (2007). *Field guide to North American truffles: Hunting, identifying and enjoying the world`s most prized fungi.* New York: Ten Speed Press.

Hinweise auf Trüffel:

Alana McGee und Trappe, Evans und Trappe 2007.

Chesterton:

Chesterton, G.K. (1914). *The flying inn.* New York: John Lane C.

Griechen und Römer:

Doty 2003.

"erweitert den Körper eines Menschen über den Raum hinaus, den er eigentlich einnehmen sollte":

Tullett, W.: *A Life in scents*. Podcast, http://bit.ly/1XMs36f

Frau verführt Mann mit Düften "trügerisch zur Ehe":

Doty 2003.

"Hinterteil einer asiatischen Katze":

Turin, L. (2006). *The secret of scent: Adventures in perfume and the science of smell.* New York: Harper Collins.

Chanel No. 5:

Sell, C.S. (Hrsg.) (2006). *The chemistry of fragrances. From perfumer to consumer.* 2. Aufl., Cambridge, UK: The Royal Society of Chemistry.

Chanel riecht "die Hände, die die Blume gepflückt haben":

Feigel 2006, S. 73.

"versprechen olfaktorische und psychologische Begabung" bei Aufnahmetests:

www.ifraorg.org

Gehirn von Parfumeuren:

Plailly, J.; Delon-Martin, C. und Royet, J-P. (2012). Experience induces functional reorganization in brain regions involved in odor imagery in perfumers. *Human Brain Mapping*, 33, 224-234.

Amber:

Rice, D.W. (2008). Ambergris, in Perrin, W.F.; Würsig, B. und Thewissen, J.G.M. (Hrsg.): *Encyclopedia of marine mammals.* 2. Aufl. San Diego, CA: Academic Press.

Montaignes voller Schnurrbart:

Montaigne, M. de (1580): Essays of Montaigne. Übers. Cotton, C. New York: Edwin C. Hill.

Teekenner, die sagen können, ob die Pflanze neben einem Pflaumenbaum gewachsen ist:

Behauptet von Huysmans, J.-K. 1884. *Against the Grain.* In Feigel 2006.

Herstellungsmethoden von Parfüm:

Cinquième Sens, "Introduction to the techniques and language of perfumery."

Headspace vom Aussterben bedrohter Blumenarten:

Die Blumen werden auch in Kaisers Buch *Scent of the Vanishing Flora* erwähnt.

Die olfaktorische Wahrnehmung in Worte fassen:

Royet, J-P.; Plailly, J.; Saive, A-L.; Veyrac, A. und Delon-Martin, C. (2013). The impact of expertise in olfaction. *Frontiers in Psychology,* 4, 928.

Duft anhand eines Wortes gedanklich heraufbeschwören:

Gilbert, A.N.; Crouch, M. und Kemp, S.E. (1998). Olfactory and visual mental imagery. *Journal of Mental Imagery,* 22, 137-146.

Riechen ist Erkennungssystem für Veränderungen:

Hierbei handelt es sich um die in Kapitel 6 erwähnte Adaptation. Begriff "Change detection" von Herz, R. (2007). *The scent of desire: Discovering our enigmatic sense of smell.* New York: William Morrow.

Ratschlag aus Buch zur Tierspurensuche:

Young, J. und Morgan, T. (2007). *Animal tracking basics.* Mechanicsburg, PA: Stockpole Books.

Jahai:

Majid und Burenhult, 2014.

Geruchshalluzinationen:

Leopold, D. (2002). Distortion of olfactory perception: Diagnosis and treatment. *Chemical senses,* 27, 611-615.

Wein-Aromarad nach Noble:

Noble, A.C.; Arnold, R.A.; Buechsenstein, J.; Leach, E.J.; Schmidt, J.O. und Stern, P.M. (1987). Modification of a standardized system of wine aroma terminology. *American Journal of Enology and Viticulture,* 38, 143-146.

Noble, A.C. *Using the wine aroma wheel.* Heruntergeladen am 27. August 2015 von http://winearomawheel.com/Websites/aromawheel/Images/userguide_2010.pdf

TCA ("Kork") hemmt Geruchsrezeptoren:

Takeuchi, H.; Kato, H. und Kurahashi, T. (2013). 2,4,6-Trichloranisole is a potent suppressor of olfactory signal transduction. *Proceedings of the National Academy of Sciences,* 110, 16235-16240.

Kapitel 11: Erschnuppert

Studie zur Quantität des Riechens:

Horowitz, A.; Hecht, J. und Dedrick, A. (2013). Smelling more or less: Investigating the olfactory experience of the domestic dog. *Learning and Motivation,* 44, 207-217.

Hunde nutzen ihre Riechkapazität nicht mehr aus:

Siehe z.B. Polgár, Z.; Miklósi, Á. Und Gácsi, M. (2015). Strategies used by pet dogs for solving olfaction-based problems at various distances. *PLOS ONE,* 10, e0131610.

Gehorsam ist "total unnötig" und "eine Behinderung":

Turid Rugaas; Anne Lill Kvam.

Spiel "verlorene Schlüssel":

Kvam, A.L. und Rugaas, T.: *Nosework Search Games.* DVD, 2012.

Kapitel 12: Der Geruch der Welt

Geosmin:

Yuhas, D. Storm scents. *Scientific American,* 18. Juli 2012.

Ozon:

Matts, R., persönl. Mitteilung; Yuhas 2012. Ethymologie: Oxford English Dictionary.

Geruch eines Pennys:

Glindemann, Dietrich, Staerk, Kuschk 2006.

Danksagungen, Index der

Buch

Fürsprache, *Kris Dahl, Caroline Eisenmann*
Regisseure, *Nan Graham, Colin Harrison, Roz Lippel, Susan Moldow, Scribner*
Herstellung
Satz- und Umschlagentwurf, *Vegar Abelsnes, Jaya Miceli*
Lektorat, *Colin Harrison*
Lektoratsassistenz, *Sarah Goldberg*
Marketing und PR, *Katie Monaghan*
Druckvorstufe, *Mia Crowley-Hald, Erich Hobbing*
Platz zum Schreiben, *New York Society Library*
Willige und nützliche Gesprächspartner, *Brian Boyd, Betsy Carter, Alison Curry, Holly Fairbank, Glen Finkel, Elizabeth Hardin, Damon Horowitz, Ogden Thelonious Horowitz Shea, Jay Horowitz, Daniel Hurewitz, Elizabeth Kadetsky, Maira Kalman, Sally Koslow, Aryn Kyle, Maria Popova, Douglas Repetto, Ammon Shea, Timea Szell, Andy Tuck, Jennifer Vanderbes, Carlin Wing, Mark Woods*

Hundenase

Amateure, *Jeder Hund in New York City, Finnegan, Upton, Freiwillige in meinen Studien*
Experten zur, *Brent Craven, Simon Gadbois, Gary Settles*
Lehrer der, *George Berger*
Model, *Finnegan*

Profis,

Penn Working Dog Center-Hunde, Trüffelhunde Callie, Cash, Da Vinci, Lolo; Spürhunde; Losungsspürhunde
Studien zur, *Barnard College, John Herold und NYC Parks Department, Mitarbeiter des Dog Cognition Lab, teilnehmende Hundebesitzer*
Trainer der, *Jonathan Ball, Annemarie DeAngelo, Bob Doughery, Pat Kaynaroglu, Cindy Otto und alle im WDC; Alana McGee und Kristin Rosenbach; Sam Wasser*

Menschliche Nase

Demonstration der Fähigkeiten, *John Buechsenstein, Noah Charney, Charley Eiseman, Leta Herman, Ray Matts, Kate McLean*

Experten zur, *Stuart Firestein, Avery Gilbert, George Preti, Leslie Vosshall*

Pädagogen, *John Buechsenstein & Ray Matts*

Fragenbeantworter, *Bennett Lorber, Jane Orient, Oliver Sacks, Gary Settles, Abraham Vergese, Ron Winnegrad*

Nutzer der, John Gillespie, Ogden Thelonious Horowitz Shea, Susan Orlean, Ammon Shea, Peter Sokolowski

Inspiration

Beständige, *Ogden Thelonious Horowitz Shea, Ammon Shea*

INDEX

H

I

J

K

L

R

S

T

U

V

W

Z

Das könnte Sie auch interessieren:

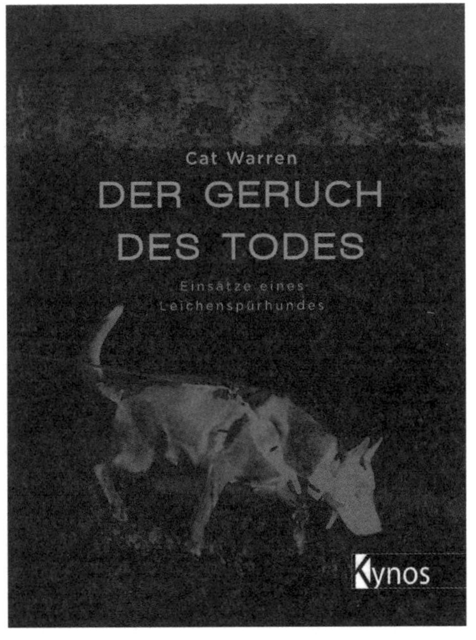

Der Geruch des Todes

Einsätze eines Leichenspürhundes

Für die Polizei ist es ein Vermissten- oder Kriminalfall. Für die Angehörigen ist es eine Tragödie. Für den Hundeführer ist es harte Konzentrationsarbeit. Für den Leichenspürhund ist es ein spannendes Spiel. Cat Warren, Professorin für Journalistik und Literaturwissenschaft, sucht zunächst eigentlich nur nach Möglichkeiten, ihren nicht ganz einfachen Deutschen Schäferhund Solo vernünftig auszulasten. Dabei stößt sie auf die Sucharbeit nach Toten und taucht ein in die faszinierende Welt der Wissenschaft rund um den Geruch, Geruchszersetzung, Forensik und die Leistung der Hundenase. Die unbekümmerte und zielstrebige Begeisterung, mit der ihr Hund sich auf die Suche nach dem Geruch des Todes macht, lässt sie auch ganz neue Perspektiven auf das Leben und seine Vergänglichkeit erleben. Folgen Sie den beiden auf ihre Wege und Irrwege und erfahren Sie viel Spannendes über die Geruchsleistung von Hunden, aber auch über die Zusammenarbeit und das Zusammenwachsen von Hund und Mensch in einer Parallelwelt, die wir nur zu gerne aus unserem Alltag ausblenden.

Über die Autorin: Cat Warren ist Professorin an der North Carolina State University, wo sie Wissenschaftsjournalismus lehrt. Mit ihrem Mann und ihren beiden Schäferhunden lebt sie in Durham, North Carolina. Mehr über sie auf www.Cat-Warren.com
Hardcover, 344 Seiten

ISBN: 978-3-95464-149-9
PREIS: 24,95 €

Die Welt der Gerüche

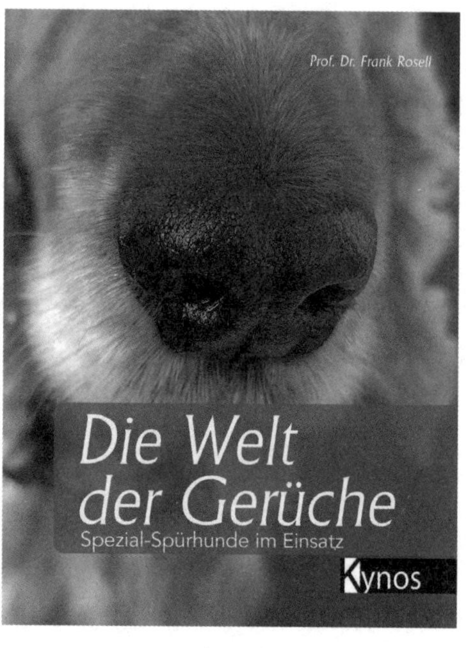

Spezial-Spürhunde im Einsatz

Die Nase von Hunden ist bis zu 100 Millionen Mal empfindlicher als die von Menschen: Diese unglaubliche Fähigkeit macht sie wirklich zu unseren nützlichsten Freunden. Hunde schützen vor uns vor Kriminellen, Schmugglern und Terroristen. Andere suchen vermisste Menschen, helfen bei der Jagd oder entdecken verschiedene Krebserkrankungen schon im Frühstadium. Professor Frank Rosell stellt uns aber auch ungewöhnlichere Talente vor: Die Biberhunde Mie und Tapas, den Labrador Tucker, der die Ausscheidungen von Killerwalen aufspürt und damit der Wissenschaft einen großen Dienst leistet oder den Brunft-Erkennungshund Elvis – sowie viele andere mehr. Lernen Sie den Geruchssinn von Hunden besser verstehen und staunen Sie über das Universum an Möglichkeiten, die diese einzigartige Fähigkeit uns eröffnet.

Über den Autor: Prof. Dr. Frank Rosell geb. 1969, ist Professor für Verhaltenskunde an der Universität Telemark, Norwegen. Mit zwölf Jahren bekam er seinen ersten eigenen Hund, einen Shetland Sheepdog namens Tinka – für ihn der Beginn einer lebenslangen Faszination für Hunde und ihre Riechleistungen.
Hardcover, 336 Seiten, durchgehend farbig

ISBN: 978-3-95464-133-8
PREIS: 24,95 €

Hundeverstand

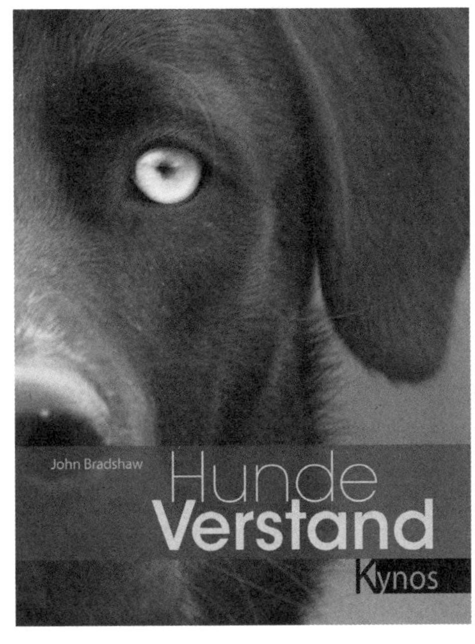

Hunde sollte man nicht zu Weihnachten verschenken. Dieses Buch schon. Hunde sind seit Zehntausenden von Jahren unsere engsten Begleiter. Und obwohl wir noch nie so viel Geld für sie ausgegeben haben wie heute, fehlt es doch häufig am grundlegenden Verständnis für ihre Bedürfnisse. Höchste Zeit, dass jemand einmal ganz eindeutig die Partei der Hunde ergreift. Nicht die der Karikatur vom Wolf im Hundepelz, der seinen Besitzer bei erstbester Gelegenheit dominieren möchte, und auch nicht die des Modeaccessoires oder Showtieres, das Schleifen und Pokale für seinen Besitzer sammelt, sondern die des wahren Hundes, der ganz einfach Teil der Familie sein möchte. Biologen wissen heute weit mehr darüber, wie Hunde wirklich „ticken", als noch vor zwanzig Jahren, und John Bradshaw war an dieser Forschung maßgeblich beteiligt. Mit diesem Buch möchte er die neuen und zum Teil erstaunlichen wissenschaftlichen Erkenntnisse dem Hundehalter nahebringen und damit für ein besseres Verständnis unseres besten Freundes werben.

Über den Autor: Der Biologe John Bradshaw ist Gründer und Leiter des weltweit renommierten anthrozoologischen Institutes an der Universität von Bristol, England. Seit über 25 Jahren gilt sein wissenschaftliches Interesse dem Verhalten von Haushunden und deren Besitzern. Seine zahlreichen Veröffentlichungen haben nicht nur ein neues Licht darauf geworfen, zu was Hunde alles fähig sind, sondern auch dazu geführt, dass sie mit anderen Augen gesehen werden.
Hardcover, 320 Seiten, s/w-Zeichnungen

ISBN: 978-3-942335-80-5
PREIS: 19,95 €

Diese und weitere rund 300 Bücher zum Thema Hund finden Sie unter:

www.kynos-verlag.de